俄罗斯数学精品译丛

“十二五”国家重点图书

斯米尔诺夫高等数学

Smirnov Advanced Mathematics (Volume II (1))

（第二卷·第一分册）

● [俄罗斯] 斯米尔诺夫 著

● 斯米尔诺夫高等数学编译组 译

哈尔滨工业大学出版社
HARBIN INSTITUTE OF TECHNOLOGY PRESS

大家書系

黑版贸审字 08－2016－040 号

内 容 简 介

本书根据1952年苏联国立技术理论书籍出版社出版的斯米尔诺夫院士的《高等数学教程》第二卷第十一版译出. 原书经苏联高等教育部确定为综合大学数理系及高等工业学院需用较高深数学的各系作为教材之用.

图书在版编目(CIP)数据

斯米尔诺夫高等数学. 第二卷. 第一分册/(俄罗斯)斯米尔诺夫著;斯米尔诺夫高等数学编译组译. —哈尔滨:哈尔滨工业大学出版社,2018.3(2024.8 重印)

ISBN 978－7－5603－6522－0

Ⅰ.①斯…　Ⅱ.①斯…　②斯…　Ⅲ.①高等数学－高等学校－教材　Ⅳ.①O13

中国版本图书馆 CIP 数据核字(2017)第 050728 号

书名:Курс высшей математики

作者:В. И. Смирнов

В. И. Смирнов《Курс высшей математики》

策划编辑　刘培杰　张永芹
责任编辑　王勇钢
封面设计　孙茵艾
出版发行　哈尔滨工业大学出版社
社　　址　哈尔滨市南岗区复华四道街 10 号　邮编 150006
传　　真　0451－86414749
网　　址　http://hitpress.hit.edu.cn
印　　刷　黑龙江艺德印刷有限责任公司
开　　本　787mm×1092mm　1/16　印张 11.5　字数 206 千字
版　　次　2018 年 3 月第 1 版　2024 年 8 月第 4 次印刷
书　　号　ISBN 978－7－5603－6522－0
定　　价　48.00 元

(如因印装质量问题影响阅读,我社负责调换)

原书第六版序

第二卷的这一版与以前的版本有很大的出入.以前的版本中讲复数的理论、高等代数初步及函数的积分法的整个第一章放在第一卷中了.反之,关于向量代数基础的材料由第一卷移到第二卷中来.这些材料与向量分析联合起来组成了第四章.

其余各章也进行了重大的改变,特别是第三、六、七章,同时在第三章中补充了特殊的一节,专门叙述度量的理论以及重积分的严格理论.在第六章中,有一些材料重新安排了,并且补充了关于封闭性方程的证明,这个证明根据的是维尔斯特拉斯的关于用多项式来作连续函数的近似式的定理.在第七章中补充了球面波与柱面波的传播问题以及关于波动方程的解的克希荷夫公式.常系数线性微分方程的叙述,开始时没有应用记号方法.

Г. М. 费赫金戈里茨教授看过这一版的全部原稿,并且在叙述方面给了我很多宝贵的意见,为此,我对他表示深深的谢意.

В. И. 斯米尔诺夫

1937 年 6 月 13 日

⊙ 目录

常微分方程

第一章

§1 一级方程

1. 一般概念

除自变量及这些自变量的未知函数外,还含有未知函数的微商或微分的方程,叫作微分方程[Ⅰ,51].若在一个微分方程中出现的函数只依赖于一个自变量,则这方程叫作常微分方程.若在一个方程中出现有未知函数对几个自变量的偏微商,则这方程叫作偏微分方程.在这一章中我们将只考虑常微分方程,并且大部分专讲含有一个未知函数的一个方程的情形.

设 x 是自变量,y 是 x 的未知函数.微分方程的一般形状是

$$\Phi(x,y,y',y'',\cdots,y^{(n)})=0$$

在方程中出现的各级微商的最高级数 n,叫作这微分方程的级.在这一节中我们考虑一级常微分方程.这种方程的一般形状是

$$\Phi(x,y,y')=0 \tag{1}$$

或者,写成解出 y' 的形式

$$y'=f(x,y) \tag{2}$$

若某一函数

$$y=\varphi(x) \tag{3}$$

适合一个微分方程，就是说，当用 $\varphi(x)$ 及 $\varphi'(x)$ 代入作 y 及 y' 时，这方程成为恒等式，则函数 $\varphi(x)$ 叫作这个微分方程的解.

微分方程的解的求法有时叫作微分方程的积分法.

若把 x 与 y 看作平面上点的坐标，则微分方程(1)(或(2))表示出某一曲线上点的坐标与这曲线在该点的切线的斜率之间的关系. 微分方程的解(3)，就对应于这样一条曲线，这曲线上的点的坐标与切线的斜率适合该微分方程. 这样的曲线叫作所给定的微分方程的积分曲线.

最简单的情形，是当方程(2)的右边不含有 y 时，就得到下面形状的微分方程

$$y'=f(x)$$

这个方程的解的求法就是积分学中的基本问题[Ⅰ,86]，于是公式

$$y=\int f(x)\mathrm{d}x+C$$

给出全部的解，其中 C 是任意常数. 如此，在这最简单的情形下，我们得到微分方程的解，它含有任意常数. 我们将看到，一般的一级微分方程，也会有含有一个任意常数的解，这样的解叫作方程的一般积分. 给任意常数以不同的数值，就得到方程的不同的解 —— 这样的解叫作方程的特殊解.

以下几段中，我们讲几种特殊形态的一级方程，它们的积分法可以化为不定积分的计算，或者说，它们的积分法可以化为求面积法. ①

2. 可分离变量的方程

在微分方程(2)中，用 $\frac{\mathrm{d}y}{\mathrm{d}x}$ 替代 y'，两边用 $\mathrm{d}x$ 乘，再把所有的项都移到左边来，就可以把它化为下面的形状

$$M(x,y)\mathrm{d}x+N(x,y)\mathrm{d}y=0 \tag{4}$$

在某些情形下，写成这样是比较方便的. 这时，两个变量 x 与 y 在方程中具有同样的地位，因为方程(4)没有规定出我们该选择哪一个作为未知函数. 于是我们可以取 y，也可以取 x，作为未知函数.

设函数 $M(x,y)$ 与 $N(x,y)$ 中每一个都可以分解为两个因子之积，而这两个因子中，一个只依赖于 x，另一个只依赖于 y

$$M_1(x)M_2(y)\mathrm{d}x+N_1(x)N_2(y)\mathrm{d}y=0 \tag{5}$$

用 $M_2(y)N_1(x)$ 除这方程的两边，就化为下面的形状

$$\frac{M_1(x)}{N_1(x)}\mathrm{d}x+\frac{N_2(y)}{M_2(y)}\mathrm{d}y=0 \tag{6}$$

① 积分的计算与面积的计算有直接的联系，由此引出“求面积法”这个名词.

于是 dx 的系数只依赖于 x，dy 的系数只依赖于 y. 方程 (5) 叫作可分离变量的方程[Ⅰ,93]，化为形状(6) 的方法叫作分离变量法.

方程 (6) 的左边是表达式

$$\int \frac{M_1(x)}{N_1(x)}\mathrm{d}x+\int \frac{N_2(y)}{M_2(y)}\mathrm{d}y$$

的微分，而这表达式的微分等于零就相当于这表达式等于任意一个常数

$$\int \frac{M_1(x)}{N_1(x)}\mathrm{d}x+\int \frac{N_2(y)}{M_2(y)}\mathrm{d}y=C \tag{7}$$

其中 C 是任意常数. 这个公式给出了无穷多个解；就几何意义来说，它表示出积分曲线族的隐式方程，若计算出方程(7) 中的积分，再解出 y，就得到积分曲线族(微分方程的解) 的显示方程

$$y=\varphi(x,C)$$

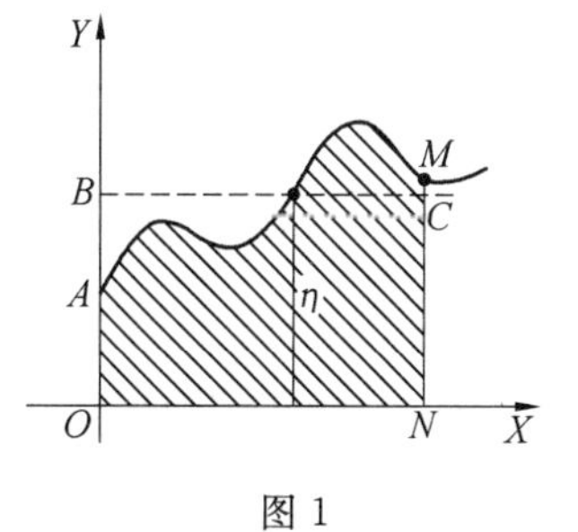

图 1

例 介于横坐标轴，曲线弧 AM 以及纵坐标 MN 之间的面积 $OAMN$(图 1)，与同底 $ON=x$，高为 η 的矩形 $OBCN$ 的面积相等

$$\int_0^x y\mathrm{d}x=x\eta,\eta=\frac{1}{x}\int_0^x y\mathrm{d}x \tag{8}$$

η 叫作曲线的纵坐标在区间$(0,x)$ 上的平均值.

我们求些曲线，让它们的纵坐标的平均值与极端坐标 NM 成正比. 以公式(8) 为基础，就有

$$\int_0^x y\mathrm{d}x=kxy \tag{9}$$

其中 k 是比例系数. 由方程(9) 逐项求微商，就得到微分方程

$$y=ky+kxy' \text{ 或 } xy'=ay \tag{10}$$

其中

$$a=\frac{1-k}{k} \tag{11}$$

求微商时，我们可能引入一些外加的解；因为由微商相等所推出的函数，可能差有常数项. 不过在上述的情形下，并没有外加的解. 实际上，方程(10) 是由方程(9) 逐项求微商得到的，于是由方程(10) 推出的结果，只可能使得方程(9) 的两边差一个常数项. 但是直接可以看出，当 $x=0$ 时，两边都等于零，于是所说的常数项也得等于零，就是说，方程(10) 的任何一个解都是方程(9) 的解 . 现在来求方程(10) 的积分. 它可以写成

$$x\frac{\mathrm{d}y}{\mathrm{d}x}=ay$$

再分离变量

$$\frac{\mathrm{d}y}{y}=a\frac{\mathrm{d}x}{x}$$

求积分,得到

$$\ln y=a\ln x+C_1 \text{ 或 } y=Cx^a \tag{12}$$

其中 $C=\mathrm{e}^{C_1}$ 是任意常数.

依照公式(11),当 k 由 0 增加到 $+\infty$ 时,a 就由 $+\infty$ 减小到 -1;因此,我们应当算作 $a>-1$,以使得方程(9)左边的积分总有意义.当 $k=1$ 时,$a=0$,于是方程(12)给出很明显的解——平行于 OX 轴的直线族.当 $k=\frac{1}{3}$ 时,$a=2$,就得到抛物线族(图 2)

$$y=Cx^2$$

对于这些抛物线,纵坐标的平均值等于其极端坐标的三分之一.当 $k=2$ 时,得到曲线族

$$y=\frac{C}{\sqrt{x}}$$

这些曲线的纵坐标的平均值等于其极端坐标的二倍(图 3).

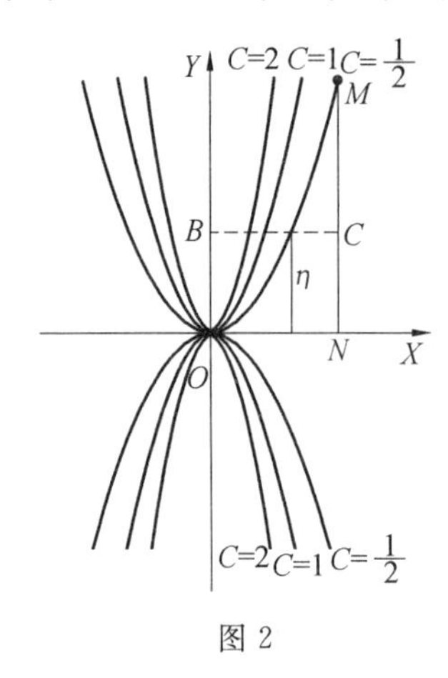

图 2

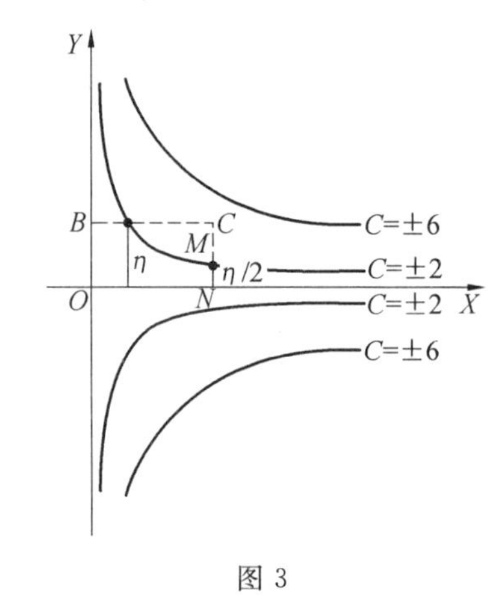

图 3

3. 齐次方程

下面形状的方程叫作齐次方程

$$y' = f\left(\frac{y}{x}\right) \text{①} \tag{13}$$

保留原来的自变量 x,引入新的函数 u 以替代 y

$$y = xu\text{,由此 } y' = u + xu' \tag{14}$$

变换方程(13),得到

$$u + xu' = f(u) \text{ 或 } x\frac{\mathrm{d}u}{\mathrm{d}x} = f(u) - u$$

分离变量

$$\frac{\mathrm{d}x}{x} + \frac{\mathrm{d}u}{u - f(u)} = 0$$

用 $\psi_1(u)$ 记 $\mathrm{d}u$ 的系数,就得到

$$\lg x + \int \psi_1(u)\mathrm{d}u = C_1$$

由此

$$x = C\mathrm{e}^{-\int \psi_1(u)\mathrm{d}u} \text{ 或 } x = C\psi(u)$$

其中 $C = \mathrm{e}^{C_1}$ 是任意常数.

代回原来的变量 y,积分曲线族的方程可以写成

$$x = C\psi\left(\frac{y}{x}\right) \tag{15}$$

考虑以坐标原点为相似中心的相似变换.这样的变换使得点(x,y)变到新的位置

$$x_1 = kx, y_1 = ky \quad (k > 0) \tag{16}$$

或者说,它使得平面上的点的向量半径的长乘上 k 倍,而方向不变.若一点原来的位置是 M,经过变换后的位置是 M_1,则(图4)

$$\overline{OM_1} : \overline{OM} = x_1 : x = y_1 : y = k$$

把变换(16)施用于方程(15),就得到

$$x_1 = kC\psi\left(\frac{y_1}{x_1}\right) \tag{17}$$

由于 C 是任意常数,这个方程与方程(15)并无区别,就是说,变换(16)并没有改变曲线族(15)的整体,只不过把曲线族(15)中的一条变到同一曲线族的另一条而已.显然,曲线族(15)中任何一条曲线,可以由这族中一条固定的曲线通过变换(16)得到,只需适当地选择常数 k 就成了.所得到的结果可以写成:借

---

① 注意,二元函数 $\varphi(x,y)$ 若只是比 $\frac{y}{x}$ 的函数,必须且仅须,当 x 与 y 同乘以任意乘数 t 时,函数 $\varphi(x,y)$ 的值不变,就是 $\varphi(tx,ty) = \varphi(x,y)$.这个条件相当于 $\varphi(x,y)$ 是 x 与 y 的零次齐次函数[Ⅰ,151].

助于以坐标原点为相似中心的相似变换，齐次方程的所有的积分曲线，都可以由一条积分曲线得到.

方程 (13) 又可以写成

$$\tan\alpha = f(\tan\theta)$$

其中 $\tan\alpha$ 是切线的斜率，θ 是由坐标原点作出的向量半径与正向 OX 轴的交角，如此，方程(13) 建立了 α 角与 θ 角之间的关系，所以，沿着过原点的任何一条直线，齐次方程的各积分曲线的切线应当是互相平行的(图 4).

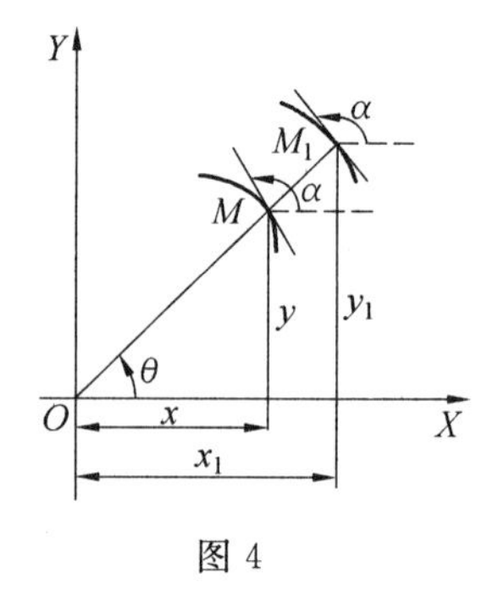

图 4

由于切线的这个性质，使得以原点为中心的相似变换把一条积分曲线仍变到一条积分曲线这件事更明显了；因为，当曲线上的点的向量半径以相同的比例伸长或缩短时，每一个向量半径上的切线的方向不变(图 5).

当积分曲线是通过坐标原点的直线时，若我们施用上述的相似变换，则变换后所得到的仍是原来的直线，所以，在这种情形下，上述由一条积分曲线得到其他积分曲线的方法，是不适用的.

例 求曲线，使得：由切线与 OX 轴的交点 T 到切点 M 的线段 MT 等于 OX 轴上的截距 OT(图 6).

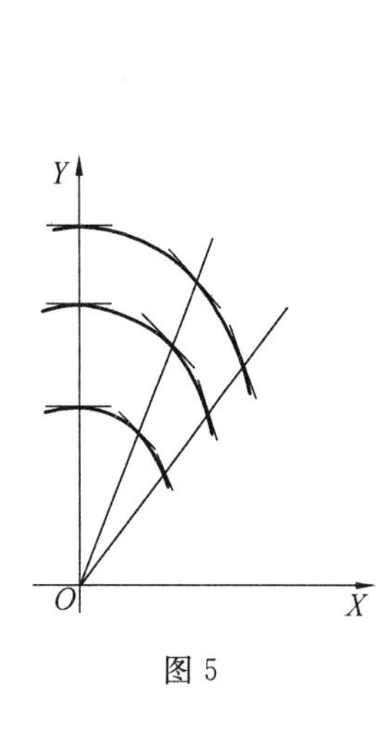

图 5

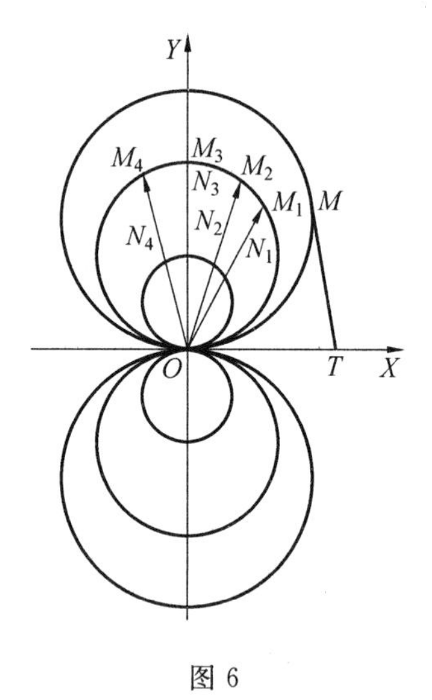

图 6

切线的方程是

$$Y - y = y'(X - x)$$

其中(X,Y) 是切线上动点的坐标，让 $Y=0$，就得到切线在 OX 轴上的截距

$$\overline{OT}=x-\frac{y}{y'}$$

再由条件$\overline{MT}^2=\overline{OT}^2$,就得到[Ⅰ,77]

$$\frac{y^2}{y'^2}+y^2=\left(x-\frac{y}{y'}\right)^2$$

由此得到微分方程

$$y'=\frac{2xy}{x^2-y^2} \tag{18}$$

这显然是个齐次方程.

依照下面的公式,引入新函数 u 以替代 y

$$y=xu, y'=xu'+u$$

代入到方程中,就有

$$xu'+u=\frac{2u}{1-u^2} \text{ 或 } x\frac{\mathrm{d}u}{\mathrm{d}x}-\frac{u+u^3}{1-u^2}=0 \tag{19}$$

再分离变量

$$\frac{\mathrm{d}x}{x}-\frac{1-u^2}{u+u^3}\mathrm{d}u=0 \tag{20}$$

求积分,就得到

$$\frac{x(u^2+1)}{u}=C$$

再代回原来的变量 y

$$x^2+y^2-Cy=0 \tag{21}$$

就是说,未知曲线是通过坐标原点且在这点与 OX 轴相切的圆(图 6).

由方程(19) 变到方程(20) 时,我们把方程的两边用 $u+u^3$ 去除,这可能失去一个解 $u=0$,也就是 $y=0$. 把它代入到原方程(18) 中,我们看出它确是这方程的一个解. 不过公式(21) 也包含有这个解. 只需把公式(21) 的两边用 C 除,再设 $C=\infty$,就得到它了.

利用以坐标原点为相似中心的相似变换,圆族(21) 中的每个圆可以由其中一个圆得到,所以(图 6)

$$\frac{\overline{OM_1}}{\overline{ON_1}}=\frac{\overline{OM_2}}{\overline{ON_2}}=\frac{\overline{OM_3}}{\overline{ON_3}}=\cdots$$

我们现在讲,微分方程

$$\frac{\mathrm{d}y}{\mathrm{d}x}=f\left(\frac{ax+by+c}{a_1x+b_1y+c_1}\right) \tag{22}$$

可以化为齐次方程. 引用新变量 ξ 与 η 来替代 x 与 y

$$x=\xi+\alpha, y=\eta+\beta \tag{23}$$

其中 α 与 β 是我们现在要确定的常数.

代入新变量到方程(22)中,就得到

$$\frac{d\eta}{d\xi}=f\left(\frac{a\xi+b\eta+a\alpha+b\beta+c}{a_1\xi+b_1\eta+a_1\alpha+b_1\beta+c_1}\right)$$

我们由下面两个条件来确定 α 与 β

$$a\alpha+b\beta+c=0, a_1\alpha+b_1\beta+c_1=0$$

这样,方程就化为齐次的了

$$\frac{d\eta}{d\xi}=f\left[\frac{a+b\frac{\eta}{\xi}}{a_1+b_1\frac{\eta}{\xi}}\right]$$

变换(23)相当于坐标轴的平移,这时,坐标原点变到下面两条直线的交点

$$ax+by+c=0 \text{ 与 } a_1x+b_1y+c_1=0 \tag{24}$$

如此,以前所得到的结果也适用于方程(22),所不同的,只是点(α,β)起了坐标原点的作用.

若直线(24)互相平行,则上述的变换就做不成了.但是在这情形下,由解析几何学知道,方程(24)的系数应当成比例

$$\frac{a_1}{a}=\frac{b_1}{b}=\lambda \text{ 于是 } a_1x+b_1y=\lambda(ax+by)$$

引用新变量 u 以替代 y

$$u=ax+by$$

不难看出,这样就得到可分离变量的方程.

以后我们要讲齐次方程在流体力学中的重要应用.

4. 线性方程及伯努利方程

下面形状的方程叫作一级线性方程

$$y'+P(x)y+Q(x)=0 \tag{25}$$

先考虑对应的没有自由项 $Q(x)$ 的方程

$$z'+P(x)z=0$$

分离变量

$$\frac{dz}{z}+P(x)dx=0$$

就得到

$$z=Ce^{-\int P(x)dx} \tag{26}$$

为要解给定的线性方程(25),我们应用改变任意常数法,就是设这方程的解具有类似于(26)中的 z 的形式

$$y=ue^{-\int P(x)dx} \tag{27}$$

其中 u 不是常数,而是 x 的一个未知函数.求微商,就引出

$$y' = u' e^{-\int P(x)dx} - P(x)ue^{-\int P(x)dx}$$

代入到方程(25)中,得到

$$u' e^{-\int P(x)dx} + Q(x) = 0$$

$$u' = -Q(x)e^{\int P(x)dx}$$

由此

$$u = C - \int Q(x)e^{\int P(x)dx}dx$$

最后,依照等式(27),就得到

$$y = e^{-\int P(x)dx}\left[C - \int Q(x)e^{\int P(x)dx}dx\right] \tag{28}$$

由这个公式确定 y 时,对于不定积分

$$\int P(x)dx \text{ 与} \int Q(x)e^{\int P(x)dx}dx$$

只需任取一个值就成了,因为它们加上任意常数,只不过改变 C 的值而已.

用上限为变量的定积分[Ⅰ,96],来替代上面两个不定积分,公式(28)就可以写成

$$y = e^{-\int_{x_0}^{x} P(x)dx}\left[C - \int_{x_0}^{x} Q(x)e^{\int_{x_0}^{x} P(x)dx}dx\right] \tag{29}$$

其中 x_0 是任意选定的一个数.当变上限代入以值 $x=x_0$ 时,上式右边就等于 C,因为上下限相同的积分等于零,就是说公式(29)中的常数 C 是当 $x=x_0$ 时函数 y 的值.我们把这个值记作 y_0,叫作解的初值.

为了表示这种情况,我们写成

$$y\big|_{x=x_0} = y_0 \tag{30}$$

如此,若给定了当 $x=x_0$ 时未知解的初值,则公式(29)给出方程的完全确定的解

$$y = e^{-\int_{x_0}^{x} P(x)dx}\left[y_0 - \int_{x_0}^{x} Q(x)e^{\int_{x_0}^{x} P(x)dx}dx\right] \tag{31}$$

条件(30)叫作初始条件,从几何观点来看,这就相当于所求的积分曲线要通过给定的点(x_0, y_0).

若设 $Q(x) \equiv 0$,就得到齐次方程

$$y' + P(x)y = 0$$

的适合于条件(30)的解

$$y = y_0 e^{-\int_{x_0}^{x} P(x)dx} \tag{31_1}$$

由公式(29)推知,线性微分方程的解有下面的形状

$$y = \varphi_1(x)C + \varphi_2(x) \tag{32}$$

就是说，y 是任意常数的线性函数.

设 y_1 是方程(25) 的解，令

$$y = y_1 + z$$

就得到关于 z 的方程

$$z' + P(x)z + [y'_1 + P(x)y_1 + Q(x)] = 0$$

因为假设了 y_1 是方程(25) 的解，所以方括号以内的和等于零. 于是推知，z 是对应的没有自由项的方程的解，它是由公式(26) 所确定的，所以

$$y = y_1 + Ce^{-\int P(x)\mathrm{d}x} \tag{33}$$

现在设已知方程(25) 的另一个解 y_2，并设它是当 $C=a$ 时由公式(33) 得到的

$$y_2 = y_1 + ae^{-\int P(x)\mathrm{d}x} \tag{34}$$

由等式(33) 与(34) 消去 $e^{-\int P(x)\mathrm{d}x}$，就得到通过两个解 y_1 与 y_2 来表达这个线性方程的解的公式

$$y = y_1 + C_1(y_2 - y_1) \tag{35}$$

其中 C_1 是任意常数，它替代了以上的$\frac{C}{a}$. 由方程(35) 推出下面的关系式

$$\frac{y_2 - y}{y - y_1} = \frac{1 - C_1}{C_1} = C_2 \tag{36}$$

这表明了，比$\frac{y_2 - y}{y - y_1}$是个常量，就是说，线性方程的积分曲线族是这样一个曲线族，其中任何一条曲线，把介于这族中任意两条曲线之间的纵坐标线段分为定比.

如此，若已知线性方程的两个积分曲线 L_1 与 L_2，则任何一条其他的积分曲线，可以利用比(图 7)

$$\frac{\overline{AA_2}}{\overline{A_1A}} = \frac{\overline{BB_2}}{\overline{B_1B}} = \frac{\overline{CC_2}}{\overline{C_1C}} = \frac{\overline{DD_2}}{\overline{D_1D}} = \cdots$$

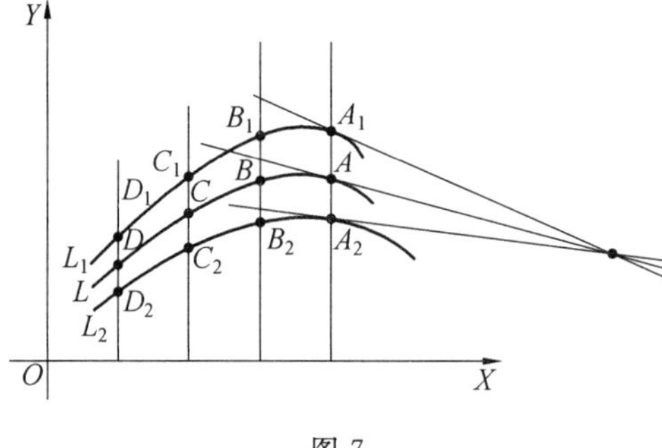

图 7

的常数值确定出来.

根据上面的等式,弦 A_1B_1,AB 与 A_2B_2 应当是,或者交于一点,或者互相平行,当纵坐标线段 $\overline{B_1B_2}$ 无限逼近于线段 $\overline{A_1A_2}$ 时,这些弦的方向变为各曲线在 A_1,A,A_2 点的切线方向,于是我们得到下面关于线性方程的积分曲线的切线的性质:在线性方程的积分曲线与一条平行于 OY 轴的直线的交点处,各曲线的切线或者互相平行,或者交于一点.

例 1　考虑有自感的电路中,变动电流的暂态过程. 设 i 记电流强度,v 记电压,R 记电路的电阻,L 记自感系数.

我们有关系式

$$v=Ri+L\frac{\mathrm{d}i}{\mathrm{d}t}$$

由此得到关于 i 的线性方程

$$\frac{\mathrm{d}i}{\mathrm{d}t}+\frac{R}{L}i-\frac{v}{L}=0$$

算作 R 与 L 是常量,v 是时间 t 的已知函数,计算公式(31) 中出现的积分

$$\int_0^t P\mathrm{d}t=\int_0^t\frac{R}{L}\mathrm{d}t=\frac{R}{L}t,\int_0^t Q\mathrm{e}^{\int_0^t P\mathrm{d}t}\mathrm{d}t=-\frac{1}{L}\int_0^t v\mathrm{e}^{\frac{R}{L}t}\mathrm{d}t$$

用 i_0 记 i 的初值,就是当 $t=0$ 时电流强度的值,依照(31),我们得到在任何时刻确定 i 的公式

$$i=\mathrm{e}^{-\frac{R}{L}t}\left(i_0+\frac{1}{L}\int_0^t v\mathrm{e}^{\frac{R}{L}t}\mathrm{d}t\right)$$

当电压 v 是常量时,就有

$$i=\left(i_0-\frac{v}{R}\right)\mathrm{e}^{-\frac{R}{L}t}+\frac{v}{R}$$

当 t 增加时,因子 $\mathrm{e}^{-\frac{R}{L}t}$ 很快地减小,实际上,经过很短的时间后,可以算作处于稳定过程,而电流强度就由欧姆定律 $i=\frac{v}{R}$ 来确定.

特别是,当 $i_0=0$ 时,得到公式

$$i=\frac{v}{R}(1-\mathrm{e}^{-\frac{R}{L}t})\tag{37}$$

它表示接通电路时的电流强度. 让 $v=0$,就得到断开电路时电流消失的公式

$$i=i_0\mathrm{e}^{-\frac{R}{L}t}$$

常量 $\frac{L}{R}$ 叫作所考虑的电路的时间常量.

考虑电压 v 是正弦性的情形,$v=A\sin\omega t$. 依照公式(31),得到

$$i=\mathrm{e}^{-\frac{R}{L}t}\left[i_0+\frac{A}{L}\int_0^t\mathrm{e}^{\frac{R}{L}t}\sin\omega t\mathrm{d}t\right]$$

不难看出[Ⅰ,201]

$$\int e^{\frac{R}{L}t}\sin \omega t\,dt = e^{\frac{R}{L}t}\left[\frac{RL}{\omega^2L^2+R^2}\sin \omega t-\frac{\omega L^2}{\omega^2L^2+R^2}\cos \omega t\right]$$

于是推知

$$\int_0^t e^{\frac{R}{L}t}\sin \omega t\,dt = e^{\frac{R}{L}t}\left[\frac{RL}{\omega^2L^2+R^2}\sin \omega t-\frac{\omega L^2}{\omega^2L^2+R^2}\cos \omega t\right]+\frac{\omega L^2}{\omega^2L^2+R^2}$$

代入到 i 的表达式中,得到

$$i=\left(i_0+\frac{\omega LA}{\omega^2L^2+R^2}\right)e^{-\frac{R}{L}t}+\frac{RA}{\omega^2L^2+R^2}\sin \omega t-\frac{\omega LA}{\omega^2L^2+R^2}\cos \omega t \quad (38)$$

第一项含有因子 $e^{-\frac{R}{L}t}$,它很快就消失了,实际上,$t=0$ 之后经过很短的时间,电流强度就可以由公式(38)中其余两项来确定. 这个和表示一个正弦量,它的频率与电压 v 的相同,只是振幅与相不同. 还要注意,由这个和所给出的稳定过程的电流强度,不依赖于电流的初值 i_0.

例 2　在电路断开时,有火花发生,这时不能算作电阻 R 是常量. 它由初值 R_0 增加到无穷大(对断路的一霎时间 τ 来讲).

有时我们设 R 依赖于 t 的关系由公式

$$R=\frac{R_0}{1-\frac{t}{\tau}}=\frac{R_0\tau}{\tau-t}$$

来表达.

这就引出方程

$$\frac{di}{dt}+\frac{R_0\tau}{L(\tau-t)}i-\frac{v}{L}=0$$

为了把 t 表示成 τ 的一部分,我们由公式

$$t=\tau x$$

引入新变量 x 以替代 t,其中 x 由 0(断路开始的时刻)变到 1(火花熄灭的时刻). 方程就成为

$$\frac{di}{dx}+\frac{R_0\tau}{L(1-x)}i-\frac{v\tau}{L}=0 \quad (39)$$

附有条件

$$i\,|_{x=0}=i_0 \quad \left(i_0=\frac{v}{R_0}\right)$$

应用公式(28),不难得到这方程的一般解

$$i=(1-x)^{\frac{R_0\tau}{L}}\left[\frac{v\tau}{L}\int(1-x)^{-\frac{R_0\tau}{L}}dx+C\right]$$

我们分为两种情形来讨论

$$\frac{L}{R_0}\neq\tau$$

$$\frac{L}{R_0}=\tau$$

在第一种情形下，求得

$$i=\frac{v\tau}{R_0\tau-L}(1-x)+C(1-x)^{\frac{R_0\tau}{L}}$$

再让 $x=0$，确定出任意常数 C

$$i_0=\frac{v\tau}{R_0\tau-L}+C, C=i_0-\frac{v\tau}{R_0\tau-L}$$

最后得到

$$i=\frac{v\tau}{R_0\tau-L}(1-x)+\left(i_0-\frac{v\tau}{R_0\tau-L}\right)(1-x)^{\frac{R_0\tau}{L}} \qquad (40_1)$$

在第二种情形下，用类似的方法可以求得

$$i=(1-x)\left[i_0-\frac{v\tau}{L}\lg(1-x)\right] \qquad (40_2)$$

伯努利方程

$$y'+P(x)y+Q(x)y^m=0 \qquad (41)$$

是线性方程的一种推广的形式，其中指数 m 可以算作不是 0 或 1，因为在这两种情形，这方程就是线性的了. 用 y^m 除上式两边

$$y^{-m}y'+P(x)y^{1-m}+Q(x)=0$$

再引用新变量 u 以替代 y

$$u=y^{1-m}, u'=(1-m)y^{-m}y'$$

这时方程化为

$$u'+P_1(x)u+Q_1(x)=0$$

其中

$$P_1(x)=(1-m)P(x), Q_1(x)=(1-m)Q(x)$$

就是说，利用替换 $u=y^{1-m}$，可以把伯努利方程(41) 化为线性方程，然后就可以求积分了.

注意，微分方程

$$y'+P(x)y+Q(x)y^2+R(x)=0 \qquad (41_1)$$

叫作利卡迪方程，当系数是任意时，它不能化为积分的形式. 不过若知道了它的任何一个特殊解，就可以把它化为线性方程. 实际上，设 y_1 是方程(41_1) 的一个解，就是

$$y'_1+P(x)y_1+Q(x)y_1^2+R(x)=0 \qquad (*)$$

在方程(41_1) 中，依公式

$$y=y_1+\frac{1}{u}$$

引入新的未知函数 u 以替代 y，代入到(41_1) 中，并注意等式(*)，就得到关于 u

的线性方程

$$u' - [P(x) + 2Q(x)y_1]u - Q(x) = 0$$

这方程的一般积分有如：$u = C\varphi(x) + \psi(x)$. 把这个 u 的表达式代入到上面关于 y 的等式中，就得到利卡迪方程的一般积分

$$y = \frac{C\varphi_1(x) + \psi_1(x)}{C\varphi_2(x) + \psi_2(x)}$$

5. 依照初始条件确定微分方程的解

我们以前讲过，一级微分方程

$$y' = f(x, y) \tag{42}$$

表示出点的坐标 (x, y) 与过这点的切线的斜率之间的关系. 设 $f(x, y)$ 是 (x, y) 的单值连续函数. 这时，对于平面上 $f(x, y)$ 有定值的任何一点，根据方程(42)，都有一个确定的方向与之对应，它的斜率等于 $f(x, y)$. 通过对应的点作一根短矢来表示这个方向，我们就在平面上得到一个方向场，这场中任何一个方向都联系于平面上某一个点. 方程(42)的积分曲线就是以上述的方向为切线方向的曲线，这些曲线可以叫作给定的方向场的积分曲线.

我们可以举出地球表面上的磁场作为一个例子. 把某一部分地面考虑作平面，在每一点就有一个确定的方向，就是在这点磁针所指的方向.

现在来研究确定方程(42)的积分曲线的问题. 为要完全确定积分曲线的位置，还应当给定这积分曲线需要通过的某一个点，例如这积分曲线与平行于 OY 轴的直线 $x = x_0$ 的交点，或者，同样的意思，给出当 x 取指定的值 x_0 时，未知函数 y 应当取的初值 y_0

$$y\big|_{x=x_0} = y_0$$

为作出通过指定的点 (x_0, y_0) 的近似积分曲线，可以应用下面讲的欧拉的方法.

在坐标平面上，用平行于坐标轴的直线，画出相等的小方格网，再从坐标原点，在 OX 轴的负方向，作一个等于单位长的线段 $\overline{OP}$（图 8）. 用 $x = x_0$ 与 $y = y_0$ 代入到方程(42)的右边，计算出 $f(x_0, y_0)$，并在 OY 轴上截一段 $\overline{OA_0}$，使其等于 $f(x_0, y_0)$. 显然，线段 PA_0 的斜率就等于 $f(x_0, y_0)$，于是它平行于积分曲线在点 (x_0, y_0) 的切线. 现在开始作这积分曲线的折线形状的近似曲线.

由点 (x_0, y_0) 引半线 M_0M_1 平行于 PA_0，于是它的斜率是 $y'_0 = f(x_0, y_0)$. 设 $M_1(x_1, y_1)$ 是这半线与所作的方格网的边的第一个交点. 在 OY 轴上再截一段 OA_1 等于 $f(x_1, y_1)$，再引半线 M_1M_2 平行于 PA_1，于是它的斜率是 $y'_1 = f(x_1, y_1)$. 设 $M_2(x_2, y_2)$ 是这个半线与方格网的边的第一个交点，就再这样作下去. 这个作法可以用于横坐标增加的方向，也同样可以用于横坐标减小的方

向.这样作出的折线,就是未知积分曲线的近似曲线.

注意,在作线段$\overline{OP}$与$\overline{OA_0}$,$\overline{OA_1}$,…时,可以用与坐标x及y不同的尺度,因为线段$\overline{PA_0}$,$\overline{PA_1}$,…的方向不依赖于对上述线段所选择的尺度.

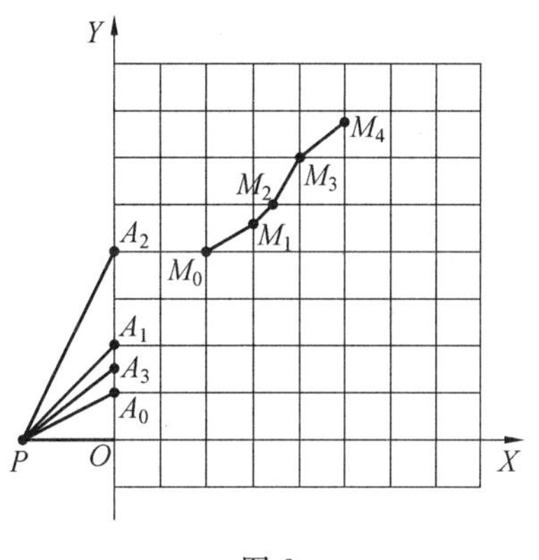

图8

由上述作法,显而易见,方程(42)的通过给定的点(x_0,y_0)的积分曲线必有一条,且仅有一条.这个肯定是正确的,并且可以严格证明,但须$f(x,y)$除连续性外,还具有其他的性质.例如,若在点(x_0,y_0)的近旁,函数$f(x,y)$是(x,y)的连续函数,且有对y的连续微商,则通过点(x_0,y_0)的方程(42)的积分曲线,必有一条且仅有一条.

这个定理我们现在不证,它通常叫作当给定初始条件时,微分方程的存在及唯一定理.在本章的最后我们再证明这个定理.

关于这个定理,除上述的几何解释外,我们再就一种重要的特殊情形,给以分析的解释.这种情形就是:方程(42)的右边可以展开成$(x-x_0)$与$(y-y_0)$的正整幂级数[Ⅰ,161]

$$f(x,y)=\sum_{p,q=0}^{\infty}a_{pq}(x-x_0)^p(y-y_0)^q$$

并且当$(x-x_0)$与$(y-y_0)$的绝对值足够小时,这级数收敛.

在这情形下,满足初始条件

$$y\big|_{x=x_0}=y_0 \tag{43}$$

的方程(42)的解,可以表示成泰勒级数的形状,也就是可以展成$(x-x_0)$的正整幂级数,并且这个级数的系数可以由方程(42)完全确定出来.实际上,用$x=x_0$与$y=y_0$代入到方程(42)的右边,就得到当$x=x_0$时,一级微商y'的值y'_0.再求方程(42)对x的微商,就得到

$$y''=\frac{\partial f(x,y)}{\partial x}+\frac{\partial f(x,y)}{\partial y}y'$$

用$x=x_0$,$y=y_0$,$y'=y'_0$代入到上式的右边,就得到当$x=x_0$时,二级微商y''的值y''_0.再求上式对x的微商,就得到关于y'''的方程,照样作下去.如此就确定出一个泰勒级数

$$y=y_0+\frac{y'_0}{1!}(x-x_0)+\frac{y''_0}{2!}(x-x_0)^2+\cdots \tag{44}$$

它就是当x与x_0足够近时,方程(42)的满足初始条件(43)的解.

除去所讲的依次确定当$x=x_0$时各级微商的值这方法外,也可以用另一个

方法，就是待定系数法. 用具有待定系数的幂级数

$$y = y_0 + a_1(x - x_0) + a_2(x - x_0)^2 + \cdots \tag{45}$$

代入到方程(42)中以替代 y，将右边依 $(x - x_0)$ 的方幂整理好，再让两边同次幂的系数相等，就可以确定出常系数 $a_1, a_2, \cdots$. 不难验证，级数(44)与(45)应当是全同的.

例 求方程

$$y' = \frac{xy}{2} \tag{46}$$

满足初始条件

$$y|_{x=0} = 1 \tag{47}$$

的解，并写成幂级数

$$y = 1 + \sum_{s=1}^{\infty} a_s x^s$$

的形状，其中根据初始条件(47)，我们取常数项等于 1.

求这幂级数的微商

$$y' = \sum_{s=1}^{\infty} s a_s x^{s-1}$$

把得到的 y 及 y' 的表达式代入到方程(46)中

$$a_1 + 2a_2 x + 3a_3 x^2 + \cdots + (n+1)a_{n+1}x^n + \cdots =$$

$$\frac{1}{2}x(1 + a_1 x + a_2 x^2 + \cdots + a_{n-1}x^{n-1} + \cdots)$$

让等式左边与右边的 x 的同次幂的系数相等，就得到表 1 中的关系式. 由此显然

$$a_1 = a_3 = a_5 = \cdots = a_{2n+1} = \cdots = 0$$

$$a_2 = \frac{1}{2}, a_4 = \frac{1}{2!\ 4^2}, \cdots, a_{2n} = \frac{1}{n!\ 4^n}, \cdots$$

最后得到[Ⅰ,126]

$$y = 1 + \frac{x^2}{4} + \frac{1}{2!}\left(\frac{x^2}{4}\right)^2 + \frac{1}{3!}\left(\frac{x^2}{4}\right)^3 + \cdots + \frac{1}{n!}\left(\frac{x^2}{4}\right)^n + \cdots = e^{\frac{x^2}{4}}$$

表 1

	系数
x^0	$a_1 = 0$
x^1	$2a_2 = \frac{1}{2}$
x^2	$3a_3 = \frac{1}{2}a_1$

续表 1

	系数
x^3	$4a_4=\frac{1}{2}a_2$
⋮	⋮
x^n	$(n+1)a_{n+1}=\frac{1}{2}a_{n-1}$
	⋮

6.欧拉－柯西方法

上一段中所讲的作方程(42)的近似积分曲线的方法可以简化，我们用平行于 OY 的直线来替代方格网.当预先给定横坐标 x，要计算积分曲线的纵坐标时，这个改善了的欧拉方法比较简单而且实用.

设 $M_0(x_0,y_0)$ 是积分曲线的起点(图 9).由这点引斜率是 $f(x_0,y_0)$ 的直线，与平行于 OY 轴的直线 $x=x_1$ 交于一点 M_1，设 M_1 的纵坐标是 y_1，显然，它由关系式

$$y_1-y_0=f(x_0,y_0)(x_1-x_0)$$

确定，因为线段 $\overline{M_0N}$ 与 $\overline{NM_1}$ 之长各为 x_1-x_0 与 y_1-y_0，而且 $\angle NM_0M_1$ 的正切等于 $f(x_0,y_0)$.

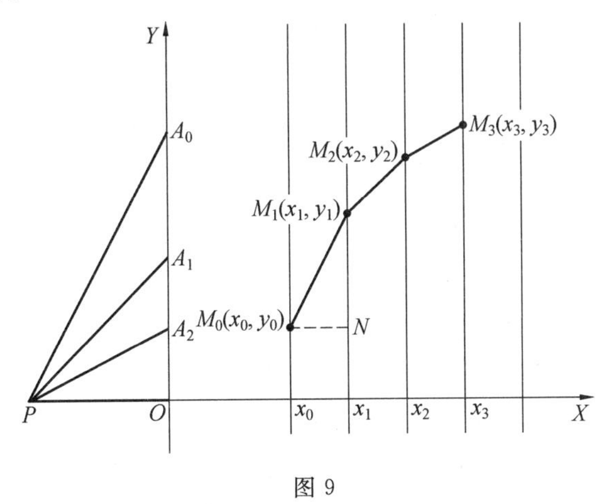

图 9

由点(x_1,y_1)再引斜率是 $f(x_1,y_1)$ 的半线 M_1M_2，与平行于 OY 轴的下一条直线 $x=x_2$ 交于一点 M_2，像上面一样，这个交点的纵坐标由关系式

$$y_2 - y_1 = f(x_1, y_1)(x_2 - x_1)$$

确定.

完全一样,由点 $M_2(x_2, y_2)$ 可以作出下一个点 $M_3(x_3, y_3)$ 来,如此作下去.图 9 上的线段 $PA_0, PA_1, \cdots$ 与图 8 中的作用相同.

现在设当给定 x 的值时,我们要确定满足初始条件(43) 的方程(42) 的解的值.根据以上所述,我们就有下面的作法:先把区间(x_0, x) 分为小区间

$$x_0 < x_1 < x_2 < x_3 < \cdots < x_{n-2} < x_{n-1} < x \tag{48}$$

再由下列公式依次确定纵坐标 $y_1, y_2, \cdots, y_{n-1}$

$$\begin{cases} y_1 - y_0 = f(x_0, y_0)(x_1 - x_0) \\ y_2 - y_1 = f(x_1, y_1)(x_2 - x_1) \\ y_3 - y_2 = f(x_2, y_2)(x_3 - x_2) \\ \vdots \\ y_{n-1} - y_{n-2} = f(x_{n-2}, y_{n-2})(x_{n-1} - x_{n-2}) \\ Y - y_{n-1} = f(x_{n-1}, y_{n-1})(x - x_{n-1}) \end{cases} \tag{49}$$

当[5]中所述关于函数 $f(x, y)$ 的性质的条件成立时,假若给定的 x 的值与初值 x_0 足够近,则当所分的小区间的数目增加,而每一个小区间都趋向零时,由公式(49) 所得到的 Y 的值,将趋向未知积分曲线的纵坐标 y 的真正的值.

由等式(49) 逐项相加,不难求得

$$\begin{aligned} y \approx Y = y_0 &+ f(x_0, y_0)(x_1 - x_0) + f(x_1, y_1)(x_2 - x_1) + \cdots + \\ &f(x_{n-2}, y_{n-2})(x_{n-1} - x_{n-2}) + f(x_{n-1}, y_{n-1})(x - x_{n-1}) \end{aligned} \tag{50}$$

在简单的情形下,对于方程

$$y' = f(x)$$

上式就可以写成

$$y_0 + \sum_{s=0}^{n-1} f(x_s)(x_{s+1} - x_s)$$

我们知道,这是积分 $y_0 + \int_{x_0}^{x} f(x)\mathrm{d}x$ 的近似表达式[Ⅰ,87],而这个积分也就是所给的方程的解.

由公式(49) 计算时,要按照以下的次序.首先由公式(49) 算出差 $y_1 - y_0$.把它与 y_0 相加,就得到第二个纵坐标 y_1,再利用(49) 中第二个公式求出差 $y_2 - y_1$.再把它与 y_1 相加,就得到第三个纵坐标 y_2,再利用(49) 中第三个公式求出差 $y_3 - y_2$.如此作下去.最后把所有这些差与 y_0 相加,就求出 Y 来了.

例 用上述方法求方程(46) 的解,初始条件是(47).把小区间(x_0, x_1),$(x_1, x_2), \cdots$ 之长都取作 0.1.

计算的结果列在表 2 中.第一列是 x 的值,第二列是对应于它们的 y 的值,

第三列是 $f(x,y)$ 的值，就是$\frac{xy}{2}$ 的值，第四列是差分 $\Delta y=y_{s+1}-y_s$，最后一列是准确的积分曲线 $y=e^{\frac{x^2}{4}}$ 的纵坐标的值.

当 $x=0.9$ 时，由表看出，误差小于 0.031，就是误差的百分比约为 2.5%.

表 2

x	y	$\frac{xy}{2}$	$\Delta y=\frac{xy}{2}\cdot 0.1$	$e^{\frac{x^2}{4}}$
0	1	0	0	1
0.1	1	0.05	0.005	1.002 5
0.2	1.005	0.100 5	0.010 1	1.010 0
0.3	1.015 1	0.152 3	0.015 2	1.022 7
0.4	1.030 3	0.206 1	0.020 6	1.040 8
0.5	1.050 9	0.262 7	0.026 3	1.064 5
0.6	1.077 2	0.323 2	0.032 3	1.094 2
0.7	1.109 5	0.388 3	0.038 8	1.130 3
0.8	1.148 3	0.459 3	0.045 9	1.173 5
0.9	1.194 2	0.537 4	0.053 7	1.224 4

7. 一般积分

改变初始条件

$$y\big|_{x=x_0}=y_0$$

中的 y_0 的值，就得到方程(42) 的无穷多个解；或者，用几何的解释来说，就是得到一个依赖于任意常数 y_0 的积分曲线族，其中 y_0 是积分曲线与直线 $x=x_0$ 的交点的纵坐标. 也有时在方程的解中出现的任意常数，不是代表 y 的初值，而是具有一般的形式的

$$y=\varphi(x,C) \tag{51}$$

我们在[1] 中已经讲过，方程(42) 的这种具有任意常数的解叫作这方程的一般积分，一般积分也可以写成隐示式

$$\psi(x,y,C)=0 \tag{52}$$

给常数 C 以一定的数值，就得到方程(42) 的一个确定的解，这样的解叫作方程的特殊解. 为要从一般积分(52) 所对应的曲线族中，找出一条通过点(x_0, y_0) 的曲线，只要由条件

$$\psi(x_0,y_0,C)=0 \tag{53}$$

确定出 C 的数值就可以了.

求一级微分方程的积分的反面问题就是:给定依赖于一个参数 C 的曲线族(52),要作出一个微分方程,使它的一般积分所对应的曲线族就是所给的曲线族.

求所给的方程(52) 对 x 的微商,得到

$$\frac{\partial\psi(x,y,C)}{\partial x}+\frac{\partial\psi(x,y,C)}{\partial y}y'=0 \tag{54}$$

由(52) 及(54) 两个方程中消去 C,就得到曲线族(52) 的微分方程

$$\Phi(x,y,y')=0$$

一般积分(52) 可以写成解出任意常数 C 的形式

$$w(x,y)=C \tag{55}$$

对于可分离变量的方程,我们得到的一般积分,就是这样的形状. 方程(55) 左边的函数 $w(x,y)$ 叫作微分方程(42) 的积分.

把这个函数中的 y,用方程(42) 的任何一个解来替代,我们应当得到一个常数. 就是说:方程(42) 的积分是 x 与 y 的这样的一个函数,它对 x 的全微商等于零(根据方程(42)).

取方程(55) 两边对 x 的全微商,得到[Ⅰ,69]

$$\frac{\partial w(x,y)}{\partial x}+\frac{\partial w(x,y)}{\partial y}y'=0$$

或者,根据假设,y 是方程(42) 的解,可以用 $f(x,y)$ 来替代 y',就得到

$$\frac{\partial w(x,y)}{\partial x}+\frac{\partial w(x,y)}{\partial y}f(x,y)=0 \tag{56}$$

不论我们把方程(42) 的哪个解代入到函数 $w(x,y)$ 中,$w(x,y)$ 应当总满足这个方程. 再根据存在与唯一定理中初始条件的任意性,如果我们取方程(42) 的所有的解,则 x 与 y 的值可能是随意地. 就是说,对 x 与 y 来讲,函数 $w(x,y)$ 恒满足方程(56). 最后我们讲,当方程(42) 的解由隐示式

$$w_1(x,y)=0 \tag{57_1}$$

给出时,如何来验证.

像上面一样,得到方程

$$\frac{\partial w_1(x,y)}{\partial x}+\frac{\partial w_1(x,y)}{\partial y}f(x,y)=0 \tag{57_2}$$

对于曲线(57_1) 上所有的点,这个关系式总应当成立,就是说,只是根据等式(57_1),可以断定,对 x 与 y 来讲,等式(57_2) 应当恒成立,换句话说,就是由(57_1) 应当推出(57_2).

例 1 考虑方程

$$y'=\frac{1-3x^2-y^2}{2xy}$$

不难看出,圆周

$$x^2+y^2-1=0$$

是这方程的一个解. 实际上,在所给的情形下,$f(x,y)=\frac{1-3x^2-y^2}{2xy}$,而 $w_1(x,y)=x^2+y^2-1$,等式(57_2)就成为

$$2x+2y\frac{1-3x^2-y^2}{2xy}=0,\frac{1-x^2-y^2}{x}=0$$

根据圆周的方程,这等式显然成立.再证所给微分方程的一般积分是

$$x^3+xy^2-x=0$$

把 $w(x,y)=x^3+xy^2-x$ 代入到(56)中,就得到

$$3x^2+y^2-1+2xy\frac{1-3x^2-y^2}{2xy}=0$$

直接看出,当 x 与 y 取任何值时,这个等式恒成立.

设所给的微分方程是关于 y' 的隐示式

$$\Phi(x,y,y')=0 \tag{58}$$

解出 y',就可以化为(42)的形状,不过函数 $f(x,y)$ 可能是多值函数.假设它有 m 个不同的值,于是对应于指定的 x 与 y,y' 就有 m 个不同的值,这时在一个指定的点,对应的就不只一个方向,而有 m 个不同的方向.如此,在平面上就不只规定了一个方向场,而是 m 个不同的方向场.对于每一个场来说,通过一个指定的点,就有一条积分曲线;于是总计起来,通过一个指定的点,方程(58)就有 m 条积分曲线.这个方程的一般积分含有一个,且只有一个任意常数,就是有(52)的形状;但是,一般来讲,方程(53)应该不仅给出 C 的一个值,而是 m 个不同的值.

对于最后讲的这一点,我们举一个例子,在这个例子中,有含有任意常数的解,但严格来讲,它不是一般积分.考虑微分方程

$$y'^2-xy'=0 \tag{59}$$

把左边分解因子 $y'(y'-x)=0$,这里实际有两个微分方程

$$y'=0 \text{ 与 } y'-x=0$$

它们的一般积分各为

$$y-C=0 \tag{59_1}$$

与

$$y-\frac{1}{2}x^2-C=0 \tag{59_2}$$

我们可以把这两个方程合写为一个

$$(y-C)(y-\frac{1}{2}x^2-C)=0$$

它就给出了方程(59)的一般积分.这时,通过平面上任何一点有两条积分曲线:一条直线(59_1)与一条抛物线(59_2).显然,公式(59_1)给出方程(59)的含有任意常数的解,但是这个解不是方程(59)的一般积分,而只是方程 $y'=0$ 的一般积分.

方程(42)或(58)可能有些解不包含在一般积分族中,就是说,无论常数 C 取什么特殊值,这些解不能由公式(52)得出来.这样的解叫作方程的奇异解.在[10]中我们将讨论关于这样的解的求法与几何解释的问题.

严格说来,叫作一般积分的应该是这样的解,它含有任意常数,而代表了在任何初始条件下由存在与唯一定理所确定的全部解的族.叫作奇异解的应该是这样的解,在它的所有的点,都不能满足存在与唯一定理的条件.当对于方程(42)(或(58))中函数 $f(x,y)$(或 $\Phi(x,y,y')$)有一定的假定时,所有这些定义就完全准确了.

在微分方程(42)(或方程(58))中,用任意常数 C 来替代 y',就得到曲线族

$$f(x,y)=C_1 \text{ 或 } \Phi(x,y,C_1)=0$$

这个族中的每一条曲线,代表了一个平面上具有同一切线方向的点的轨迹;所以,这个曲线族叫作所给的微分方程的等倾斜线族.特别是在地球表面的磁场中,等倾斜线是这样的曲线,沿着它磁针的方向是保持不变的.

对于齐次方程[3],等倾斜线是通过坐标原点的直线.

现在我们讨论,在什么情形下,等倾斜线是方程的积分曲线,也就是说,它是方程的解.取任何一条等倾斜线

$$\Phi(x,y,b)=0$$

对应于 $C_1=b$.对于这条等倾斜线上的点,微分方程给出同一的切线方向,就是 $y'=b$.为要这等倾斜线是方程的解,必须且仅须这等倾斜线在所有的点的切线斜率都等于 b.由此直接推知,这等倾斜线应当是斜率为 b 的直线,因为由 $y'=b$ 推出 $y=bx+c$,其中 c 是某一常数.所以,只有在一种情形下,等倾斜线是方程的解,这种情形就是:等倾斜线是一条直线,而且对于这直线上的点由微分方程所确定的不变的切线方向与这直线的方向相同.

例2 求曲线,使得它的法线长为常量 a(图10).利用法线长的表达式[Ⅰ,77],就有微分方程

$$\pm y\sqrt{1+y'^2}=a \tag{60}$$

把这方程的两边乘二次方,再解出 y',就得到

$$\frac{\mathrm{d}y}{\mathrm{d}x}=\pm\frac{\sqrt{a^2-y^2}}{y} \tag{61}$$

这方程的右边当 $|y|\leqslant a$ 时有意义,也就是在两条直线

$$y=a \text{ 与 } y=-a \tag{62}$$

之间的宽带中有意义，因为否则根号下的表达式是负的，并且在这宽带内每个点，y' 有两个不同的值.

由方程(61)分离变量，得到

$$\frac{y\mathrm{d}y}{\sqrt{a^2-y^2}}=\pm\mathrm{d}x \tag{63}$$

求积分，不难得到

$$(x-C)^2+y^2=a^2 \tag{64}$$

就是说，它是圆心在 OX 轴上半径等于 a 的圆族(图 10). 所有这些圆，在介于直线(62)的宽带中，并且通过这宽带中每一个点，这圆族中有两个圆.

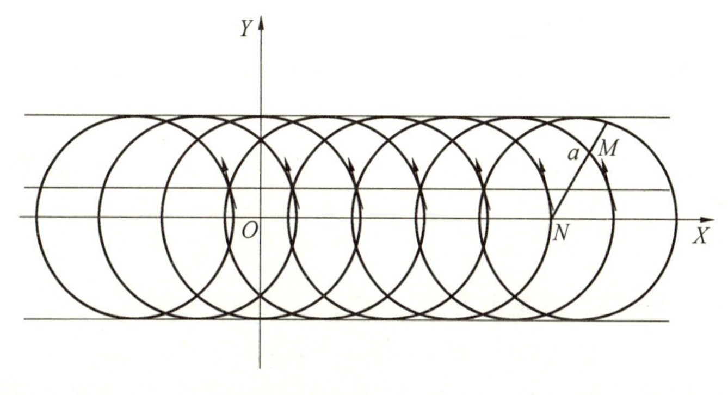

图 10

由方程(61)化为方程(63)时，我们用$\sqrt{a^2-y^2}$去除了，于是可能因此丢掉两个解 $y=\pm a$. 直接代入，不难看出，实际上它们是方程(61)的解. 这两个解的几何图形是直线，它们不包含在一般积分族(64)中，换句话说，无论任意常数 C 取什么值，由公式(64)不能得到这两个解，就是说，它们是这方程的奇异解.

用常数 C_1 替代方程(60)中的 y'，得到等倾斜线族

$$\pm y\sqrt{1+C_1^2}=a$$

这是平行于 OX 轴的直线. 沿这些直线，圆(64)的切线方向保持不变.

特别是，直线(62)也是等倾斜线，沿这直线，y' 保持常值零，与这两条直线的斜率相同，因此，这两条直线同时又是方程(61)的解.

8. 克列罗方程

下面形状的方程叫作克列罗方程

$$y=xy'+\varphi(y') \tag{65}$$

用任意常数 C 来替代 y，就得到这方程的等倾斜线族

$$y=xC+\varphi(C) \tag{66}$$

我们看出，所有的等倾斜线都是直线，而且其中每条直线的斜率就是用以替代

y' 的常数C,就是说,直线(66) 中每一条的方向,与对于这直线上的点由这微分方程所确定的不变的切线方向相同. 回忆上一段中所述,可以肯定,(66) 中每条直线都是方程(65) 的解,就是说,等倾斜线族(66) 同时是方程(65) 的一般积分族.

现在我们讲,求方程(65) 的解的另一个方法,由这个方法,我们不仅得到方程(65) 的一般积分,并且得到它的奇异解. 记作 $y'=p$,把方程(65) 写成

$$y = xp + \varphi(p) \tag{67}$$

问题就化为求 x 的函数 p:$p=\psi(x)$,使得当用 $p=\psi(x)$ 代入到(67) 的右边时,得到 x 的函数 y,它的微商 y' 要等于 $y'=p=\psi(x)$ 取(67) 两边的微分,并让左边的 $\mathrm{d}y=y'\mathrm{d}x=p\mathrm{d}x$,就得到一个关于 p 的微分方程

$$p\mathrm{d}x = p\mathrm{d}x + x\mathrm{d}p + \varphi'(p)\mathrm{d}p \text{ 或} [x+\varphi'(p)]\mathrm{d}p = 0$$

让每一个因子等于零,我们得到两种情形. $\mathrm{d}p=0$ 的情形给出了 $p=C$,其中 C 是任意常数;把 $p=C$ 代入到方程(67) 中,得到一般积分(66). 在第二个情形下,我们有

$$x + \varphi'(p) = 0 \tag{68}$$

由方程(67) 与(68),就是由方程

$$y = xp + \varphi(p) \text{ 与 } x + \varphi'(p) = 0 \tag{69}$$

消去 p,就又得到方程(67) 的一个解,它不含有任意常数. 通常这个解是方程的奇异解.

下面这个几何问题可以引到克列罗方程:设要求切线具有指定性质的一条曲线,而这性质只与切线有关与切点无关. 实际上,切线的方程具有下面的形状

$$Y - y = y'(X - x) \text{ 或 } Y = y'X + (y - xy')$$

于是切线的任何性质可以用$(y-xy')$ 与 y' 的关系式来表达

$$\Phi(y - xy', y') = 0$$

解出 $y-xy'$,就得到有如式(65) 的方程. 显然,克列罗方程的一般积分所对应的直线不是这问题所要求的答案,而方程的奇异解才是所要求的答案.

例 求一曲线,使得它的切线被两坐标轴截下的线段 T_1T_2 具有定长,等于常量 a(图 11).

由切线的方程求出切线在两坐标轴上的截距 OT_1 与 OT_2,就不难作出未知曲线的微分方程

$$\frac{(y-xy')^2}{y'^2} + (y-xy')^2 = a^2 \text{ 或 } y = xy' \pm \frac{ay'}{\sqrt{1+y'^2}}$$

它的一般积分

$$y = xC \pm \frac{aC}{\sqrt{1+C^2}} \tag{70}$$

是一个直线族，其中每条直线在两坐标轴之间的线段长为 a，为要求奇异解，我们由下面两个方程消去 p，一个方程是

$$y=xp\pm\frac{ap}{\sqrt{1+p^2}} \tag{71}$$

另一个是

$$x\pm a\frac{\sqrt{1+p^2}-\dfrac{p^2}{\sqrt{1+p^2}}}{1+p^2}=0$$

它可以化为

$$x\pm\frac{a}{(1+p^2)^{3/2}}=0$$

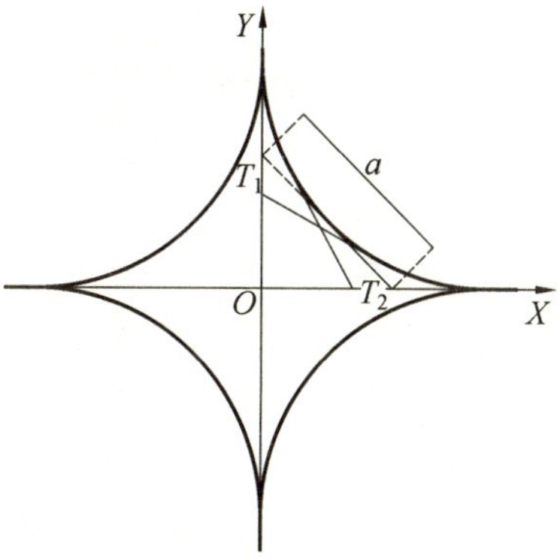

图 11

让 $p=\tan\varphi$，就得到

$$x=\mp a\cos^3\varphi$$

再由方程(71)求得

$$y=\mp a\cos^3\varphi\tan\varphi\pm a\sin\varphi=\pm a\sin^3\varphi$$

把这两个等式各乘$\frac{2}{3}$次方，然后相加，就消去了 φ

$$x^{\frac{2}{3}}+y^{\frac{2}{3}}=a^{\frac{2}{3}}$$

未知曲线是星形线，我们在[Ⅰ,80]中曾经讲过这个曲线. 直线族(70)形成了它的切线族.

9. 拉格朗日方程

下面形状的方程叫作拉格朗日方程

$$y=x\varphi_1(y')+\varphi_2(y') \tag{72}$$

其中 $\varphi_1(y')$ 不应该算作是 y'，因为当 $\varphi_1(y')=y'$ 时，就成为克列罗方程了.

像对克列罗方程一样，对于方程(72)，我们也用求微分的方法. 记作 $y'=p$，把这方程写成

$$y=x\varphi_1(p)+\varphi_2(p) \tag{73}$$

取两边的微分，就得到关于 p 的一级微分方程

$$p\mathrm{d}x=\varphi_1(p)\mathrm{d}x+x\varphi'_1(p)\mathrm{d}p+\varphi'_2(p)\mathrm{d}p \tag{73_1}$$

用 $\mathrm{d}p$ 除，得到方程

$$[\varphi_1(p)-p]\frac{\mathrm{d}x}{\mathrm{d}p}+\varphi'_1(p)x+\varphi'_2(p)=0$$

若 x 算作 p 的函数，这就是个线性微分方程. 两边用系数$[\varphi_1(p)-p]$除，就化为(25)的形状，于是得到它的一般积分有如下面的形状

$$x = \psi_1(p)C + \psi_2(p) \tag{74}$$

把这个 x 的表达式代入到方程(72) 中,得一个关于 y 的方程

$$y = \psi_3(p)C + \psi_4(p) \tag{75}$$

公式(74) 与(75) 给出 x 与 y 的通过任意常数 C 与参变量 p 的表达式,就是说,它们是拉格朗日方程的一般积分的参变方程.若由方程(74) 与(75) 中消去参变量 p,就得到一般积分的普通方程.

当用 $\mathrm{d}p$ 除这方程时,我们可能丢掉对应 $\mathrm{d}p = 0$ 的解,就是对应于 p 或 y' 是常数的解.但是 y' 是常数使得 y 是 x 的一次多项式,所以如果它是解的话,这个解应当是直线.还要注意,当 $p = a$ 时,方程(73_1) 化为 $a\mathrm{d}x = \varphi_1(a)\mathrm{d}x$,就是说,这个常数 a 应当是由方程 $\varphi_1(a) - a = 0$ 所确定的.

现在我们讲这个事实的几何解释.用常数 C_1 来替代方程(72) 中的 y',就得到等倾斜线的方程

$$y = x\varphi_1(C_1) + \varphi_2(C_1) \tag{76}$$

就是说,拉格朗日方程的等倾斜线是直线.在这些等倾斜线中也应当找一找这方程的直线解,为此,需要等倾斜线的斜率 $\varphi_1(C_1)$ 与沿这等倾斜线的切线斜率 C_1 相同

$$\varphi_1(C_1) - C_1 = 0$$

解这个方程,再把求得的 C_1 的值代入到方程(76) 中,就得到所要求的解,尤其应当包含有上述的奇异解.

10. 曲线族的包络及奇异解

我们已经讲过两个例,在这两个例中,除去一般积分外,还得到了奇异解.在[7] 的例 2 中,一般积分是圆族

$$(x - C)^2 + y^2 = a^2 \tag{77}$$

其圆心在 OX 轴上,定半径等于 a.

奇异解是两条平行于 OX 轴的直线 $y = \pm a$.这两条直线在每一点与圆族(77) 中一个圆相切(图 10).在[8] 的例中,一般积分是一个直线族,其中每条直线两坐标轴所截的线段之长等于常量 a;奇异解是一个星形线,它在每一点与这直线族的一条直线相切,就是说,这直线族是这星形线的切线族.

这两个例很自然地引导出曲线族的包络的概念.设给定曲线族

$$\psi(x, y, C) = 0 \tag{78}$$

其中 C 是任意常数.所谓曲线族的包络是这样一条曲线,在这曲线上所有的点,它与曲线族中各个不同的曲线相切,就是说,在这曲线上每一点,这曲线与曲线族中通过这点的曲线有公切线.

现在我们讲包络的求法.首先要确定曲线族(78) 的切线的斜率.由等式

(78) 求微商，并注意 y 是 x 的函数，而 C 是任意常数，就得到

$$\frac{\partial\psi(x,y,C)}{\partial x}+\frac{\partial\psi(x,y,C)}{\partial y}\frac{\mathrm{d}y}{\mathrm{d}x}=0$$

由此[Ⅰ,69]

$$\frac{\mathrm{d}y}{\mathrm{d}x}=-\frac{\dfrac{\partial\psi(x,y,C)}{\partial x}}{\dfrac{\partial\psi(x,y,C)}{\partial y}} \tag{79}$$

设包络的未知方程是

$$R(x,y)=0 \tag{80}$$

我们可以算作这方程左边的未知函数 $R(x,y)$ 具有 $\psi(x,y,C)$ 的形状，其中只不过 C 并非常数，而是 x 与 y 的未知函数. 实际上，对于任何函数 $R(x,y)$，我们可以写成等式

$$R(x,y)=\psi(x,y,C)$$

由此就确定出 C 是 x 与 y 的什么函数，于是我们可以找像(78) 的形状的包络的方程，只不过 C 不算作常数，而是 x 与 y 的未知函数. 求方程(78) 两边的微分，注意 C 已经不是常数，就得到

$$\frac{\partial\psi(x,y,C)}{\partial x}\mathrm{d}x+\frac{\partial\psi(x,y,C)}{\partial y}\mathrm{d}y+\frac{\partial\psi(x,y,C)}{\partial C}\mathrm{d}C=0 \tag{81}$$

由条件，未知包络的切线的斜率$\frac{\mathrm{d}y}{\mathrm{d}x}$，应当与曲线族(78) 中过这切点的曲线的切线斜率相同，就是说，由等式(81) 给出的$\frac{\mathrm{d}y}{\mathrm{d}x}$ 应当与(79) 中的表达式相同，而只有在公式(81) 的左边的第三项等于零时，也就是$\frac{\partial\psi(x,y,C)}{\partial C}\mathrm{d}C=0$ 时，这才能成立. 但是 $\mathrm{d}C=0$ 给出 C 是常数，就是说仍然给出了族中的曲线，而不是包络；于是推知，为要得到包络，我们应当设

$$\frac{\partial\psi(x,y,C)}{\partial C}=0$$

由这方程确定出 C 是(x,y) 的一个函数. 把这个用 x 与 y 来表达的 C 的表达式代入到等式(78) 中，就得到所要求的包络的方程(80)，就是说，族(78) 的包络的方程，可以由两个方程

$$\psi(x,y,C)=0,\frac{\partial\psi(x,y,C)}{\partial C}=0 \tag{82}$$

中消去 C 求得. 沿着包络移动时，它与族中各个不同的曲线相切，而每一条曲线是由常数 C 的一个值所确定的，如此就建立了，求包络的方程时，也用(78) 的形状，而把 C 算作变量的概念.

现在再回到微分方程的奇异解的问题. 设(78) 是微分方程

$$\Phi(x,y,y')=0 \tag{83}$$

的一般积分族，就是说，在族(78)中任何一条曲线上，点的坐标(x,y)与切线的斜率满足方程(83). 在包络上每一个点，x,y与y'的值与族(78)中某一条曲线在这点的这些数值全同，就是说，包络的x,y与y'也满足(83). 所以，方程的一般积分族的包络也是这方程的积分曲线.

如此，若$\psi(x,y,C)$是方程(83)的一般积分，则在某些情形下，由方程(82)消去C就得到奇异解. 我们在这里说某些情形，而不说所有的情形，是有下面的理由的. 由方程(82)消去C，我们可以得到的不仅是包络，而除包络外，可以得到族(78)中所有的曲线的奇异点的集合，也就是，(78)中曲线的这种点的轨迹，在这些点，这些曲线没有确定的切线[Ⅰ,76]. 此外，也有时包络就是曲线族(78)中的一条. 我们现在不严格来讨论包络与奇异解的理论. 这一部分理论应当与我们在[5]中所讲的存在与唯一定理有密切的联系. 我们只限于用下面几个例子来说明这个问题.

最后我们提出，假若由微分方程导出它的一般积分时，每一步运算都没有破坏方程的相当性，则不可能有奇异解. 反过来说，显然，像我们在[7]中所作的，奇异解应当在丢掉的解中去寻找.

(1) 求圆族(77)

$$(x-C)^2+y^2=a^2$$

的包络.

在这情形下，方程(82)有下面的形状

$$(x-C)^2+y^2=a^2,\ -2(x-C)=0$$

第二个方程给出$C=x$，代入到第一个方程中，就得到$y^2=a^2$，就是两条直线$y=\pm a$，我们以前已经得到这结果.

(2) 克列罗方程$y=xy'+\varphi(y')$的一般积分是

$$y=xC+\varphi(C)$$

为要求包络，应由两个方程

$$y=xC+\varphi(C),0=x+\varphi'(C)$$

中消去C. 这两个方程与[8]中方程(69)全同，只是p换成了C而已，就是说，这是以前求克列罗方程的奇异解的法则.

(3) 曲线$y^2=x^3$是所谓半立方抛物线(图12). 把它沿着OY轴平行移动就得到半立方抛物线族

$$(y+C)^2=x^3$$

其中每一条曲线在OY轴上有一个尖点，在这点，这曲线有平行于OX轴的右切线，在所给的情形下，方程(82)有下面的形状

$$(y+C)^2=x^3,2(y+C)=0$$

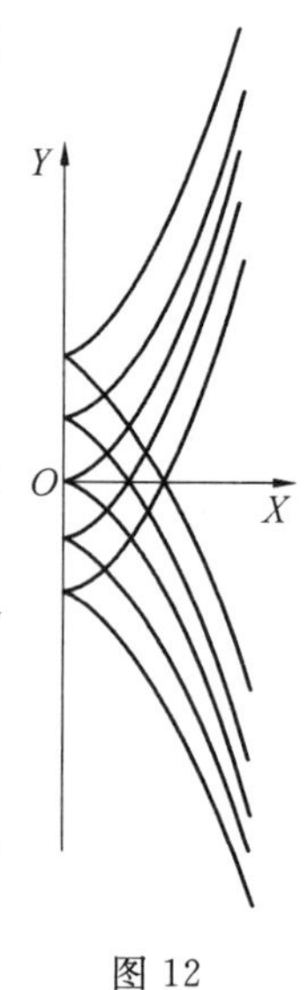

图 12

消去 C,得到 $x=0$,就是 OY 轴. 在这情形下,OY 轴不是这族的包络,而是族中曲线的奇异点的轨迹.

(4) 考虑曲线族

$$y=C(x-C)^2$$

当 $C\neq 0$ 时,这是抛物线,而当 $C=0$ 时是 OX 轴,这时方程(82)有下面的形状

$$y=C(x-C)^2,(x-C)(x-3C)=0$$

由第二个方程给出 $C=x$ 或 $C=\frac{1}{3}x$. 代入到第一个方程中,得到或者 $y=0$,或者 $y=\frac{4}{27}x^3$. 第一条曲线 $y=0$ 是 OX 轴,它包含在这曲线族中,而立方抛物线 $y=\frac{4}{27}x^3$ 是这族的包络.

(5) 设有圆心在坐标原点,半径长为 1 的一个圆,取出这个圆的垂直于 OX 轴的弦,以每一个这样的弦为直径作一个圆. 如此就得到一个圆族. 若 $x=C$ 是所说的弦与 OX 轴交点的横坐标,则对应的圆的半径的平方就是 $1-C^2$(图 13),而这族的方程就是

$$(x-C)^2+y^2=1-C^2$$

对 C 求微商,得到方程

$$-2(x-C)=-2C$$

由这两个方程消去 C,就得到一个方程

$$\frac{x^2}{2}+y^2=1$$

就是得到一个以坐标轴为对称轴,半轴长各为 $\sqrt{2}$ 与 1 的椭圆. 由图看出,这个椭圆不是与族中所有的圆都相切的.

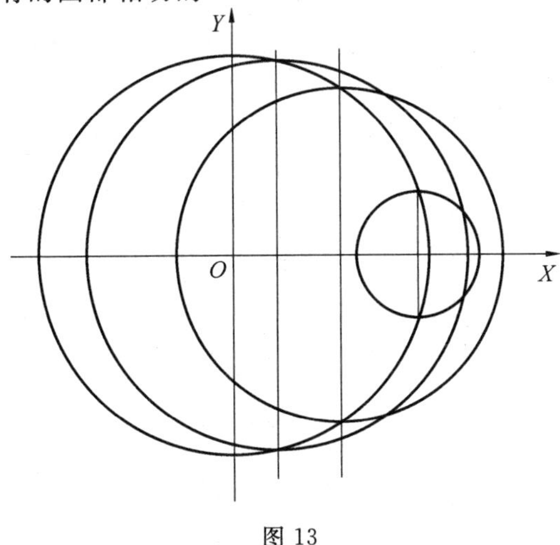

图 13

11. y' 的二次方程

现在我们从奇异解的观点更仔细地来考虑 y' 的二次微分方程

$$\Phi(x,y,y')=y'^2+2P(x,y)y'+Q(x,y)=0 \tag{84}$$

其中 $P(x,y)$ 与 $Q(x,y)$ 在全部平面上都是单值的、连续的，并且有对 y 的连续微商，例如，它们都是 x 与 y 的多项式．解出 y'，就得到

$$y'=-P(x,y)\pm\sqrt{R(x,y)} \tag{85}$$

其中我们记作 $R(x,y)=[P(x,y)]^2-Q(x,y)$．在 $R(x,y)>0$ 的一部分平面中，方程(85) 相当于两个微分方程，并且依照存在与唯一定理，通过这一部分平面的每一个点，应当有两条，而且只有两条积分曲线．在这一部分平面中，没有微分方程(84) 的任何的奇异解，在 $R(x,y)<0$ 的一部分平面中，方程(85) 给不出 y' 的实值，于是在这一部分平面中，没有积分曲线．最后，我们考虑方程

$$R(x,y)=0 \tag{86}$$

它可能确定出平面上一条或几条曲线．只有在这些曲线中，可能有微分方程(84) 的奇异解．注意，方程(86) 可以由方程(84) 以及方程

$$\frac{\partial\Phi(x,y,y')}{\partial y'}=0 \text{ 就是 } y'+P(x,y)=0$$

中消去 y' 而得到．后面这个方程表示出，对 y' 来讲，方程(84) 有重根．

(1) 对于方程

$$y=xy'+y'^2 \text{ 就是 } y'^2+xy'-y=0$$

公式(86) 成为 $\frac{x^2}{4}+y=0$，而抛物线 $y=-\frac{x^2}{4}$ 是这个克列罗方程的奇异解．

(2) 对于方程

$$y'^2+2xy'+y=0$$

公式(86) 成为 $y=x^2$．这个抛物线不满足所给的微分方程，所以这个方程没有奇异解．

12. 等角轨线

与曲线族

$$\psi(x,y,C)=0 \tag{87}$$

中每条曲线交成定角的曲线族，叫作所给的曲线族的等角轨线．

若这定角是直角，则这等角轨线叫作正交轨线，求等角轨线的问题可以化为解一级微分方程的问题．

由方程

$$\psi(x,y,C)=0,\frac{\partial\psi(x,y,C)}{\partial x}+\frac{\partial\psi(x,y,C)}{\partial y}y'=0$$

中消去 C，就得到所给族(87) 的微分方程[7]

$$\Phi(x, y, y')=0 \tag{88}$$

我们先确定它的正交轨线. 由于正交性的条件，在未知曲线与族中任何一条曲线的交点，它们的切线的斜率互为负倒数；于是推知，为要得到正交轴线的微分方程，只需在所给族的微分方程中，用 $-\frac{1}{y'}$ 来替代 y' 就成了.

如此，求正交轨线的问题，就化为求方程

$$\Phi\left(x, y_1, -\frac{1}{y'_1}\right)=0$$

的积分的问题，其中 y_1 是 x 的未知函数.

现在回到等角轨线的一般问题，设未知曲线应当与族(87) 中的曲线交成定角 φ. 像上面一样，我们用 y_1 来记未知曲线的纵坐标，并注意一角差的正切的表达式

$$\tan\varphi=\tan(\psi_1-\psi)=\frac{\tan\psi_1-\tan\psi}{1+\tan\psi\tan\psi_1}$$

其中 $\tan\psi=y'$ 是(87) 中曲线的切线的斜率，而 $\tan\psi_1=y'_1$ 是未知曲线的斜率，于是可以写成

$$\frac{y'_1-y'}{1+y'y'_1}=\tan\varphi \tag{89}$$

其中 φ 是由曲线(87) 算到未知曲线的角度. 由方程(89) 与(88) 消去 y' 就得到等角轨线的微分方程，然后应该再求积分.

在考虑流体的平面流动时，我们会遇到正交轨线. 设有流体在平面上流动，于是在平面上每个点(x, y) 有一个速度向量 $\boldsymbol{v}$—— 流动的速度. 若这速度向量只依赖于平面上点的位置，而与时间无关，则这流动叫作驻立的或稳定的. 我们将只考虑这样的流动. 此外，我们还设存在有速度的势量，换句话说，就是向量 $\boldsymbol{v}(x, y)$ 在两坐标轴的投影是某一函数 $u(x, y)$ 的偏微商$\frac{\partial u(x, y)}{\partial x}$ 与$\frac{\partial u(x, y)}{\partial y}$.

在这情形下，曲线族

$$u(x, y)=C \tag{90}$$

叫作等势线.

在所有的点切线方向与向量 $\boldsymbol{v}(x, y)$ 的方向一致的曲线叫作流线，它给出流体粒子运动的路线. 我们可以证明，流线是等势线族的正交轨线.

设将速度向量 $\boldsymbol{v}(x, y)$ 与 OX 轴的交角记作 φ，这向量的长记作 $|\boldsymbol{v}|$，依照条件$\frac{\partial u(x, y)}{\partial x}$ 与$\frac{\partial u(x, y)}{\partial y}$ 各为 $\boldsymbol{v}(x, y)$ 在两坐标轴上的投影，就有

$$\frac{\partial u(x, y)}{\partial x}=|\boldsymbol{v}|\cdot\cos\varphi, \frac{\partial u(x, y)}{\partial y}=|\boldsymbol{v}|\cdot\sin\varphi$$

由此得到流线的切线斜率的表达式

$$\tan\varphi=\frac{\dfrac{\partial u(x,y)}{\partial y}}{\dfrac{\partial u(x,y)}{\partial x}} \tag{91}$$

方程(90)对 x 求微商,就得到等势线的切线斜率

$$\frac{\partial u(x,y)}{\partial x}+\frac{\partial u(x,y)}{\partial y}y'=0$$

由此

$$y'=-\frac{\dfrac{\partial u(x,y)}{\partial x}}{\dfrac{\partial x(x,y)}{\partial y}}$$

这里得到的斜率是(91)中斜率的负倒数,由此推出,等势线与流线是互相正交的.

如此,若某一曲线族是等势线族,则它的正交轨线是流线族,反之亦然.在平面电场的情形下,等势线族的正交轨线是这个场的电力线.

例　求曲线族

$$y=Cx^{m} \tag{92}$$

的等角轨线.

由方程

$$y=Cx^{m},y'=Cmx^{m-1}$$

消去 C,就得到族(92)的微分方程

$$y'=m\frac{y}{x}$$

把这个 y' 的表达式代入到公式(89)中,就得到未知族的微分方程

$$\frac{y'-m\dfrac{y}{x}}{1+m\dfrac{yy'}{x}}=\frac{1}{k}$$

其中我们把常数 $\tan\varphi$ 记作了 $\dfrac{1}{k}$,而且把 y_1 简写成 y 了.这个方程可以化为下面的形状

$$y'=\frac{km\dfrac{y}{x}+1}{k-m\dfrac{y}{x}} \tag{93}$$

于是它是一个齐次方程.

若 $m=1$,则族(92)是通过坐标原点的直线族,而与它们交成定角的未知曲线就应当是对数螺线[Ⅰ,83]或圆.

若 $m=-1$，而 $k=0$，这问题就成为求等轴双曲线

$$xy=C \tag{94}$$

的正交轨线.

在这情形下，方程(93) 化为可分离变量的方程

$$\frac{\mathrm{d}y}{\mathrm{d}x}=\frac{x}{y} \text{ 或 } x\mathrm{d}x-y\mathrm{d}y=0$$

求积分，就又得到一个等轴双曲线族，只是对称轴换为

$$x^2-y^2=C$$

不难验证，若是把所给的族(94) 绕原点转 45°，就得到这个曲线族. 一般说来，当 $k=0$ 时，方程(93) 化为下面的形状

$$\frac{\mathrm{d}y}{\mathrm{d}x}=-\frac{x}{my}$$

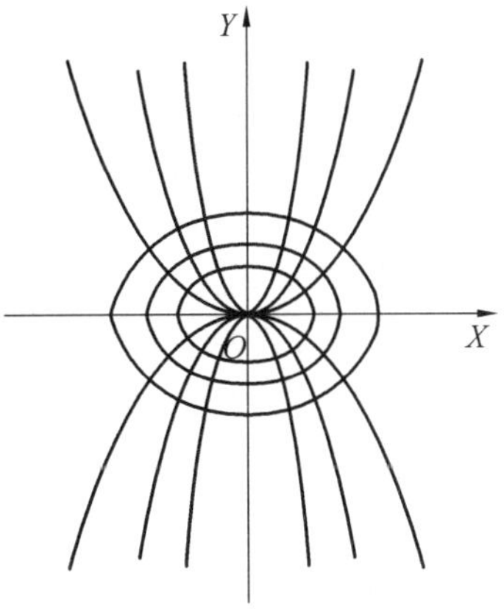

图 14

而它的一般积分是

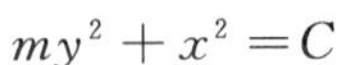

$$my^2+x^2=C$$

就是说，当 $m>0$ 时，曲线族(92) 的正交轨线是椭圆，而当 $m<0$ 时是双曲线. 图 14 上表示出抛物线族 $y=Cx^2$ 的正交轨线.

§2　高级微分方程及方程组

13. 一般概念

n 级常微分方程具有下面的形状

$$\Phi(x,y,y',y'',\cdots,y^{(n)})=0 \tag{1}$$

或者写成解出 $y^{(n)}$ 的形状

$$y^{(n)}=f(x,y,y',y'',\cdots,y^{(n-1)}) \tag{2}$$

自变量 x 的任何函数，若满足方程(1) 或(2)，就叫作这方程的解；而微分方程的求解问题也叫作求微分方程的积分问题. 作为特例，我们考虑受力 F 作用的质点 m 所作的直线运动；并设力 F 依赖于时间 t，点的位置及其速度. 取这个点运动所沿的直线作 OX 轴，可以算作力 F 是 t，x 与 $\frac{\mathrm{d}x}{\mathrm{d}t}$ 的已知函数. 依照牛顿定律，质点的质量与它的加速度的乘积应当等于作用力. 于是

$$m\frac{\mathrm{d}^2x}{\mathrm{d}t^2}=F\left(t,x,\frac{\mathrm{d}x}{\mathrm{d}t}\right) \tag{3}$$

求这个二级方程的微分，就确定出 x 对于 t 的关系，也就是，在给定的力的影响下这点的运动. 为得到这问题的确定的解，我们应当再给出初始条件，就是在某一初始时刻，这点的位置与它的速度，例如：当 $t=0$ 时

$$x\big|_{t=0}=x_0,\left.\frac{\mathrm{d}x}{\mathrm{d}t}\right|_{t=0}=x_0 \tag{4}$$

对于 n 级微分方程(1) 或(2) 来讲，初始条件由下述条件组成：当 x 取某确定的值 $x=x_0$ 时，函数 y 与它的一直到 $n-1$ 级微商应取的值

$$y\big|_{x=x_0}=y_0,y'\big|_{x=x_0}=y'_0,\cdots,y^{(n-1)}\big|_{x=x_0}=y_0^{(n-1)} \tag{5}$$

在这些条件中，$y_0,y'_0,\cdots,y_0^{(n-1)}$ 都是确定的已知数.

像一级微分方程一样，对于 n 级微分方程，也有存在与唯一定理，可以叙述如下：若函数 $f(x,y,y',\cdots,y^{(n-1)})$ 是$(x,y,y',\cdots,y^{(n-1)})$ 的单值函数，当 x 与 x_0 足够近，且 $y,y',\cdots,y^{(n-1)}$ 与(5) 的值足够近时，它是连续的，而且有对 y, $y',\cdots,y^{(n-1)}$ 的一级连续偏微商，则初始条件(5) 对应于方程(2) 的一个确定的解.

改变初始条件中的常数 $y_0,y'_0,\cdots,y_0^{(n-1)}$，就可以得到无穷多个解，严格来讲，就是得到依赖于 n 个任意常数的一族解. 这些任意常数可能不以初始条件的形式在解中出现，而以一般的形式出现

$$y=\varphi(x,C_1,C_2,\cdots,C_n) \tag{6}$$

方程(2) 的这样的含有 n 个任意常数的解，叫作方程(2) 的一般积分. 一般积分的方程可以写成隐示式

$$\psi(x,y,C_1,C_2,\cdots,C_n)=0 \tag{7}$$

给常数 $C_1,C_2,\cdots,C_n$ 以确定的值，就得到方程的一个特殊解.

由方程(6) 或(7) 对 x 求微商，直到 $n-1$ 级，再用 $x=x_0$ 与初始条件(5) 代入，就得到 n 个方程，由这 n 个方程，可以确定出，对应于满足初始条件(5) 的解的任意常数的值.

若方程(2) 的右边展成各个差

$$(x-x_0),(y-y_0),(y'-y'_0),\cdots,(y^{(n-1)}-y_0^{(n-1)})$$

的正整幂级数，则满足初始条件(5) 的解也可以写成级数的形状

$$y=y_0+\frac{y'_0}{1!}(x-x_0)+\frac{y''_0}{2!}(x-x_0)^2+\cdots \tag{8}$$

并且，像一级方程的情形一样，由方程(2) 可以求出这级数所有的系数的确定值. 实际上，把 $x=x_0$ 与初始条件(5) 代入到这方程中，就确定出 $y_0^{(n)}$. 然后由方程(2) 对 x 求微商，再代入以 $x=x_0$，初始条件(5) 以及 $y^{(n)}\big|_{x=x_0}=y_0^{(n)}$，就确定出 $y_0^{(n+1)}$，以下类推.

这级数的系数也可以由另一个方法来确定，就是把带有待定系数 a_n, a_{n+1},$\cdots$ 的幂级数

$$y=y_0+\frac{y'_0}{1!}(x-x_0)+\frac{y''_0}{2!}(x-x_0)^2+\cdots+\frac{y_0^{(n-1)}}{(n-1)!}(x-x_0)^{n-1}+$$

$$a_n(x-x_0)^n+a_{n+1}(x-x_0)^{n+1}+\cdots$$

代入到方程(2)两边作为其中的 y. 依照 $(x-x_0)$ 的方幂把右边整理好,再比较所得到的恒等式两边同次幂的系数,就可以逐步确定出上述的系数[5].

若方程(2)的右边是所述各变量的多值函数,则给定的初始条件(5),不只对应于方程的一个解,而是几个解[7]. 不包含于一般积分族中的解,就是无论常数 C_s 取任何值时,都不能由公式(6)得出来的解,叫作方程的奇异解.

例 现在来研究一下质点 m 在使其回至平衡位置的弹性力作用之下所作的直线运动,并设这个力的大小与质点所在位置到平衡点的距离成正比. 此外,还假设这运动是在一种介质中进行的,这种介质的阻力由两项的和来表示,其中一项与速度成正比,另一项与速度的三次方幂成正比. 用 x 来记这质点到平衡点的距离,就得到微分方程

$$mx''=-k_1x-k_2x'-k_3x'^3$$

其中,k_1,k_2,k_3 是正的比例系数.

我们考虑一个数字的例

$$x''=-x-0.1x'-0.1'^3 \tag{9}$$

要求它满足初始条件

$$x\mid_{t=0}=x_0=1,x'\mid_{t=0}=x'_0=1 \tag{10}$$

的展式 t 的幂级数形状的解. 方程(9)对 t 求微商,就得到

$$\begin{cases}x'''=-x'-0.1x''-0.3x''^2x''\\x^{(\text{IV})}=-x''-0.1x'''-0.3(x'^2x'''+2x'x''^2)\\x^{(\text{V})}=-x'''-0.1x^{(\text{IV})}-0.3(6x'x''x'''+x'^2x^{(\text{IV})}+2x''^3)\\x^{(\text{VI})}=-x^{(\text{IV})}-0.1x^{(\text{V})}-0.3(12x''^2x'''+6x'x'''^2+8x'x''x^{(\text{IV})}+x'^2x^{(\text{V})})\end{cases} \tag{11}$$

把初始值(10)代入到方程(9)与方程(11)中,就逐步算出各级微商的初值

$$x_0=1,x'_0=1,x''_0=-1.2,x'''_0=-0.52$$

$$x_0^{(\text{IV})}=0.544,x_0^{(\text{V})}=0.2160,x_0^{(\text{VI})}=3.1453$$

利用泰勒公式,可以得到未知解的一个近似表达式 $x_1$①

$$x_1=1+t-0.6t^2-0.0867t^3+0.0227t^4+0.0018t^5+0.0044t^6$$

$$x'_1=1-1.2t-0.26t^2+0.907t^3+0.0090t^4+0.0262t^5$$

$$x''_1=-1.2-0.52t+0.272t^2+0.036t^3+0.1311t^4$$

下面算出了,当 t 由0改变到1时(表1),每隔0.1的区间长,对应的 x_1(表2),x'_1(表3)与 x''_1(表4)的值.

---

① 注意,x'_1 与 x''_1 的级数,并不是由 x 的级数求微商得到的,而是就 x'_1 与 x''_1 应用泰勒公式得到的

$$x'_1=x'_0+\frac{x''_0}{1!}t+\frac{x'''_0}{2!}t^2+\frac{x_0^{(\text{IV})}}{3!}t^3+\frac{x_0^{(\text{V})}}{4!}t^4+\frac{x_0^{(\text{VI})}}{5!}t^5$$

$$x''_1=x''_0+\frac{x'''_0}{1!}t+\frac{x_0^{(\text{IV})}}{2!}t^2+\frac{x_0^{(\text{V})}}{3!}t^3+\frac{x_0^{(\text{VI})}}{4!}t^4$$

若将算出来的 x_1 与 x'_1 的值代入到方程(9) 的右边,则得到的不是 x''_1,而是另一个量 x'',因为 x_1 只是方程(9) 的近似解. 表 5 中确定出 $x''-x''_1$ 之差.

在 x_1 的表达式中补充一项 at^7,使得当 $t=1$ 时,差

$$(-x_1-0.1x'_1-0.1x'^3_1)-x''_1$$

更逼近于零;由表中所列,当 $t=1$ 时,这个差是 0.032. 这样作,当 $t=1$ 时,x_1 的矫正量是 a,x'_1 的矫正量是 $7at^6$,就是 $7a$. 展开 $(x'_1+7a)^3$,只取 a 的一次项,就得到 x'^3_1 的矫正量 $3x'^2_1\cdot 7a$,再由表中 x'_1 的值,用 $(-0.33)^2$ 来替代 x'^2_1,最后得到 x'^3_1 的矫正量 $2a$;而 x''_1 的矫正量该是 $7\cdot 6at^5$,当 $t=1$ 时,它是 $42a$.

所以系数 a 应由下面这方程确定

$$-a-0.7a-0.2a-42a=0.032, a=-0.000\,7$$

在 x_1,x'_1,x''_1 的计算中应引入这个矫正量. 最后我们得到一个近似表达式

$$x_2=1+t-0.6t^2-0.086\,7t^3+0.022\,7t^4+0.001\,8t^5+0.004\,4t^6-0.000\,7t^7$$

当 t 与 0 相当近时,这个表达式具有高度的准确性.

14. 二级微分方程的图解法

像一级微分方程的情形一样,n 级微分方程的任何一个解,对应于某一条曲线,它叫作这方程的积分曲线. 对于一级微分方程来讲,对应的有一个方向场.

现在讲二级微分方程

$$y''=f(x,y,y') \tag{12}$$

的几何意义.

设 s 是积分曲线的弧长,a 是正向切线与正向 OX 轴的交角. 我们就有[Ⅰ,70]

$$\frac{\mathrm{d}y}{\mathrm{d}x}=\tan a$$

$$\frac{\mathrm{d}x}{\mathrm{d}s}=\cos a$$

对 x 求微商,就得到

$$\frac{\mathrm{d}^2y}{\mathrm{d}x^2}=\frac{1}{\cos^2 a}\cdot\frac{\mathrm{d}a}{\mathrm{d}x}=\frac{1}{\cos^2 a}\cdot\frac{\mathrm{d}a}{\mathrm{d}s}\cdot\frac{\mathrm{d}s}{\mathrm{d}x}=\frac{1}{\cos^3 a}\cdot\frac{\mathrm{d}a}{\mathrm{d}s}$$

但是我们知道[Ⅰ,71],$\frac{\mathrm{d}a}{\mathrm{d}s}$ 是曲线的曲率

$$\frac{\mathrm{d}a}{\mathrm{d}s}=\frac{1}{R} \tag{13}$$

于是由上面的等式给出

表 1

t	t^2	t^3	t^4	t^5	t^6	t^7
0.1	0.01	0.001	0.000 1	0.000 0	0.000 0	0.000 0
0.2	0.04	0.008	0.001 6	0.000 3	0.000 1	0.000 0
0.3	0.09	0.027	0.008 1	0.002 4	0.000 7	0.000 2
0.4	0.16	0.064	0.025 6	0.010 2	0.004 1	0.001 6
0.5	0.25	0.125	0.062 5	0.031 3	0.015 6	0.007 8
0.6	0.36	0.216	0.129 6	0.077 8	0.046 7	0.028 0
0.7	0.49	0.343	0.240 1	0.168 1	0.117 6	0.082 3
0.8	0.64	0.512	0.409 6	0.327 7	0.262 1	0.209 7
0.9	0.81	0.729	0.656 1	0.590 5	0.531 4	0.478 3
1.0	1.00	1.000	1.000 0	1.000 0	1.000 0	1.000 0

表 2

t	$1+t$	$-0.6t^2$	$-0.086\ 7t^3$	$0.022\ 7t^4$	$0.001\ 8t^5$	$0.004\ 4t^6$	x_1	$\Delta x_1=-0.000\ 7t^2$	x_2
0.1	1.100 0	−0.006 0	−0.000 1	0	0	0	1.093 9	0	1.094
0.2	1.200 0	−0.024 0	−0.000 7	0	0	0	1.175 3	0	1.175
0.3	1.300 0	−0.054 0	−0.002 3	0.000 2	0	0	1.243 9	0	1.244
0.4	1.400 0	−0.096 0	−0.005 5	0.000 6	0	0	1.299 1	0	1.299
0.5	1.500 0	−0.150 0	−0.010 8	0.001 4	0.000 1	0.000 1	1.340 8	0	1.341
0.6	1.600 0	−0.216 0	−0.018 7	0.002 9	0.000 1	0.000 2	1.368 5	0	1.368
0.7	1.700 0	−0.294 0	−0.029 7	0.005 5	0.000 3	0.000 5	1.382 6	−0.000 1	1.382
0.8	1.800 0	−0.384 0	−0.044 4	0.009 3	0.000 6	0.001 2	1.382 7	−0.000 1	1.380
0.9	1.900 0	−0.486 0	−0.063 2	0.014 9	0.001 1	0.002 3	1.369 1	−0.000 3	1.369
1.0	2.000 0	−0.600 0	−0.086 7	0.022 7	0.001 8	0.004 4	1.342 2	−0.000 7	1.342

表 3

t	$1-1.2t$	$-0.26t^2$	$0.0907t^3$	$0.0090t^4$	$0.0262t^5$	x'_1	$\Delta x'_1=-0.0049t^6$	x'_2
0.0	1.000 0	0	0	0	0	1.000	0	1.000
0.1	0.880 0	−0.002 6	0.000 1	0	0	0.877 5	0	0.878
0.2	0.760 0	−0.010 4	0.000 7	0	0	0.750 3	0	0.750
0.3	0.640 0	−0.023 4	0.002 4	0.000 1	0.000 1	0.619 2	0	0.619
0.4	0.520 0	−0.041 6	0.005 8	0.000 2	0.000 3	0.484 7	0	0.485
0.5	0.400 0	−0.065 0	0.011 3	0.000 6	0.000 8	0.347 7	−0.000 1	0.348
0.6	0.280 0	−0.093 6	0.019 6	0.001 2	0.002 0	0.209 2	−0.000 2	0.209
0.7	0.160 0	−0.127 4	0.031 1	0.002 2	0.004 4	0.070 3	−0.000 6	0.070
0.8	0.040 0	−0.166 4	0.046 4	0.003 8	0.008 6	−0.067 7	−0.001 3	−0.069
0.9	−0.080 0	−0.210 6	0.066 1	0.005 9	0.015 5	−0.203 1	−0.002 5	−0.206
1.0	−0.200 0	−0.260 0	0.090 7	0.009 0	0.026 2	−0.034 1	−0.004 9	0.339

表 4

t	$-1.2-0.52t$	$0.272t^2$	$0.036t^3$	$0.131\,1t^4$	x''_1	$\Delta x''_1=-0.029\,4t^5$	x''_2
0.0	−1.200 0	0	0	0	−1.200 0	0	−1.200
0.1	−1.252 0	0.002 7	0	0	−1.249 3	0	−1.249
0.2	−1.304 0	0.010 9	0.000 3	0.000 2	−1.292 6	0	−1.293
0.3	−1.356 0	0.024 5	0.001 0	0.001 1	−1.329 4	−0.000 1	−1.329
0.4	−1.408 0	0.043 5	0.002 3	0.003 4	−1.358 8	−0.000 3	−1.359
0.5	−1.460 0	0.068 0	0.004 5	0.008 2	−1.379 3	−0.000 9	−1.380
0.6	−1.512 0	0.097 9	0.007 8	0.017 0	−1.389 3	−0.002 3	−1.392
0.7	−1.564 0	0.133 3	0.012 3	0.031 5	−1.386 9	−0.004 9	−1.392
0.8	−1.616 0	0.174 1	0.018 4	0.053 7	−1.369 8	−0.009 6	−1.379
0.9	−1.668 0	0.220 3	0.026 2	0.086 0	−1.335 5	−0.017 4	−1.353
1.0	−1.720 0	0.272 0	0.036 0	0.131 1	−1.280 9	−0.029 4	−1.310

表 5

t	x_1	$0.1x'_1$	$0.1x'^3_1$	x''	x''_1	$x''-x''_1$
0.0	1.000	0.100	0.100	−1.200	−1.200	−0.000
0.1	1.094	0.088	0.068	−1.250	−1.249	−0.001
0.2	1.175	0.075	0.042	−1.292	−1.293	−0.001
0.3	1.244	0.062	0.024	−1.330	−1.329	−0.001
0.4	1.299	0.048	0.011	−1.358	−1.359	−0.001
0.5	1.341	0.035	0.004	−1.380	−1.379	−0.001
0.6	1.368	0.021	0.001	−1.390	−1.389	+0.001
0.7	1.383	0.007	0.000	−1.390	−1.387	−0.003
0.8	1.383	0.007	0.000	−1.376	−1.370	+0.006
0.9	1.369	0.020	0.001	−1.350	−1.336	−0.014
1.0	1.342	0.033	0.004	−1.313	−1.281	0.032

$$\frac{1}{R}=\cos^3 a\frac{\mathrm{d}^2 y}{\mathrm{d}x^2} \tag{14}$$

现在我们算作，当 a 随 s 而增加时 R 是正的，当 s 增加而 a 减小时，R 是负的.

例如，设 OX 轴向右，OY 轴向上(图 15). 若 $R>0$，则 s 增加时，由右向左弯(逆时针方向)，而当 $R<0$ 时则向相反的方向弯曲.

依照公式(14)，微分方程(12) 可以化为

$$\frac{1}{R}=f(x,y,\tan a)\cos^3 a \tag{15}$$

由此看出，若给定了点的位置与切线方向，则二级微分方程给出在这点的曲率半径的值.

由这个情况推出一个求二级微分方程的近似积分曲线的方法，利用由圆弧组成的具有连续改变的切线的曲线. 这个方法与利用折线求一级微分方程的近似积分曲线法相类似. 设未知积分曲线具有初始条件

$$y\mid_{x=0}=y_0$$
$$y'\mid_{x=0}=y'_0$$

标记出坐标是(x_0,y_0) 的点 M_0，再过这点引出一个方向 M_0T_0，使它的斜率是 $y'=\tan a=y'_0$(图 16).

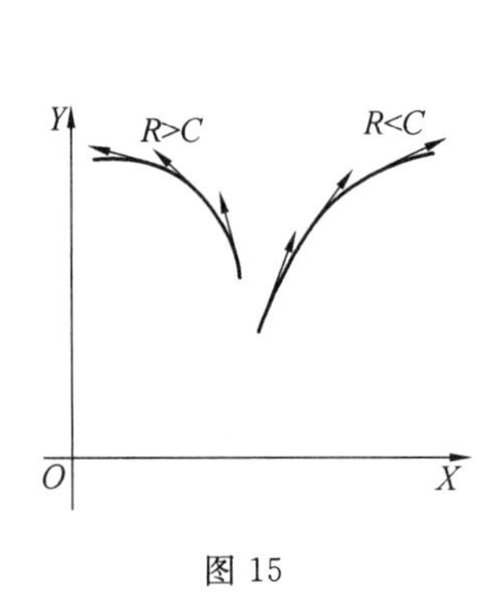

图 15

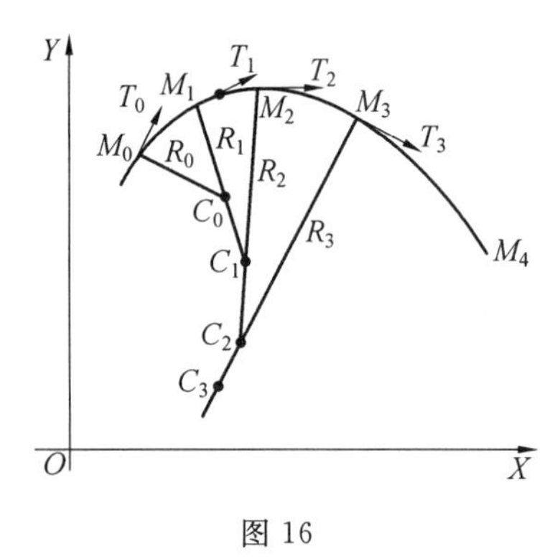

图 16

由方程(15) 给出对应的值 $R=R_0$. 作线段 M_0C_0，垂直于方向 M_0T_0，而使其长等于 R_0；再以点 C_0 为圆心，R_0 为半径，作一个不大的圆弧 M_0M_1.

这里要注意，根据以上所述，线段 M_0C_0 的方向要由 R_0 的符号来确定. 例如，若 $R_0<0$，则沿圆弧由 M_0 移动到 M_1 时，应当是顺时针方向(图 16). 设点 M_1 的坐标是(x_1,y_1)，所作圆周在点 M_1 的切线 M_1T_1 的斜率是 $\tan a_1$. 由方程(15) 又给出对应的值 $R=R_1$. 作线段 M_1C_1 使其长等于 R_1，而垂直于 M_1T_1，也就是在直线 M_1C_0 上，而 M_1C_1 的方向由 R_1 的符号来确定. 再以点 C_1 为圆心，R_1 为半径，作不大的圆弧 M_1M_2. 像对 M_1 一样，对于点 M_2，由方程(15) 可以得到

值 $R=R_2$，再作线段 M_2C_2 等于 R_2，照样一直作下去.

为了用上述方法作圆，我们用一根直尺，它的一端有个插铅笔的洞. 由这小洞沿直尺有一条作好分度的直线，用以量出 R 的值，还有一个不大的三脚器，它的一个脚放在这直线上对应于 R 的值的点，其余两个在画图纸上. 把这三脚器沿上述直线依赖于 R 的值的改变移动过 M_1，M_2 等点，我们不改变在这些点的切线方向，如此就得到所要求的曲线.

现在再讲方程(12)的另一个图解法，用折线的形状给出积分曲线的近似表示. 这个方法是以前图 9 上所用的方法的推广. 除去 y 以外，我们还引入一个未知函数 $z=y'$. 这时，替代了二级方程(12)，我们得到两个未知函数 y 与 z 的两个一级方程的方程组

$$\frac{\mathrm{d}y}{\mathrm{d}x}=z \tag{16}$$

$$\frac{\mathrm{d}z}{\mathrm{d}x}=f(x,y,z)$$

我们讨论应用于任意的两个一级方程的方程组

$$\frac{\mathrm{d}y}{\mathrm{d}x}=g(x,y,z) \tag{17}$$

$$\frac{\mathrm{d}z}{\mathrm{d}x}=f(x,y,z)$$

的一般情形的方法.

考虑 x 作横坐标，y 与 z 作为在同一坐标系中的纵坐标，于是方程(17)的任何解就对应于两条积分曲线.

在 OX 轴上取线段 $\overline{OP}$，等于单位长，而在这个轴的负方向上(图 17). 此外，在纵坐标轴上取值 $f(x,y,z)$ 与 $g(x,y,z)$. 对于这些值所用的尺度可以与对于 x,y,z 的尺度不同，而线段 $\overline{OP}$ 的长度应当是对于 $f(x,y,z)$ 与 $g(x,y,z)$ 的尺度的单位长.

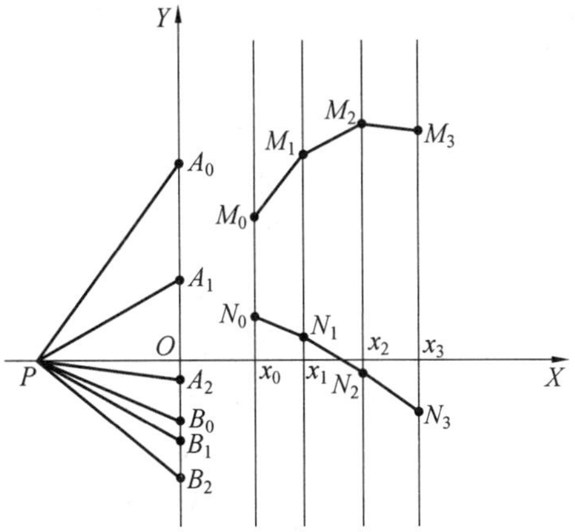

图 17

设要求的方程组(17)的解，须满足初始条件

$$y\big|_{x=x_0}=y_0$$

$$z\big|_{x=x_0}=z_0$$

在平面上作出平行于 OY 轴的一串直线

$$x=x_0$$

$$x = x_1$$
$$x = x_2$$
$$\vdots$$

标记出坐标各为(x_0, y_0)与(x_0, z_0)的点M_0与N_0. 在纵坐标轴上取线段$\overline{OA_0}$与$\overline{OB_0}$各等于$g(x_0, y_0, z_0)$与$f(x_0, y_0, z_0)$，$\overline{PA_0}$与$\overline{PB_0}$方向的斜率就各为$g(x_0, y_0, z_0)$与$f(x_0, y_0, z_0)$，于是推出未知积分曲线在初始点M_0与N_0的方向.

由这两个点引线段$\overline{M_0M_1}$与$\overline{N_0N_1}$各平行于$\overline{PA_0}$与$\overline{PB_0}$，而与直线$x = x_0$交于M_1与N_1. 设点M_1与N_1的坐标各为(x_1, y_1)与(x_1, z_1). 再在纵坐标轴上取线段$\overline{OA_1}$与$\overline{OB_1}$各等于$g(x_1, y_1, z_1)$与$f(x_1, y_1, z_1)$.

由点M_1与N_1引线段$\overline{M_1M_2}$与$\overline{N_1N_2}$，各平行于$\overline{PA_1}$与$\overline{PB_1}$，而与直线$x = x_2$交于点M_2与N_2. 如此作下去，就得到两个折线$M_0M_1M_2\cdots$与$N_0N_1N_2\cdots$，它们给出未知积分曲线的近似表示.

在方程组(16)的情形下，$g(x, y, z)$就是第二个折线的纵坐标z，于是作图的方法就简单了. 在这情形下，第二条曲线给出一级微商y'的图形的近似表示.

若微分方程的形状如

$$y'' = f_1(x) + f_2(y) + f_3(y')$$

则作图就特别简单，在考虑质系的一度自由的振动时，常出现这样的方程.

写出与这方程相当的方程组

$$\frac{\mathrm{d}y}{\mathrm{d}x} = z$$

$$\frac{\mathrm{d}z}{\mathrm{d}x} = f_1(x) + f_2(y) + f_3(z)$$

有了纵坐标尺度相同的函数f_1，f_2与f_3的图形，我们只要把对应于适当选择的横坐标x，y，z的值，这三条曲线应有的纵坐标相加，就确定出$f(x, y, z)$的值.

上述的方法也可以应用于具有n个未知函数的n个一级方程的方程组. 注意，有时为了方便，我们记作$\overline{OP}$的线段以及函数$g(x, y, z)$与$f(x, y, z)$的值，不由坐标原点起取，而由OY轴上另一点O_1起取. 这样作是为了避免给出折线方向的线段PA_0，PB_0，$\cdots$与这折线相交.

图18上表示出方程(9)的满足初始条件(10)的解的作法.

15. 方程 $y^{(n)} = f(x)$

由方程$y' = f(x)$直接推广，就有方程

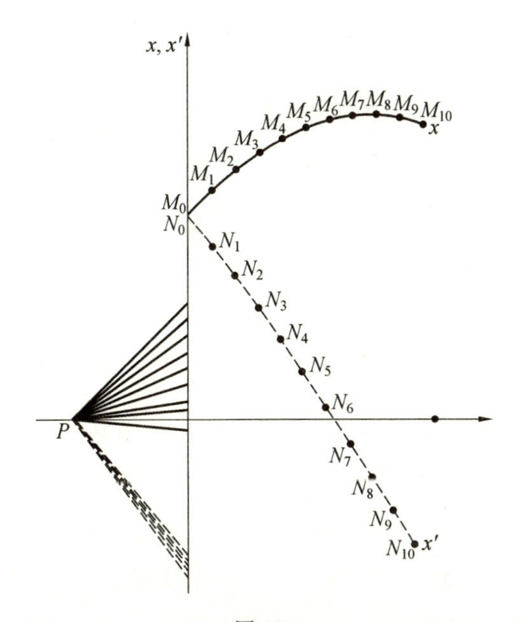

图 18

$$y^{(n)}(x)=f(x) \tag{18}$$

我们先求方程(18)的一般积分的公式.设 $y_1(x)$ 是方程(18)的任何一个解,就是

$$y_1^{(n)}(x)=f(x) \tag{19}$$

依照下式引用新的未知函数 z 以替代 y

$$y=y_1(x)+z \tag{20}$$

代入到方程(18)中,就得到一个关于 z 的方程

$$y_1^{(n)}+z^{(n)}=f(x)$$

根据恒等式(19)

$$z^{(n)}=0$$

函数 z 的 n 级微商应当等于零,所以函数 z 是具有任何常系数的 $n-1$ 次多项式

$$z=C_1+C_2x+\cdots+C_nx^{n-1}$$

于是公式(20)给出方程(18)的一般积分

$$y=y_1(x)+C_1+C_2x+\cdots+C_nx^{n-1}$$

就是说,方程(18)的一般积分是这方程的任何一个特殊解与一个具有任意常系数的 $n-1$ 次多项式之和.

如此,就只剩下要求方程(18)的任何一个特殊解.我们找满足下列零初始条件的解

$$y\,|_{x=x_0}=0 \tag{21}$$

$$y'\big|_{x=x_0}=0$$

$$\vdots$$

$$y^{(n-1)}\big|_{x=x_0}=0$$

由方程(18) 逐项求由 x_0 到变值 x 的积分，就得到

$$y^{(n-1)}-y_0^{(n-1)}=\int_{x_0}^{x}f(x)\mathrm{d}x$$

其中 $y_0^{(n-1)}$ 是当 $x=x_0$ 时 $y^{(n-1)}$ 的值.

根据条件(21) 中最后一个 $y_0^{(n-1)}=0$，我们就有

$$y^{(n-1)}=\int_{x_0}^{x}f(x)\mathrm{d}x$$

上式右边再对 x 求积分，由下限 x_0 到上限 x，就得到 $y^{(n-2)}$；如此作下去，直到求 n 次积分，就得到未知函数 y. 这个逐次积分普通写作

$$y=\int_{x_0}^{x}\mathrm{d}x\int_{x_0}^{x}\mathrm{d}x\cdots\int_{x_0}^{x}\mathrm{d}x\int_{x_0}^{x}f(x)\mathrm{d}x \tag{22}$$

我们以下说明，这个 n 次积分可以用一个一次积分来替代.

写出余项具有积分形式的泰勒公式[Ⅰ,126]

$$y(x)=y_0+(x-x_0)\frac{y'_0}{1!}+(x-x_0)^2\frac{y''_0}{2!}+\cdots+$$

$$(x-x_0)^{n-1}\frac{y_0^{(n-1)}}{(n-1)!}+\frac{1}{(n-1)!}\int_{x_0}^{x}(x-t)^{n-1}y^{(n)}(t)\mathrm{d}t$$

其中，$y_0,y'_0,y''_0,\cdots,y_0^{(n-1)}$ 各为当 $x=x_0$ 时 y 及其各级微商的值，而用字母 t 记积分变量. 根据初始条件(21)

$$y_0=y'_0=y''_0=\cdots=y_0^{(n-1)}=0$$

再根据微分方程(18)$y^{(n)}(t)=f(t)$，所以上述泰勒公式给出

$$y(x)=\frac{1}{(n-1)!}\int_{x_0}^{x}(x-t)^{n-1}f(t)\mathrm{d}t \tag{23}$$

于是，公式(23) 给出了方程(18) 的满足零初始条件(21) 的解，或者说，它给出了 n 次积分(22) 的一次积分形式的表达式.

由解(23) 加上具有任意常系数的 $n-1$ 次多项式，就得到方程(18) 的一般积分. 注意，在公式(23) 的右边，x 出现作积分上限，而又出现在积分号上. 作积分时是对 t 作的，所以这时 x 算作常量. 显然，当 $n=1$ 时公式(23) 是正确的，只需算作 $0!=1$.

16. 梁的弯曲

考虑在连续分布的外力(重力、负载) 以及集中的外力作用下，弹性棱形梁弯曲的情形.

取未经形变的状态下这个梁的中央轴线作 OX 轴，OY 轴铅直向下(图 19).

梁上的作用力方向向下时算作正的. 我们取这个梁的横坐标为 x 的断面 N.

用 y 记中央轴线上点的位移,R 记形变后轴线的曲率半径. 材料力学中证明了,在关于形变的特性以及梁对于 OX,OY 轴的位置的某些假定下,为要得到平衡方程,应当截取梁的一部分,或是 N 左边的一部分,或是 N 右边的一部分,计算出弯曲矩 $M(x)$ 来,这弯曲矩等于所有作用在截取的一部分上的外力对于断面 N 的中央轴线的力矩之和,而且,当截取左边时,使它逆时针转的力矩算作正的,截取右边时,使它顺时针转的力矩算作正的. 这样就有梁的弯曲轴线的微分方程

$$\frac{EI}{R}=M(x) \tag{24}$$

其中 E 是弹性系数,I 是所考虑的断面对于它的中央轴线的转动惯量.

假设形变一般是很小的,而且当形变时梁的轴线与 OX 轴差的很少,就可以把 R 的表达式[Ⅰ,71]中的 y' 的二次项略去

$$R=\frac{(1+y'^2)^{3/2}}{y''}\sim\frac{1}{y''}$$

代入到方程(24)中,就得到

$$y''=\frac{M(x)}{EI} \tag{25}$$

现在假定只在梁的两端有集中的力,各等于 P_0 与 P_l(图 19 上的情形,P_0 是负的);并且在两端有弯曲力偶矩,其力矩我们记作 M_0 与 M_l. 对于梁的单位长度来讲,连续分布的负载记作 $f(x)$.

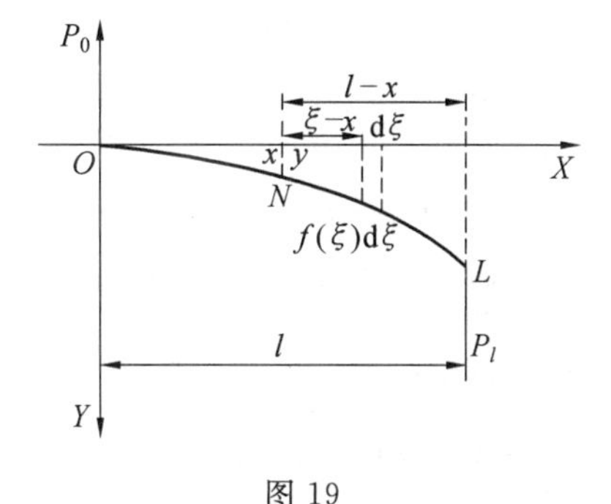

图 19

我们计算作用在梁的 NL 这一部分上的外力的力矩和. 取出横坐标为 ξ 的任何一个单元 $d\xi$,这单元上的负载就是 $f(\xi)d\xi$,它对 N 的力矩就是

$$(\xi-x)f(\xi)d\xi$$

而这一部分上的所有的负载的全部力矩就是

$$\int_x^l(\xi-x)f(\xi)d\xi$$

加上力 P_l 的力矩 $(l-x)P_l$ 及力偶矩的力矩 M_l,就得到

$$M(x)=\int_x^l(\xi-x)f(\xi)d\xi+(l-x)P_l+M_l \tag{26}$$

在上述关于符号的条件下,再计算作用在梁的 ON 一部分的所有的外力的力矩之和,就得到

$$M(x)=\int_0^x (x-\xi)f(\xi)\mathrm{d}\xi+xP_0+M_0 \tag{27}$$

不难直接验证，这两个表达式是彼此相等的．实际上，等式

$$\int_x^l (\xi-x)f(\xi)\mathrm{d}\xi+(l-x)P_l+M_l=\int_0^x (x-\xi)f(\xi)\mathrm{d}\xi+xP_0+M_0$$

可以化为

$$x\left[\int_0^l f(\xi)\mathrm{d}\xi+P_0+P_l\right]-\left[\int_0^l \xi f(\xi)\mathrm{d}\xi+lP_l-M_0+M_l\right]=0$$

但是这个等式可以由下列等式直接推出来

$$\int_0^l f(\xi)\mathrm{d}\xi+P_0+P_l=0 \tag{28}$$

$$\int_0^l \xi f(\xi)\mathrm{d}\xi+lP_l+M_l-M_0=0 \tag{29}$$

其中第一个表示所有作用在梁上的外力之和等于零，第二个表示所有的外力对于点 O 的力矩之和等于零，这就是平衡的条件．

回忆用一次积分形式表达逐次积分的公式[15]，根据(27)，可以写成

$$M(x)=\int_0^x \mathrm{d}x\int_0^x f(x)\mathrm{d}x+xP_0+M_0 \tag{30}$$

由此

$$\frac{\mathrm{d}M(x)}{\mathrm{d}x}=S(x)=\int_0^x f(\xi)\mathrm{d}\xi+P_0 \tag{31}$$

$$\frac{\mathrm{d}^2M(x)}{\mathrm{d}x^2}=f(x) \tag{32}$$

$S(x)$ 这个量等于所有作用在点 N 之左的外力之和，它叫作在点 N 的总切力．方程(31) 说明，这个总切力等于弯曲矩的微商．

在方程(32) 中，若用 y 来替代 $M(x)$，在右边用 $\frac{M(x)}{EI}$ 来替代 $f(x)$，它就与方程(25) 具有相同的形状．这一点对于图解静力学的各种构图都是很重要的．

例 1　考虑一个梁，它的一端 O 紧紧地固定住，在另一端 L 受有集中的铅直的力 P（图 20）；这个梁的重量可以忽略不计．在这情形下，我们有

$$f(x)=0,P_l=P$$

$$M_l=0,M(x)=(l-x)P_l$$

平衡方程(25) 就是

$$y''=\frac{P}{EI}(l-x)$$

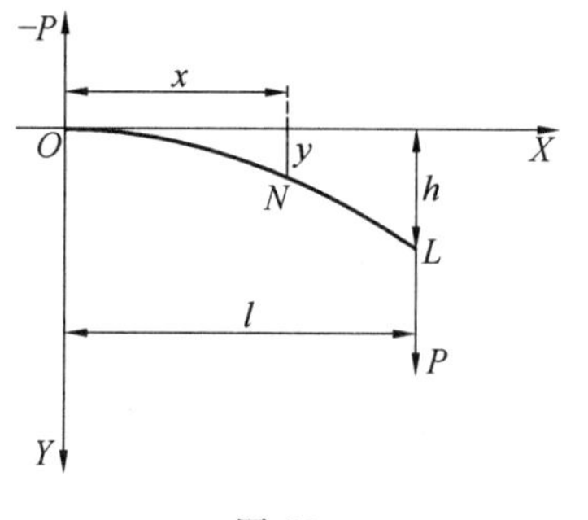

图 20

在固定的一端 $x=0$，弛垂度等于零，而在这点弯曲轴线的切线应当与 OX

轴重合,就是说,具有初始条件

$$y|_{x=0}=0 \text{ 与 } y'|_{x=0}=0$$

由此求出[15]

$$y=\int_0^x (x-\xi)\frac{P}{EI}(l-\xi)\mathrm{d}\xi=\frac{P}{2EI}\left(lx^2-\frac{x^3}{3}\right)$$

梁的另一端 L 的弛垂度由公式

$$h=y|_{x=l}=\frac{Pl^3}{3EI}$$

给出.

只在端点 O 具有支点的反作用.注意,在所给的情形下,没有连续分布的负载,而且 $M_l=0$,由等式(28)与(29)就有

$$R_0=P_0=-P(\text{反作用力}),M_0=lP_l(\text{反作用力偶矩})$$

例 2　设有一个棍,一边在两个支点 A 与 B 支持住,另一边受有液体的压力,液面与上边的支点相齐(闸),求这个弯曲棍形成的曲线(图 21).这时,作用在棍上的力计有:(1) 连续分布的液体压力,(2) 在支点的反作用力.

设 b 是棍的宽度,ρ 是单位体积的液体的重量.在液面下深度为 x 处取棍的一小段,长为 $\mathrm{d}x$,液体在这一小段上的作用力等于一个液柱的重量,这个液柱的底等于这小段棍的底,而其高等于这小段棍的深度,就是

$$\rho\cdot b\cdot \mathrm{d}x\cdot x=kx\,\mathrm{d}x\quad (k=\rho b)$$

所以,在这情形下,$f(x)=kx$.

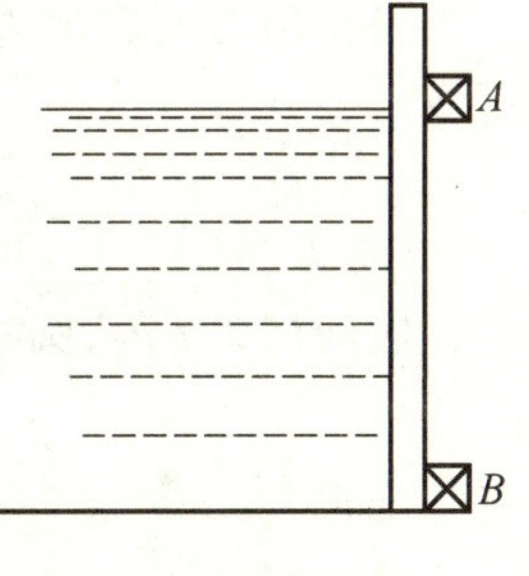

图 21

于是所给的问题就化为讨论一个梁的弯曲情形,这个梁被两个点支住,且受有连续分布的负载 $f(x)=kx$ 的作用.

先计算支点的所有的反作用力 P_0 与 P_l.全部负载是

$$P=\int_0^l k\xi\,\mathrm{d}\xi=\frac{kl^2}{2}$$

依照杠杆的普通原理,由小单元的负载 $k\xi\mathrm{d}\xi$ 可以得到在支点 O 与 L 的反作用力

$$-\frac{k\xi(l-\xi)}{l}\mathrm{d}\xi \text{ 与 } -\frac{k\xi^2}{l}\mathrm{d}\xi$$

由此显然

$$P_0=-\int_0^l \frac{k\xi(l-\xi)}{l}\mathrm{d}\xi=-\frac{kl^2}{6}=-\frac{1}{3}P,P_l=-P-P_0=-\frac{2}{3}P$$

由公式(26),就有

$$M(x)=\int_x^l(\xi-x)k\xi\,\mathrm{d}\xi+(l-x)P_l=k\int_x^l(\xi-x)\xi\,\mathrm{d}\xi-\frac{2}{3}P(l-x)$$

$$=\frac{k}{6}(x^3-l^2x)$$

于是弯曲轴线的微分方程(25)就是

$$y''=\frac{k}{6EI}(x^3-l^2x) \tag{33}$$

具有初始条件

$$y|_{x=0}=0,y|_{x=l}=0 \tag{34}$$

一般解就是

$$y=\frac{k}{6EI}\left(\frac{x^5}{20}-\frac{l^2x^3}{6}+C_1x+C_2\right)$$

由条件(34)确定出常数 C_1 与 C_2

$$C_2=0,C_1=\frac{7}{60}l^4$$

最后得到

$$y=\frac{k}{360EI}(3x^5-10l^2x^3+7l^4x)$$

为要找出弯曲度最大的点以及最大的弯曲度,让 $x=lt$,并把上面 y 的表达式写成

$$y=\frac{kl^5}{360EI}(3t^5-10t^3+7t)\quad(0\leqslant t\leqslant 1)$$

在区间(0,1)内,圆括号中的多项式的微商

$$15t^4-30t^2+7$$

只有一个根

$$t_0=\sqrt{1-2\sqrt{\frac{2}{15}}}\approx 0.519\cdots$$

它对应于 y 的极大值.

如此,最大的弯曲度不在中点,而是靠近 L 一端.最大弯曲度就是

$$h=y|_{x=lt_0}=\frac{kl^5}{360EI}(3t_0^5-10t_0^3+7t_0)\approx\frac{kl^5}{360EI}2.348=\frac{Pl^3}{180EI}2.348$$

17. 微分方程的降级法

我们再讲几种微分方程可以降级的情形.

(1) 设方程中不含有函数 y 以及它的某一串微商 $y',y'',\cdots,y^{(k-1)}$,就是说,方程具有下面这形状

$$\Phi(x,y^{(k)},y^{(k+1)},\cdots,y^{(n)})=0$$

引用新函数 $z=y^{(k)}$,则方程可以降低 k 级

$$\Phi(x,z,z',\cdots,z^{(n-k)})=0$$

若求出后面这方程的一般积分

$$z=\varphi(x,C_1,C_2,\cdots,C_{n-k})$$

则 y 由方程

$$y^{(k)}=\varphi(x,C_1,C_2,\cdots,C_{n-k})$$

确定,这个方程我们在[15]中已经考虑过了.

(2) 若方程中不含有自变量 x,就是说,方程具有下面这形状

$$\Phi(y,y',y'',\cdots,y^{(n)})=0$$

则取 y 作自变量,而引用新函数 $p=y'$.

算作 p 是 y 的函数,而通过 y 依赖于 x,应用求复合函数的微商的法则,就得到下列 y 对 x 的各级微商的表达式

$$y''=\frac{\mathrm{d}p}{\mathrm{d}x}=\frac{\mathrm{d}p}{\mathrm{d}y}p$$

$$y'''=\frac{\mathrm{d}}{\mathrm{d}x}\left(\frac{\mathrm{d}p}{\mathrm{d}y}p\right)=\frac{\mathrm{d}}{\mathrm{d}y}\left(\frac{\mathrm{d}p}{\mathrm{d}y}p\right)p=\frac{\mathrm{d}^2p}{\mathrm{d}y^2}p^2+\left(\frac{\mathrm{d}p}{\mathrm{d}y}\right)^2p$$

由此看出,对于新变量来讲,就成为 $n-1$ 级的方程了.

若解出这个变换后的方程

$$p=\varphi(y,C_1,C_2,\cdots,C_{n-1})$$

则求所给的方程的一般积分就化为求

$$\mathrm{d}y=p\mathrm{d}x=\varphi(y,C_1,C_2,\cdots,C_{n-1})\mathrm{d}x$$

的积分,由此

$$\int\frac{\mathrm{d}y}{\varphi(y,C_1,C_2,\cdots,C_{n-1})}=x+C_n$$

上式中,任意常数之一 C_n 是加到 x 上的,所以任何积分曲线可以平行于 OX 轴移动.

(3) 若方程

$$\Phi(x,y,y',\cdots,y^{(n)})=0$$

的左边是变量 $y,y',\cdots,y^{(n)}$ 的齐次方程,则依照公式

$$y=\mathrm{e}^{\int u\mathrm{d}x}$$

用新函数 $u(x)$ 来替代 y,就可以得到一个关于 u 的 $n-1$ 级方程.这是由于

$$y'=\mathrm{e}^{\int u\mathrm{d}x}u,y''=\mathrm{e}^{\int u\mathrm{d}x}(u'+u^2),\cdots$$

而把这些代入到方程的左边后,可以提出指数函数 $\mathrm{e}^{\int u\mathrm{d}x}$ 的若干次幂,再用这因子除方程的两边就成了.在 e 的指数的积分中出现的常数是 y 的任意乘数.

例 1 具有形状

$$y''=f(y) \tag{35}$$

的方程是属于第二种情形的.也可以直接求它的积分.两边乘以 $2y'\mathrm{d}x=2\mathrm{d}y$

$$2y'y''\mathrm{d}x=2f(y)\mathrm{d}y$$

显然,左边是 y'^2 的微分,求积分就得到

$$y'^2=\int_{y_0}^{y}2f(y)\mathrm{d}y+C_1=f_1(y)+C_1 \tag{36}$$

由此

$$\frac{\mathrm{d}y}{\mathrm{d}x}=\sqrt{f_1(y)+C_1}$$

分离变量,再求积分,就得到

$$x+C_2=\int_{y_0}^{y}\frac{\mathrm{d}y}{\sqrt{f_1(y)+C_1}} \tag{37}$$

若具有初始条件

$$y\mid_{x=x_0}=y_0,y'\mid_{x=x_0}=y'_0$$

则把 $x=x_0,y=y_0$ 与 $y'=y'_0$ 代入到(36)与(37)中,就得到

$$C_1=y'^2_0,C_2=-x_0$$

于是未知解就是

$$x-x_0=\int_{y_0}^{y}\frac{\mathrm{d}y}{\sqrt{\int_{y_0}^{y}2f(y)\mathrm{d}y+y'^2_0}}$$

设沿 OX 轴运动的点,受有力 $F(x)$ 的作用,而这个力只依赖于这点的位置.运动的微分方程就是[13]

$$m\frac{\mathrm{d}^2x}{\mathrm{d}t^2}=F(x)$$

设当 $t=0$ 时,这点的初始坐标与初始速度是 x_0 与 v_0

$$x\mid_{t=0}=x_0,\left.\frac{\mathrm{d}x}{\mathrm{d}t}\right|_{t=0}=v_0$$

用 $\frac{\mathrm{d}x}{\mathrm{d}t}\mathrm{d}t$ 乘方程的两边,再求积分,就得到

$$\frac{1}{2}m\left(\frac{\mathrm{d}x}{\mathrm{d}t}\right)^2-\frac{1}{2}mv_0^2=\int_{x_0}^{x}F(x)\mathrm{d}x \text{ 或 } \frac{1}{2}m\left(\frac{\mathrm{d}x}{\mathrm{d}t}\right)^2-\int_{x_0}^{x}F(x)\mathrm{d}x=\frac{1}{2}mv_0^2 \tag{38}$$

左边的第一项 $\frac{1}{2}m\left(\frac{\mathrm{d}x}{\mathrm{d}t}\right)^2$ 代表运动点的动能,而第二项 $-\int_{x_0}^{x}F(x)\mathrm{d}x$ 代表它的势能,由(38)推知,在运动时动能与势能的和保持一个常量.由等式(38)中解出 $\mathrm{d}t$,再求积分,就得到 t 与 x 之间的关系.

例 2　若当梁弯曲时弛垂度相当大,就不能用二级微商 y'' 来作曲率了[16],于是,替代了近似方程(25),我们应当考虑准确的方程(24).如此,我们就遇到下面这个问题:求曲线,其曲率为横坐标的已知函数

$$\frac{1}{R}=\varphi(x) \tag{39}$$

这个方程是一个二级微分方程

$$\frac{y''}{(1+y'^2)^{3/2}}=\varphi(x)$$

引用 $p=y'$，就得到一个可分离变量的一级微分方程

$$\frac{\mathrm{d}p}{(1+p^2)^{3/2}}=\varphi(x)\mathrm{d}x$$

求积分，就得到

$$\frac{p}{\sqrt{1+p^2}}=\int_{x_0}^{x}\varphi(x)\mathrm{d}x+C_1$$

由此

$$p=\frac{\mathrm{d}y}{\mathrm{d}x}=\frac{\int_{x_0}^{x}\varphi(x)\mathrm{d}x+C_1}{\sqrt{1-\left[\int_{x_0}^{x}\varphi(x)\mathrm{d}x+C_1\right]^2}}=\psi(x) \tag{40}$$

于是最后得到

$$y=\int_{x_0}^{x}\psi(x)\mathrm{d}x+C_2$$

若梁的一端 $x=0$ 紧紧地固定住，而另一端 $x=l$ 具有集中的负载，我们就有[16]

$$M(x)=(l-x)P,\varphi(x)=\frac{(l-x)P}{EI}=2k(l-x)\quad \left(k=\frac{P}{2EI}\right)$$

方程就是

$$\frac{y''}{(1+y'^2)^{3/2}}=2k(l-x)$$

具有初始条件

$$y\mid_{x=0}=0,y'\mid_{x=0}=0$$

在公式(40)中，让 $x_0=0$，根据初始条件中的第二个条件，我们就应当算作 $C_1=0$，于是在所考虑的情形下，我们得到

$$\frac{\mathrm{d}y}{\mathrm{d}x}=\frac{\int_0^x 2k(l-x)\mathrm{d}x}{\sqrt{1-\left[\int_0^x 2k(l-x)\mathrm{d}x\right]^2}}=k\frac{l^2-(l-x)^2}{\sqrt{1-k^2[l^2-(l-x)^2]^2}}$$
$$=k\frac{x(2l-x)}{\sqrt{1-k^2x^2(2l-x)^2}}$$

再求一次积分并利用条件 $y\mid_{x=0}=0$，就求出 y

$$y=k\int_0^x\frac{x(2l-x)}{\sqrt{1-k^2x^2(2l-x)^2}}\mathrm{d}x \tag{41}$$

上面写的这个积分不能用初等函数来表达. 对应于方程(41)的曲线叫作

弹性曲线.

例 3　考虑方程

$$x^2yy''=(y-xy')^2$$

它的两边是 y, y', y'' 的同次齐次函数.引用替换

$$y=e^{\int u dx}$$

就得到

$$x^2(u'+u^2)=(1-xu)^2$$

由此得到关于 u 的线性方程

$$u'+\frac{2}{x}u-\frac{1}{x^2}=0$$

求积分,就得到

$$u=x^{-2}(C_1+x)=C_1x^{-2}+x^{-1}$$

代入到 y 的通过 u 的表达式中

$$y=e^{-C_1x^{-1}}+\lg x+C$$

或

$$y=C_2xe^{C_1x^{-1}}$$

其中我们用 C_1 代替了 $(-C_1)$ 并且 $C_2=e^C$.

18. 常微分方程组

具有 n 个未知函数的 n 个一级方程的方程组,写成解出微商的形状就是

$$\begin{aligned}\frac{dy_1}{dx}&=f_1(x,y_1,y_2,\cdots,y_n)\\\frac{dy_2}{dx}&=f_2(x,y_1,y_2,\cdots,y_n)\\&\vdots\\\frac{dy_n}{dx}&=f_n(x,y_1,y_2,\cdots,y_n)\end{aligned}\tag{42}$$

像一个方程的情形一样,也有存在与唯一定理:若函数

$$f_i(x,y_1,y_2,\cdots,y_n)\quad(i=1,2,\cdots,n)$$

当 $x=x_0, y_i=y_i^{(0)}$ 时,以及在这些值的近旁都是连续的,且有对 y_i 的连续偏微商,则方程组(42)的满足初始条件

$$y_1|_{x=x_0}=y_1^{(0)}, y_2|_{x=x_0}=y_2^{(0)},\cdots,y_n|_{x=x_0}=y_n^{(0)}\tag{43}$$

的解

$$y_i=w_i(x)$$

必有一个而且仅有一个存在.

我们可以改变初始条件中 $y_i^{(0)}$ 的值,所以方程组(42)的一般解含有 n 个任

意常数.这些任意常数也可能不是作为初值 $y_i^{(0)}$ 在解中出现,而是以一般的形式出现

$$y_i=\psi_i(x,C_1,C_2,\cdots,C_n)\quad(i=1,2,\cdots,n)\tag{44}$$

给常数 $C_1,C_2,\cdots,C_n$ 以确定的数值,就得到组(42)的特殊解.为要由这一族中挑出满足初始条件(43)的解,就需要由方程

$$y_i^{(0)}=\psi_i(x_0,C_1,C_2,\cdots,C_n)\quad(i=1,2,\cdots,n)\tag{44_1}$$

求出任意常数的值,再把这些值代入到公式(44)中.

由等式(44)中解出任意常数,就得到方程组的一般解的下面形状的公式

$$\varphi_i(x,y_1,y_2,\cdots,y_n)=C_i\quad(i=1,2,\cdots,n)\tag{45}$$

这里重要的是要由方程(45)可能解出 $y_1,y_2,\cdots,y_n$ 来.方程(45)中的每一个叫作方程组(42)的一个积分,于是,为要作成方程组(42)的一般积分,需要求出这个方程组的 n 个这样的积分,才能由等式(45)解出 $y_1,y_2,\cdots,y_n$ 来.

我们可以把方程组(42)写成下面连比的形状

$$\begin{aligned}\mathrm{d}x&=\frac{\mathrm{d}y_1}{f_1(x,y_1,y_2,\cdots,y_n)}=\frac{\mathrm{d}y_2}{f_2(x,y_1,y_2,\cdots,y_n)}\\&=\cdots=\frac{\mathrm{d}y_n}{f_n(x,y_1,y_2,\cdots,y_n)}\end{aligned}\tag{46}$$

把所有的分母都乘上一个相同的因子,于是第一个比的分母就不是1了,而是变量 $x,y_1,y_2,\cdots,y_n$ 的一个函数了.为对称起见,我们用字母 $x_1,x_2,\cdots,x_{n+1}$ 来记这些变量,微分方程组(42)就可以写成下面的形状

$$\frac{\mathrm{d}x_1}{X_1}=\frac{\mathrm{d}x_2}{X_2}=\cdots=\frac{\mathrm{d}x_n}{X_n}=\frac{\mathrm{d}x_{n+1}}{X_{n+1}}\tag{47}$$

其中,$X_1,X_2,\cdots,X_n,X_{n+1}$ 是变量 $x_1,x_2,\cdots,x_n,x_{n+1}$ 的函数.把方程组(42)写成(47)的形状,根据这对称性,就使得以后的讨论方便了.特别是,当方程组写成(47)的形状时,并没有固定出,这 $n+1$ 个变量 $x_1,x_2,\cdots,x_n,x_{n+1}$ 中哪一个算作自变量.在新的记号下,方程组(45)的积分是

$$\varphi_i(x_1,x_2,\cdots,x_{n+1})=C_i\quad(i=1,2,\cdots,n)\tag{48}$$

合计解(44)中任意常数的数目时,要紧的是要使得任意常数的数目不可能减少.例如,在公式

$$y_1=(C_1+C_2)x+C_3,y_2=C_3x^2,y_3=x^2+C_3x+C_1+C_2$$

中,三个任意常数可以减少到两个,只需让 $C_1+C_2=C$ 就成.公式(44)就不可能是这样的,而它确是方程组的一般积分;这是因为,我们可以适当地选择任意常数以满足任何初始条件;就是说,对于任何选定的未知函数的初始值,可以解出 $C_1,C_2,\cdots,C_n$ 来.这里我们算作方程(42)的右边满足以上所讲的初始条件.

现在我们再更仔细地来考虑方程组的积分.设有方程(47)的 k 个积分

$$\varphi_i(x_1,x_2,\cdots,x_{n+1})=C_i\quad(i=1,2,\cdots,k)\tag{49}$$

有时我们说方程组的积分，不是指的等式(49)，而是指的函数 $\varphi_i(x_1, x_2,\cdots,x_{n+1})$，就是说，若把方程组的任何解代入到函数 $\varphi(x_1,x_2,\cdots,x_{n+1})$ 中，它成为常数，则这函数叫作这方程组的积分. 这里当然算作 $\varphi(x_1,x_2,\cdots,x_{n+1})$ 不是常数. 因为解的初始条件是随意的，这个常数的值也能够是随意的(任意常数). 若由等式(49) 左边的 φ_i 作成一个任意的函数 $F(\varphi_1,\varphi_2,\cdots,\varphi_k)$，则当用方程组的任何解代入到所有的 φ_i 中时，这新函数成为常数，就是说，由积分(49) 可以得到方程组的积分

$$F(\varphi_1,\varphi_2,\cdots,\varphi_k)=C \tag{50}$$

其中 F 是 φ_i 的任意的函数. 换句话说就是：方程组的一些积分的任意函数也是这方程组的积分. 积分(50) 是由积分(49) 推得的，并非什么新的结果.

设有方程组(47) 的 n 个积分(48). 若由等式(48) 可以解出变量 $x_1,x_2,\cdots, x_{n+1}$ 中的 n 个来，则这 n 个积分叫作无关的. 这样的解给出一个自变量的 n 个函数，也就是类似公式(44) 的公式，并且由这些公式解出任意常数来就是(48) 的形状，这就是说：方程组的 n 个无关的积分(48) 相当于这方程组的一般积分. 可以证明，上述的积分(48) 无关的条件，相当于积分(48) 中没有一个可以像以上所讲的，由其他的推得，或者说，对于等式(48) 左边诸 φ_i 来讲，没有任何的关系式

$$\Phi(\varphi_1,\varphi_2,\cdots,\varphi_n)=0$$

存在，使得它是关于 $x_1,x_2,\cdots,x_{n+1}$ 的恒等式.

以前我们没有讲过任何的判别法，用以判定积分(48) 是无关的积分. 考虑 $n=2$ 的情形

$$\varphi_1(x_1,x_2,x_3)=C_1,\varphi_2(x_1,x_2,x_3)=C_2 \tag{51}$$

回忆关于隐函数的定理[I,159]，可以肯定，为要由方程(51) 可以解出 x_2 与 x_3，只需表达式

$$\Delta_{x_2,x_3}(\varphi_1,\varphi_2)=\frac{\partial\varphi_1}{\partial x_2}\frac{\partial\varphi_2}{\partial x_3}-\frac{\partial\varphi_1}{\partial x_3}\frac{\partial\varphi_2}{\partial x_2}$$

不是零. 对于变量 x_3,x_1 与 x_1,x_2 也有同样的结果. 假设 φ_1 与 φ_2 及其一级微商是连续的，可以证明，积分(51) 无关的必要且充分条件为：表达式

$$\Delta_{x_2,x_3}(\varphi_1,\varphi_2),\Delta_{x_3,x_1}(\varphi_1,\varphi_2),\Delta_{x_1,x_2}(\varphi_1,\varphi_2)$$

中至少有一个不恒等于零. 在第三卷我们再讲关于任何多个变量的函数组无关的问题.

19. 例

(1) 考虑方程组

$$\frac{\mathrm{d}x}{xz}=\frac{\mathrm{d}y}{yz}=\frac{\mathrm{d}z}{-(x^2+y^2)} \tag{52}$$

由方程

$$\frac{\mathrm{d}x}{xz}=\frac{\mathrm{d}y}{yz}$$

中消去 z，得到一个分离变量的方程，求积分，就得到

$$\lg x=\lg y-C,\lg \frac{y}{x}=C$$

这相当于

$$\frac{y}{x}=C_1$$

再看这组中的第二个方程

$$\frac{\mathrm{d}x}{xz}=\frac{\mathrm{d}z}{-(x^2+y^2)}$$

利用已经求得的积分 $y=C_1x$，代入到上式中，消去$\frac{1}{x}$，就得到

$$\frac{\mathrm{d}x}{z}=\frac{\mathrm{d}z}{-(1+C_1^2)x},(1+C_1^2)x\mathrm{d}x+z\mathrm{d}z=0$$

求积分，就有

$$(1+C_1^2)x^2+z^2=C_2$$

或代入以 $C_1=\frac{y}{x}$，就得到这方程组的第二个积分

$$x^2+y^2+z^2=C_2$$

于是，我们就有这方程组的两个积分

$$\frac{y}{x}=C_1,x^2+y^2+z^2=C_2 \tag{53}$$

(2) 在已知力的作用下，质量为 m 的质点，运动的微分方程组有如

$$m\frac{\mathrm{d}^2x}{\mathrm{d}t^2}=X,m\frac{\mathrm{d}^2y}{\mathrm{d}t^2}=Y,m\frac{\mathrm{d}^2z}{\mathrm{d}t^2}=Z \tag{54}$$

其中，X,Y,Z 为力在各坐标轴上的投影，它们依赖于时间、质点的位置以及它的速度，就是依赖于 t,x,y,z,x',y',z'.

引入新的未知函数——x,y 与 z 对 t 的微商 x',y',z'——方程组(54)就化为六个一级方程的方程组

$$\frac{\mathrm{d}x}{\mathrm{d}t}=x',\frac{\mathrm{d}y}{\mathrm{d}t}=y',\frac{\mathrm{d}z}{\mathrm{d}t}=z',m\frac{\mathrm{d}x'}{\mathrm{d}t}=X,m\frac{\mathrm{d}y'}{\mathrm{d}t}=Y,m\frac{\mathrm{d}z'}{\mathrm{d}t}=Z$$

这个组的一般解含有六个任意常数，为要确定它们，应当给出在起始的时刻质点的位置及其速度.

由等式(54) 推出下面三个等式

$$m\left(y\frac{\mathrm{d}^2z}{\mathrm{d}t^2}-z\frac{\mathrm{d}^2y}{\mathrm{d}t^2}\right)=yZ-zY$$

$$m\left(z\frac{\mathrm{d}^2x}{\mathrm{d}t^2}-x\frac{\mathrm{d}^2z}{\mathrm{d}t^2}\right)=zX-xZ$$

$$m\left(x\frac{\mathrm{d}^2y}{\mathrm{d}t^2}-y\frac{\mathrm{d}^2x}{\mathrm{d}t^2}\right)=xY-yX$$

不难看出,它们可以写成

$$\begin{cases}\dfrac{\mathrm{d}}{\mathrm{d}t}m\left(y\dfrac{\mathrm{d}z}{\mathrm{d}t}-z\dfrac{\mathrm{d}y}{\mathrm{d}t}\right)=yZ-zY\\ \dfrac{\mathrm{d}}{\mathrm{d}t}m\left(z\dfrac{\mathrm{d}x}{\mathrm{d}t}-x\dfrac{\mathrm{d}z}{\mathrm{d}t}\right)=zX-xZ\\ \dfrac{\mathrm{d}}{\mathrm{d}t}m\left(x\dfrac{\mathrm{d}y}{\mathrm{d}t}-y\dfrac{\mathrm{d}x}{\mathrm{d}t}\right)=xY-yX\end{cases}\tag{55}$$

设这力是有心的,就是说它的方向总指向某一定点,这个点叫作中心,我们取它作坐标原点.因为向量的投影与它的方向余弦成正比,而在所给的情形下,向量的方向通过坐标原点以及点(x,y,z),于是就有

$$\frac{X}{x}=\frac{Y}{y}=\frac{Z}{z}$$

于是等式(55)的右边成为零,我们就得到(54)的三个积分组

$$\begin{aligned}m\left(y\frac{\mathrm{d}z}{\mathrm{d}t}-z\frac{\mathrm{d}y}{\mathrm{d}t}\right)&=C_1\\ m\left(z\frac{\mathrm{d}x}{\mathrm{d}t}-x\frac{\mathrm{d}z}{\mathrm{d}t}\right)&=C_2\\ m\left(x\frac{\mathrm{d}y}{\mathrm{d}t}-y\frac{\mathrm{d}x}{\mathrm{d}t}\right)&=C_3\end{aligned}\tag{56}$$

由力学知道,它们表达出运动点在坐标面上的投影的常扇面速度.

由等式(56)推出

$$C_1x+C_2y+C_3z=0$$

由此看出,轨迹应为平面曲线.显然,这轨迹所在的平面,由力的中心以及在起始时刻的速度向量确定.

现在设X,Y,Z是某一个依赖于x,y,z的函数U的偏微商.这个函数U叫作这个力的势量,而$-U$叫作点的势能

$$X=\frac{\partial U}{\partial x},Y=\frac{\partial U}{\partial y},Z=\frac{\partial U}{\partial z}$$

把方程

$$m\frac{\mathrm{d}^2x}{\mathrm{d}t^2}=\frac{\partial U}{\partial x},m\frac{\mathrm{d}^2y}{\mathrm{d}t^2}=\frac{\partial U}{\partial y},m\frac{\mathrm{d}^2z}{\mathrm{d}t^2}=\frac{\partial U}{\partial z}$$

各乘以$\frac{\mathrm{d}x}{\mathrm{d}t},\frac{\mathrm{d}y}{\mathrm{d}t},\frac{\mathrm{d}z}{\mathrm{d}t}$,再相加就得到

$$m\left(\frac{\mathrm{d}x}{\mathrm{d}t}\cdot\frac{\mathrm{d}^2x}{\mathrm{d}t^2}+\frac{\mathrm{d}y}{\mathrm{d}t}\cdot\frac{\mathrm{d}^2y}{\mathrm{d}t^2}+\frac{\mathrm{d}z}{\mathrm{d}t}\cdot\frac{\mathrm{d}^2z}{\mathrm{d}t^2}\right)=\frac{\mathrm{d}U}{\mathrm{d}t}$$

或

$$\frac{\mathrm{d}}{\mathrm{d}t}\cdot\frac{m}{2}\left[\left(\frac{\mathrm{d}x}{\mathrm{d}t}\right)^2+\left(\frac{\mathrm{d}y}{\mathrm{d}t}\right)^2+\left(\frac{\mathrm{d}z}{\mathrm{d}t}\right)^2\right]=\frac{\mathrm{d}U}{\mathrm{d}t}$$

由此得到积分

$$T-U=C \tag{57}$$

其中

$$T=\frac{m}{2}\left[\left(\frac{\mathrm{d}x}{\mathrm{d}t}\right)^2+\left(\frac{\mathrm{d}y}{\mathrm{d}t}\right)^2+\left(\frac{\mathrm{d}z}{\mathrm{d}t}\right)^2\right]=\frac{1}{2}mv^2$$

是点的动能.

等式(57)表达出,在运动的全部时间中,动能与势能之和是常量.

(3)设有 n 个质点的质点系,这 n 个点是彼此相联系着的,其中任何一点的位置可以由无关的参变量 $q_1,q_2,\cdots,q_k$ 以及时间 t 来确定

$$\begin{aligned}&x_i=\varphi_i(q_1,q_2,\cdots,q_k,t)\\&y_i=\psi_i(q_1,q_2,\cdots,q_k,t)\quad(i=1,2,\cdots,n)\\&z_i=\omega_i(q_1,q_2,\cdots,q_k,t)\end{aligned} \tag{58}$$

设作用在系中各点的力具有势量 U,它只依赖于点的坐标,于是作用在第 i 个点上的力在坐标轴上的投影 X_i,Y_i,Z_i 就各为 U 对 x_i,y_i,z_i 的偏微商.设 m_1,$m_2,\cdots,m_n$ 是这 n 个点的质量.利用等式(58),我们可以通过参变量 $q_1,q_2,\cdots,q_k$ 来表达动能

$$T=\sum_{i=1}^{n}\frac{m_i}{2}\left[\left(\frac{\mathrm{d}x_i}{\mathrm{d}t}\right)^2+\left(\frac{\mathrm{d}y_i}{\mathrm{d}t}\right)^2+\left(\frac{\mathrm{d}z_i}{\mathrm{d}t}\right)^2\right]$$

以及函数 U,并且由力学知道,这个系的运动由下面的拉格朗日方程来确定

$$\frac{\mathrm{d}}{\mathrm{d}t}\left(\frac{\partial T}{\partial q_s}\right)-\frac{\partial T}{\partial q_s}=\frac{\partial U}{\partial q_s}\quad(s=1,2,\cdots,k) \tag{59}$$

显然,函数 T 是各参变量对 t 的微商 $q'_1,q'_2,\cdots,q'_k$ 的二次多项式,方程(59)由 k 个二级方程组成,它相当于 $2k$ 个一级方程;求方程(59)的积分,就得到 q_k 的表达式,它们是时间 t 以及 $2k$ 个任意常数的函数.

设方程(58)中不含有 t,那时 T 与 U 也就不含有 t.方程(59)对应乘以 q'_1,$q'_2,\cdots,q'_k$ 再相加,就得到

$$\sum_{s=1}^{k}q'_s\frac{\mathrm{d}}{\mathrm{d}t}\left(\frac{\partial T}{\partial q'_s}\right)-\sum_{s=1}^{k}q'_s\frac{\partial T}{\partial q_s}=\frac{\mathrm{d}U}{\mathrm{d}t} \tag{60}$$

注意,下面这等式显然成立

$$\sum_{s=1}^{k}q'_s\frac{\mathrm{d}}{\mathrm{d}t}\left(\frac{\partial T}{\partial q'_s}\right)-\sum_{s=1}^{k}q'_s\frac{\partial T}{\partial q_s}=$$

$$\frac{\mathrm{d}}{\mathrm{d}t}\sum_{s=1}^{k}q'_s\frac{\partial T}{\partial q'_s}-\sum_{s=1}^{k}q''_s\frac{\partial T}{\partial q'_s}-\sum_{s=1}^{k}q'_s\frac{\partial T}{\partial q_s}$$

考虑 T 是 q'_s 的齐次多项式的情形，根据关于齐次函数的欧拉定理[Ⅰ,154]

$$\sum_{s=1}^{k} q'_s \frac{\partial T}{\partial q'_s} = 2T$$

由此

$$\sum_{s=1}^{k} q'_s \frac{\mathrm{d}}{\mathrm{d}t}\left(\frac{\partial T}{\partial q'_s}\right) - \sum_{s=1}^{k} q'_s \frac{\partial T}{\partial q_s} = 2\frac{\mathrm{d}T}{\mathrm{d}t} - \frac{\mathrm{d}T}{\mathrm{d}t} = \frac{\mathrm{d}T}{\mathrm{d}t}$$

于是公式(60) 给出

$$\frac{\mathrm{d}T}{\mathrm{d}t} = \frac{\mathrm{d}U}{\mathrm{d}t}$$

由此得到方程组(59) 的积分(活力的积分)

$$T - U = C$$

(4) 在某些情形下，质点系运动的微分方程的积分，可用以解决关于在平衡位置附近质点系的小振动的平衡性问题. 我们把这问题用数学的方式叙述如下，为简短起见，只限于考虑满足下列微分方程组的三个未知函数 x,y,z 的情形①

$$\frac{\mathrm{d}x}{\mathrm{d}t} = X, \frac{\mathrm{d}y}{\mathrm{d}t} = Y, \frac{\mathrm{d}z}{\mathrm{d}t} = Z \tag{61}$$

其中，X,Y,Z 是 x,y,z,t 的已知函数，当

$$x = y = z = 0 \tag{62}$$

时，它们都等于零.

这时，方程组(61) 有很明显的解(62)，它对应于平衡位置. 如果对于任意给定的正数 ε，有这样一个 η 存在，使得只要

$$|x_0|, |y_0| \text{ 与 } |z_0| < \eta \tag{63}$$

则满足初始条件

$$x|_{t=0} = x_0, y|_{t=0} = y_0, z|_{t=0} = z_0$$

的方程组(61) 的解当 $t > 0$ 时总有

$$|x|, |y| \text{ 与 } |z| < \varepsilon \tag{64}$$

这个平衡位置(或简称解(62)) 就叫作稳定的.

设方程组(61) 具有积分

$$\varphi(x,y,z) = C \tag{65}$$

它不含有 t，并且当 $x=y=z=0$ 时，函数 $\varphi(x,y,z)$ 有极大值或极小值. 我们证明，这时这平衡位置是稳定的. 如果需要的话，可以改变 φ 的符号，我们就可以算作 φ 有极小值，并可以加到 φ 上一个常数，就可以算作这个极小值等于零.

---

① 在一个质点的运动情形中，有六个未知函数.

如此，在点 $x=y=z=0$，函数 φ 等于零，而在与 $(0,0,0)$ 足够近的所有的点 (x,y,z)，这函数是正的. 在坐标原点附近，作一个立方体 δ_ε，以原点为中心，边长为 2ε. 在这立方体的表面上，连续函数 φ 是正的，于是它达到一个正的最小值 m，所以在整个表面上

$$\varphi \geqslant m > 0 \tag{66}$$

现在在坐标原点附近，再作一个同心的立方体 δ_η，边长为 2η，使得在这立方体内，不等式

$$\varphi < m \tag{67}$$

成立；这是可能的，因为 $\varphi(0,0,0)=0$. 设在起始的时刻，点 (x,y,z) 出现在立方体 δ_η 内，就是说，满足条件(63). 不等式(67) 就不仅是在起始的时刻成立，而是在运动的全部时间中总成立. 实际上，根据(65)，当运动时，φ 保持常数值 C. 据此，在运动的全部时间中，点 (x,y,z) 不能越出立方体 δ_ε 的表面，因为在这表面上不等式(66) 成立. 而与不等式(67) 相反，如此对于所有的 $t>0$，条件(64) 被满足，于是证完.

函数 x,y,z 可能具有任何几何的或力学的意义，只是为了证明容易懂，我们把它们考虑作点的坐标. 例如，设方程(59) 中 T 与 U 不含有时间 t，于是活力的积分成立. 设当 $q_s=0(s=1,2,\cdots,k)$ 时，等式

$$\frac{\partial U}{\partial q_1}=\frac{\partial U}{\partial q_2}=\cdots=\frac{\partial U}{\partial q_k}=0$$

成立.

这时，方程(59) 就有很明显的解

$$q_s=q'_s=0 \tag{68}$$

这对应于质点系的平衡位置. 此外，若当设 $q_s=0$ 时，势能 $-U$ 具有极小值，则可以肯定，对于(68) 的值，差 $T-U$ 也具有极小值，因为这时 T 等于零，而它不可能是负的，就是说 T 也具有极小值. 如此，我们看出，在势能取极小值的情形下，对应的平衡位置，对于量 q_s 及 q'_s 来讲，是稳定的(拉格朗日 — 狄利克雷定理).

20. 方程组与高级方程

现在我们讲一级微分方程组与一个高级方程之间的联系. 例如，若有一个三级微分方程

$$y'''=f(x,y,y',y'')$$

则让 $y=y_1,y'=y_2,y''=y_3$，我们可以用三个一级方程的方程组

$$\frac{\mathrm{d}y_1}{\mathrm{d}x}=y_2,\frac{\mathrm{d}y_2}{\mathrm{d}x}=y_3,\frac{\mathrm{d}y_3}{\mathrm{d}x}=f(x,y_1,y_2,y_3)$$

来替代这个三级方程.

在[14] 中我们已经介绍过类似于这样的替换. 完全一样的，若有两个二级

方程的方程组

$$y''=f_1(x,y,y',z,z'),z''=f_2(x,y,y',z,z')$$

其中 y 与 z 是 x 的未知函数，我们就可以用四个一级方程的方程组来替代它. 为此需要引用四个未知函数：$y=y_1,y'=y_2,z=y_3,z'=y_4$.

上面这方程组就可以写成下面的形状

$$\frac{dy_1}{dx}=y_2,\frac{dy_2}{dx}=f_1(x,y_1,y_2,y_3,y_4)$$

$$\frac{dy_3}{dx}=y_4,\frac{dy_4}{dx}=f_2(x,y_1,y_2,y_3,y_4)$$

我们反过来证明，一般说来，求方程组的积分可以化为求一个高级方程的积分. 我们只考虑三个一级方程的方程组，解出微商

$$\begin{aligned}y'_1&=f_1(x,y_1,y_2,y_3)\\ y'_2&=f_2(x,y_1,y_2,y_3)\\ y'_3&=f_3(x,y_1,y_2,y_3)\end{aligned}\tag{69}$$

设第一个方程含有 y_2. 解出它来，就得到

$$y_2=w_1(x,y_1,y'_1,y_3)\tag{70}$$

代入到其他两个方程中，就有

$$\frac{\partial w_1}{\partial x}+\frac{\partial w_1}{\partial y_1}y'_1+\frac{\partial w_1}{\partial y_3}y'_3+\frac{\partial w_1}{\partial y'_1}y''_1=\psi_2(x,y_1,y'_1,y_3)$$

$$y'_3=\psi_3(x,y_1,y'_1,y_3)$$

把第二个方程中 y'_3 的表达式代入到第一个方程中，再解出 y''_1，就得到两个未知函数 y_1 与 y_3 的两个方程的方程组

$$y''_1=\varphi(x,y_1,y'_1,y_3),y'_3=\psi(x,y_1,y'_1,y_3)\tag{71}$$

设第一个方程中含有 y_3，解出它来

$$y_3=w_3(x,y_1,y'_1,y''_1)\tag{72}$$

再代入到(71) 第二个方程中，就得到一个 y_1 的三级方程，它可以写成

$$y'''_1=F(x,y_1,y'_1,y''_1)\tag{73}$$

假设我们能够求出这个方程的积分

$$y_1=\Phi(x,C_1,C_2,C_3)$$

代入到方程(72) 中，就得到 y_3，再代入到方程(70) 中，就得到 y_2，无须再求任何积分. 若(71) 的第一个方程不含有 y_3，则它就是 y_1 的一个二级方程. 它的一般积分应含有两个任意常数. 代入这个一般积分到(71) 的第二个方程中，就得到 y_3 的一级方程. 求它的积分就引出三个任意常数. 最后再由公式(70) 确定 y_2，就无须再求任何积分了.

21. 线性偏微分方程

到现在为止，我们考虑的微分方程，只含有函数对一个自变量的微商. 我们

讲过,这样的方程叫作常微分方程.现在我们考虑几种偏微分方程,因为这些方程与常微分方程组的理论有直接的联系.

回到我们考虑过的微分方程组(47)

$$\frac{dx_1}{X_1}=\frac{dx_2}{X_2}=\frac{dx_3}{X_3}=\cdots=\frac{dx_{n+1}}{X_{n+1}} \tag{74}$$

我们记得,等式

$$\varphi(x_1,x_2,\cdots,x_{n+1})=C$$

或非恒等于常数的函数 $\varphi(x_1,x_2,\cdots,x_{n+1})$,如果把方程组(74)的任何解代入其中都得到常数,它就叫作这方程组的积分.

例如,设 x_1 是自变量,而 $x_2,x_3,\cdots,x_{n+1}$ 是 x_1 的函数,它们是方程组(74)的解.代入这些函数到表达式 $\varphi(x_1,x_2,\cdots,x_{n+1})$ 中,我们应当得到常数,就是说,代入后的结果中,应当消去了自变量 x_1,于是对 x_1 的全微商应当等于零[Ⅰ,69]

$$\frac{\partial\varphi}{\partial x_1}+\frac{\partial\varphi}{\partial x_2}\frac{dx_2}{dx_1}+\frac{\partial\varphi}{\partial x_3}\frac{dx_3}{dx_1}+\cdots+\frac{\partial\varphi}{\partial x_{n+1}}\frac{dx_{n+1}}{dx_1}=0$$

或

$$\frac{\partial\varphi}{\partial x_1}dx_1+\frac{\partial\varphi}{\partial x_2}dx_2+\cdots+\frac{\partial\varphi}{\partial x_{n+1}}dx_{n+1}=0 \tag{75}$$

无论把方程组(74)的哪个解代入,微分 dx_s 应当与 X_s 的大小成比例,在公式(75)中用成比例的量 X_s 来替代 dx_s,就得到下面的关于 φ 的方程

$$X_1\frac{\partial\varphi}{\partial x_1}+X_2\frac{\partial\varphi}{\partial x_2}+\cdots+X_{n+1}\frac{\partial\varphi}{\partial x_{n+1}}=0 \tag{76}$$

函数 $\varphi(x_1,x_2,\cdots,x_{n+1})$ 应当满足这个方程,而与用方程组(74)的哪个解代入到这函数中无关.但是根据存在与唯一定理中初始条件的任意性,若我们取方程组(74)的所有的解,变量 $x_1,x_2,\cdots,x_{n+1}$ 就可能取随意的值,就是说,对于 $(x_1,x_2,\cdots,x_{n+1})$ 来讲,函数 $\varphi(x_1,x_2,\cdots,x_{n+1})$ 应当是恒满足方程(76).如此我们得到下面这定理.

定理 1　若 $\varphi(x_1,x_2,\cdots,x_{n+1})=C$ 是方程组(74)的积分,则函数 $\varphi(x_1,x_2,\cdots,x_{n+1})$ 应当满足偏微分方程(76).

不难证明它的逆命题.

定理 2　若 $\varphi(x_1,x_2,\cdots,x_{n+1})$ 是方程(76)的任何一个解,则 $\varphi(x_1,x_2,\cdots,x_{n+1})=C$ 是方程组(74)的积分.

实际上,在函数 $\varphi(x_1,x_2,\cdots,x_{n+1})$ 中,代入以方程组(74)的任何一个解,再求全微分

$$d\varphi(x_1,x_2,\cdots,x_{n+1})=\frac{\partial\varphi}{\partial x_1}dx_1+\frac{\partial\varphi}{\partial x_2}dx_2+\cdots+\frac{\partial\varphi}{\partial x_{n+1}}dx_{n+1}$$

因为我们代入了方程组的解，根据(74)，可以用成比例的量 X_s 来替代 dx_s，就是 $dx_s=\lambda X_s$，其中 λ 是某一比例系数，由此

$$d\varphi(x_1,x_2,\cdots,x_{n+1})=\lambda\left(X_1\frac{\partial\varphi}{\partial x_1}+X_2\frac{\partial\varphi}{\partial x_2}+\cdots+X_{n+1}\frac{\partial\varphi}{\partial x_{n+1}}\right)$$

但是由定理的条件，对于 $x_1,x_2,\cdots,x_{n+1}$ 来讲，φ 恒满足方程(76)，我们就有 $d\varphi(x_1,x_2,\cdots,x_{n+1})=0$. 一级微分的表达式是与诸变量是否为自变量无关的[Ⅰ,153]. 在我们的情形下，当代入以方程组的解时，φ 就是一个自变量的函数，例如是 x_1 的函数；我们说过，这个函数 φ 的微分等于零，就是对 x_1 的微商(代入以后)恒等于零；换句话说，就是代入以后，φ 不依赖于 x_1，而是常数. 这就证明了 $\varphi(x_1,x_2,\cdots,x_{n+1})$ 是方程组的积分，于是证完.

以上证明的两个定理，建立了方程组(74)的积分与偏微分方程(76)的解这两个概念的相等性. 若

$$\varphi_1=C_1,\varphi_2=C_2,\cdots,\varphi_k=C_k$$

是方程组的 k 个积分，则我们知道，任意函数 $F(\varphi_1,\varphi_2,\cdots,\varphi_k)$ 也是这方程组的积分，于是我们可以说，方程(76)的任何解的任意函数也是这方程的解. 若

$$\varphi_1(x_1,x_2,\cdots,x_{n+1})=C_1,\cdots,\varphi_n(x_1,x_2,\cdots,x_{n+1})=C_n \tag{77}$$

是方程组(74)的 n 个无关的积分，则任意函数 $F(\varphi_1,\varphi_2,\cdots,\varphi_n)$ 是方程(76)的解. 可以证明这就是方程(76)的一般解，我们现在不证. 由此得到下述的求方程(76)的积分的法则：为要求线性偏微分方程(76)的一般解，先作出对应于这个方程的常微分方程组(74)，再求这方程组的 n 个无关的积分(77)，于是方程(76)的一般解就是

$$\varphi=F(\varphi_1,\varphi_2,\cdots,\varphi_n)$$

其中 F 是 $\varphi_1,\varphi_2,\cdots,\varphi_n$ 的任意函数.

线性偏微分方程(76)具有两个特点：它的系数 X_i 不含有未知函数 φ，而它的自由项等于零. 在一般情形下，线性方程有下面的形状

$$Y_1\frac{\partial\varphi}{\partial x_1}+Y_2\frac{\partial\varphi}{\partial x_2}+\cdots+Y_n\frac{\partial\varphi}{\partial x_n}+Y_{n+1}=0 \tag{78}$$

其中，$Y_1,Y_2,\cdots,Y_{n+1}$ 含有 $x_1,x_2,\cdots,x_n$ 与 φ. 我们来求下列隐函数形状的方程(78)的解的族

$$w(x_1,x_2,\cdots,x_n,\varphi)=C \tag{79_1}$$

其中 C 是任意常数. 依照求隐函数的微商的法则

$$\frac{\partial\varphi}{\partial x_i}=-\frac{\dfrac{\partial w}{\partial x_i}}{\dfrac{\partial w}{\partial\varphi}}$$

代入到(78)中，得到关于 w 的方程

$$Y_1\frac{\partial w}{\partial x_1}+Y_2\frac{\partial w}{\partial x_2}+\cdots+Y_n\frac{\partial w}{\partial x_n}+Y_{n+1}\frac{\partial w}{\partial \varphi}=0 \qquad (79_2)$$

它具有上述两个特点.注意,(79_1)中C的任意性使变量$x_1,x_2,\cdots,x_n,\varphi$可能取任何的值,于是像上面一样,由此推出,对于$x_1,x_2,\cdots,x_n,\varphi$来讲,方程$(79_2)$应当恒被满足.解这方程可以化为求对应于它的常微分方程组的积分.若求出w,则可由(79_1)确定出φ.

注意,偏微分方程的一般解含有任意函数,而在常微分方程的一般解中,只有任意常数出现.

在第四卷中,我们再仔细地讨论线性偏微分方程,并给出对应的存在与唯一定理.

22. 几何的解释

现在我们来对上面所讲的理论在三个变量的情形做一个几何解释.设有三维空间的方向场,就是在空间每一点给定了确定的方向.引用任何的直角坐标轴.这时任何方向将由三个数来确定,这三个数与这方向的方向余弦成比例,所谓方向余弦就是这方向与各坐标轴交角的余弦.一般说来,在不同的点我们有不同的方向,而整个方向场由三个函数

$$u(x,y,z),v(x,y,z),w(x,y,z) \qquad (80)$$

来确定,这几个量(80)与在点(x,y,z)所给定的方向的方向余弦成比例.

像对于一级方程一样,我们求空间这样的曲线,使得在每一个点,这曲线的切线所具有的方向,就是方向场在这点所给定的方向.但是我们知道[Ⅰ,160],切线的方向余弦与微分dx,dy,dz成比例,而当两个方向重合时,与它们的方向余弦成正比的两组量应当互成比例,就是说,我们有微分方程组

$$\frac{dx}{u(x,y,z)}=\frac{dy}{v(x,y,z)}=\frac{dz}{w(x,y,z)} \qquad (81)$$

据此可以确定空间中的未知曲线.

求这个方程组的积分,就是求它的两个无关的积分

$$\varphi_1(x,y,z)=C_1,\varphi_2(x,y,z)=C_2 \qquad (82)$$

就是说由方程(82)可以解出任何两个变量来.这两个方程确定空间的某一曲线[Ⅰ,160];给C_1与C_2以不同的数值,就得到方程组(81)的积分曲线族.初始条件要求未知曲线通过指定的点(x_0,y_0,z_0).由这些初始条件可以确定任意常数C_1与C_2.

现在讲偏微分方程的几何解释.仍然算作函数(80)确定某一个方向场.要求这样的曲面,使得在这曲面上每一点,由这方向场所确定的方向,在这曲面的过这点的切面上.设某一未知曲面族的方程是

$$\varphi(x,y,z)=C$$

我们知道[Ⅰ,160],这样的曲面的法线的方向余弦与$\frac{\partial \varphi}{\partial x},\frac{\partial \varphi}{\partial y},\frac{\partial \varphi}{\partial z}$成比例,而这法线的方向应当垂直于由量(80)所确定的方向,因为由量(80)所确定的方向应当在切面上.利用普通两个方向垂直的条件,就得到确定φ的线性偏微分方程

$$u(x,y,z)\frac{\partial \varphi}{\partial x}+v(x,y,z)\frac{\partial \varphi}{\partial y}+w(x,y,z)\frac{\partial \varphi}{\partial z}=0 \tag{83}$$

对应于这个方程的常微分方程组是方程组(81),所有方程(83)的一般解具有下面这形状

$$\varphi=F(\varphi_1,\varphi_2)$$

而未知曲面的一般方程就是

$$F(\varphi_1,\varphi_2)=0 \tag{84}$$

其中F是φ_1,φ_2的任意函数.由于F的任意性,可以不写任意常数C,而φ_1与φ_2是方程组(81)的两个无关的积分.若以一定方式选定函数F,则显然曲面(84)是方程组(81)的那些积分曲线的几何轨迹,这些积分曲线在等式(82)中的常数值由关系式

$$F(C_1,C_2)=0 \tag{85}$$

联系着.

一般说来,若要求未知曲面通过指定的空间曲线(L),则方程(83)的解就确定了.这个要求就是对于偏微分方程(83)的初始条件.显然,未知曲面就是由曲线(L)上的点引出的方程组(81)的积分曲线所组成的.就是说,这些积分曲线的初始条件是由曲线(L)上点的坐标确定的.根据关于方程组(81)的存在与唯一定理,如此我们得到确定的曲面.但是当给定的曲线(L)就是方程组(81)的积分曲线时,这个情形应当除外.在这种情形下,以上的作法得不到曲面,而只是曲线(L)本身.设曲线(L)的方程由下面形状的两个方程

$$\psi_1(x,y,z)=0,\psi_2(x,y,z)=0 \tag{86}$$

给定.由(82)与(86)中四个方程消去三个变量x,y,z,就得到一个C_1与C_2之间的关系式;根据(85),这个关系式就确定了函数F的形状;为要得到通过曲线(86)的未知曲面的方程(84),它就是应取的形状.

23. 例

(1) 考虑偏微分方程

$$xz\frac{\partial \varphi}{\partial x}+yz\frac{\partial \varphi}{\partial y}-(x^2+y^2)\frac{\partial \varphi}{\partial z}=0 \tag{87}$$

对应的常微分方程组就是

$$\frac{\mathrm{d}x}{xz}=\frac{\mathrm{d}y}{yz}=\frac{\mathrm{d}z}{-(x^2+y^2)} \tag{88}$$

以前[19] 我们求出了它的两个无关的积分

$$\frac{y}{x}=C_1, x^2+y^2+z^2=C_2 \tag{89}$$

第一个方程给出通过 OZ 轴的平面族;第二个——以坐标原点为心的球面族. 方程组(88) 的积分曲线是在所述平面上以坐标原点为心的圆周族. 方程(87) 的一般解,就是

$$\varphi=F\left(\frac{y}{x}, x^2+y^2+z^2\right) \tag{90}$$

其中 F 是它的两个变量的任意函数. 现在求函数 F 的形状,使得曲面

$$F\left(\frac{y}{x}, x^2+y^2+z^2\right)=0 \tag{91}$$

通过直线

$$x=1, y=z \tag{92}$$

由方程(89) 与(92) 消去 x,y,z. 由方程(89) 中第一个与方程(92) 给出

$$x=1, y=C_1, z=C_1$$

代入到方程(89) 的第二个中,就得到 C_1 与 C_2 之间的关系式

$$1+2C_1^2-C_2=0 \text{ 或 } F(C_1,C_2)=1+2C_1^2-C_2$$

方程(91) 中函数 F 取这形状,就得到未知曲面的方程

$$1+2\frac{y^2}{x^2}-(x^2+y^2+z^2)=0$$

或

$$x^2+2y^2-x^2(x^2+y^2+z^2)=0$$

(2) 假设由微分方程组所确定的方向场是这样的,就是在空间所有的点方向相同. 设(a,b,c)是与这固定方向的方向余弦成比例的数. 这微分方程组就是

$$\frac{\mathrm{d}x}{a}=\frac{\mathrm{d}y}{b}=\frac{\mathrm{d}z}{c}$$

或

$$c\mathrm{d}x-a\mathrm{d}z=0, c\mathrm{d}y-b\mathrm{d}z=0$$

于是立刻得到两个积分

$$cx-az=C_1, cy-bz=C_2$$

显然,积分曲线是具有上述固定方向的平行直线. 对应的偏微分方程

$$a\frac{\partial\varphi}{\partial x}+b\frac{\partial\varphi}{\partial y}+c\frac{\partial\varphi}{\partial z}=0 \tag{93}$$

所确定的曲面 $\varphi(x,y,z)=0$ 是某些上述直线的几何轨迹,就是说,方程(93) 是柱面的方程. 它的一般积分有如

$$\varphi=F(cx-az, cy-bz)$$

其中 F 是任意函数,于是母线具有上述方向的柱面的一般方程就是

$$F(cx-az, cy-bz)=0$$

(3) 假设方向场是这样的，在每一点 $M(x,y,z)$ 的方向，与由定点 $A(a,b,c)$ 到这点 $M(x,y,z)$ 的向量方向相同. 这个向量在坐标轴上的投影就是

$$x-a, y-b, z-c$$

而这三个量与所给的在点 M 的方向的方向余弦成比例. 对应的微分方程组就是

$$\frac{\mathrm{d}x}{x-a}=\frac{\mathrm{d}y}{y-b}=\frac{\mathrm{d}z}{z-c}$$

于是显然我们有两个积分

$$\frac{x-a}{z-c}=C_1, \frac{y-b}{z-c}=C_2$$

几何的意义是很明显的，积分曲线族是通过点 $A(a,b,c)$ 的直线族. 对应的偏微分方程

$$(x-a)\frac{\partial \varphi}{\partial x}+(y-b)\frac{\partial \varphi}{\partial y}+(z-c)\frac{\partial \varphi}{\partial z}=0$$

确定以点 A 为顶点的锥面，这样的锥面的一般方程就是

$$F\left(\frac{x-a}{z-c}, \frac{y-b}{z-c}\right)=0$$

其中 F 是它的两个变量的任意函数.

注意，一般说来，通过空间一条给定的曲线 (L)，我们只可以作出一个锥面，它的母线就是连接点 A 与曲线 (L) 上的点的诸直线. 但是，若曲线 (L) 是属于这方程组的积分曲线族的一条曲线，就是说它是通过点 A 的一条直线，则可以作出无穷多的锥面，含有这条直线 (L).

(4) 再考虑微分方程组

$$\frac{\mathrm{d}x}{cy-bz}=\frac{\mathrm{d}y}{az-cx}=\frac{\mathrm{d}z}{bx-ay} \tag{94}$$

让这三个比都等于某一新变量 t 的微分 $\mathrm{d}t$，可以写成

$$\mathrm{d}x=(cy-bz)\mathrm{d}t, \mathrm{d}y=(az-cx)\mathrm{d}t, \mathrm{d}z=(bx-ay)\mathrm{d}t \tag{95}$$

由此不难作出可以直接求积分的两个方程. 把方程(95) 各乘以 a,b,c 再逐项相加就得到第一个方程，方程(95) 各乘以 x,y,z 再逐项相加就得到第二个方程. 如此得到两个方程

$$a\mathrm{d}x+b\mathrm{d}y+c\mathrm{d}z=0, x\mathrm{d}x+y\mathrm{d}y+z\mathrm{d}z=0$$

求积分就得到这方程组的两个积分

$$ax+by+cz=C_1, x^2+y^2+z^2=C_2 \tag{96}$$

第一个积分给出平行的平面族，这些平面的法线的方向余弦与数值 (a,b,c) 成比例. 第二个积分给出以原点为心的球面族. 这些平面与球面的交线就是方程组(94) 的积分曲线族. 显然这是圆周族，这些圆周位于上述的平面上，它

们的圆心在直线

$$\frac{x}{a}=\frac{y}{b}=\frac{z}{c} \tag{97}$$

上,这条直线通过坐标原点而垂直于所有的上述的平面.

不难看出,对应的偏微分方程

$$(cy-bz)\frac{\partial\varphi}{\partial x}+(az-cx)\frac{\partial\varphi}{\partial y}+(bx-ay)\frac{\partial\varphi}{\partial z}=0$$

确定以直线(97)为回转轴的回转面,这样的曲面的一般方程就是

$$F(ax+by+cz,x^2+y^2+z^2)=0$$

其中 F 是它的两个变量的任意函数. 注意方程(97)的分母可以由几何方法来确定,这只要给出对应的方向场,像我们对以上的例所作的一样.

(5) 关于空间的正交轨面问题引出线性偏微分方程. 假设给定曲面族

$$\omega(x,y,z)=C \tag{98}$$

它依赖于参变量 C,并且一般说来,通过空间任何一点,这族中有一个且仅有一个曲面. 要求与所有的曲面(98)交成直角的曲面

$$\varphi(x,y,z)=C_1 \tag{99}$$

由于曲面(98)与(99)的法线互相垂直,就给出关于未知函数 φ 的线性偏微分方程

$$\frac{\partial\omega}{\partial x}\frac{\partial\varphi}{\partial x}+\frac{\partial\omega}{\partial y}\frac{\partial\varphi}{\partial y}+\frac{\partial\omega}{\partial z}\frac{\partial\varphi}{\partial z}=0$$

对应的常微分方程组

$$\frac{\mathrm{d}x}{\frac{\partial\omega}{\partial x}}=\frac{\mathrm{d}y}{\frac{\partial\omega}{\partial y}}=\frac{\mathrm{d}z}{\frac{\partial\omega}{\partial z}} \tag{100}$$

确定的曲线上在每一点的切线是曲面(98)的过这点的法线. 若

$$\varphi_1(x,y,z)=C_1,\varphi_2(x,y,z)=C_2$$

是方程组(100)的两个无关的积分,则未知曲面的方程有

$$F(\varphi_1,\varphi_2)=0$$

第二章 线性微分方程及微分方程论的补充知识

§1 一般理论及常系数方程

24. 二级齐次线性方程

线性微分方程的理论是微分方程论中最简单而且最完善的一部分，同时在应用中线性方程也是最常遇到的. 在[4]中我们解过一级线性方程. 在这一章中我们考虑任何级线性方程，而由二级方程开始.

下面形状的方程

$$P(y)=y''+p(x)y'+q(x)y=0 \tag{1}$$

叫作二级齐次线性方程，其中用 $P(y)$ 作为左边的缩写记号.

由于对函数 y 及其微商来讲，表达式 $P(y)$ 是线性的，于是推出，当 C, C_1 与 C_2 是任意常数时

$$P(Cy)=CP(y), P(C_1y_1+C_2y_2)=C_1P(y_1)+C_2P(y_2)$$

若 $y=y_1$ 是这方程的一个解，就是 $P(y_1)=0$，则显然 $P(Cy_1)=0$，就是说，$y=Cy_1$ 也是这方程的解. 同样，若 y_1 与 y_2 是解，则当 C_1 与 C_2 是任意常数时

$$y=C_1y_1+C_2y_2 \tag{2}$$

也是解，就是说，齐次线性方程(1)的解可乘以任意常数再相加，得到的结果仍然是解. 换句话说，任何两个解的具有常系数的线性结合也是解. 显然，这个性质对于任何级齐次线性方程

都成立.以后我们要证明关于方程(1)的存在与唯一定理,这个定理在含有初值 $x=x_0$ 的并且使得 $p(x)$ 与 $q(x)$ 都是连续函数的一个整个的 x 的改变区间上成立.以下所有的都是对于这样的区间来讲的.普通我们谈到方程(1)的解时,所指的解,不算显然的解 $y\equiv 0$.

如果对于方程(1)的两个解 y_1 与 y_2,没有关于 x 的恒等关系式

$$\alpha_1 y_1+\alpha_2 y_2=0 \tag{3}$$

存在,其中 α_1 与 α_2 是常数系数,而不是零;这两个解就叫作是线性无关的.换句话说,y_1 与 y_2 线性无关就等于说比 $\frac{y_2}{y_1}$ 不是常量,或者等于说这个比的微商

$$\frac{\mathrm{d}}{\mathrm{d}x}\left(\frac{y_2}{y_1}\right)=\frac{y_1 y'_2-y_2 y'_1}{y_1^2} \tag{4}$$

不恒等于零.

我们考虑表达式

$$\Delta(y_1 y_2)=y_1 y'_2-y_2 y'_1 \tag{5}$$

它叫作 y_1 与 y_2 两个解的朗斯基行列式.这个行列式具有值得注意的性质

$$\Delta(y_1,y_2)=\Delta_0 \mathrm{e}^{-\int_{x_0}^{x} p(x)\mathrm{d}x} \tag{6}$$

其中 Δ_0 是个常量等于当 $x=x_0$ 时 $\Delta(y_1,y_2)$ 的值.

为要证明这个性质,我们计算微商

$$\frac{\mathrm{d}\Delta(y_1,y_2)}{\mathrm{d}x}=y'_1 y'_2+y_1 y''_2-y'_2 y'_1+y_2 y''_1=y_1 y''_2-y_2 y''_1$$

注意 y_1 与 y_2 是方程(1)的解,就可以写成

$$y''_1+p(x)y'_1+q(x)y_1=0,y''_2+p(x)y'_2+q(x)y_2=0$$

第一个方程乘以 $-y_2$,第二个乘以 y_1,再逐项相加,就得到

$$y_1 y''_2-y_2 y''_1+p(x)(y_1 y'_2-y_2 y'_1)=0$$

于是推知

$$\frac{\mathrm{d}\Delta(y_1,y_2)}{\mathrm{d}x}+p(x)\Delta(y_1,y_2)=0$$

这是一个关于 Δ 的齐次线性方程.应用[4]中公式(31_1),我们直接得到公式(6).

由这公式推知,$\Delta(y_1,y_2)$ 或者恒等于零,只要常量 Δ_0 等于零;或者无论 x 取任何值时总不等于零.因为指数函数不会等于零.这里我们算作 $p(x)$ 是连续函数.

根据(6),可以把公式(4)写成

$$\frac{\mathrm{d}}{\mathrm{d}x}\left(\frac{y_2}{y_1}\right)=\frac{\Delta(y_1,y_2)}{y_1^2}=\Delta_0\ \frac{\mathrm{e}^{-\int_{x_0}^{x} p(x)\mathrm{d}x}}{y_1^2} \tag{7}$$

由此推出,方程(1)的两个解,必须且仅须当 $\Delta(y_1,y_2)$ 不是零时,就是当 $\Delta_0\neq 0$

时，它们是线性无关的.

现在证明，若 y_1 与 y_2 是方程(1) 的两个线性无关的解，则可以适当地选择常数 C_1 与 C_2，使得由公式(2) 给出的方程(1) 的解，满足任何预先给定的初始条件

$$y\big|_{x=x_0}=y_0,\ y'\big|_{x=x_0}=y'_0 \tag{8}$$

用 $y_{1_0}, y_{2_0}, y'_{1_0}, y'_{2_0}$ 各记当 $x=x_0$ 时 y_1, y_2 以及它们的一级微商的值. 为要满足初始条件(8)，需要由方程组

$$C_1y_{1_0}+C_2y_{2_0}=y_0,\ C_1y'_{1_0}+C_2y'_{2_0}=y'_0$$

来确定公式(2) 中的 C_1 与 C_2.

由 y_1 与 y_2 的线性无关性推出

$$\Delta_0=y_{1_0}y'_{2_0}-y_{2_0}y'_{1_0}\neq 0$$

于是推知，由上面写的方程组，我们可以得到完全确定的 C_1 与 C_2 的值，于是证明了上述的肯定.

但是根据存在与唯一定理[5]，方程(1) 的任何解由初始条件完全确定，于是我们可以提出下面这个命题：若 y_1 与 y_2 是方程(1) 的两个线性无关的解，则公式(2) 给出这方程的所有的解.

如此，求方程(1) 的积分的问题就化为求它的两个线性无关的解. 设 y_1 是这方程的一个解，而 y_2 是它的任何一个解. 由关系式(7) 求积分，就得到

$$\frac{y_2}{y_1}=\Delta_0\int e^{-\int_{x_0}^{x}p(x)\mathrm{d}x}\ \frac{\mathrm{d}x}{y_1^2}\ 或\ y_2=\Delta_0y_1\int e^{-\int_{x_0}^{x}p(x)\mathrm{d}x}\ \frac{\mathrm{d}x}{y_1^2} \tag{9}$$

就是说，若知道了方程(1) 的一个特殊解，则它的第二个解可以由公式(9) 得来，其中 Δ_0 是一个常量，可以假设它等于 1.

需要说明，在一般情形下，当 $p(x)$ 与 $q(x)$ 是 x 的函数时，求这一个解的有限形状或是甚至借助于积分的形状，常是不可能的. 对于某些特殊情形，例如当 $p(x)$ 与 $q(x)$ 是常量，而不是 x 的函数时，我们将看到，可以得到有限形状的解.

以后我们还要讲在应用中常利用的一种作出解的方法，就是作无穷级数形状的解的方法.

25. 二级非齐次线性方程

下面形状的方程

$$u''+p(x)u'+q(x)u=f(x) \tag{10}$$

叫作二级非齐次线性方程.

设 $u=u_1$ 是这方程的一个特殊解，于是

$$u''_1+p(x)u'_1+q(x)u_1=f(x) \tag{11}$$

引用新函数 y 以替代 u

$$u=y+u_1 \tag{12}$$

代入到方程(10)中,给出

$$[y''+p(x)y'+q(x)y]+[u''_1+p(x)u'_1+q(x)u_1]=f(x)$$

或,根据(11)

$$y''+p(x)y'+q(x)y=0 \tag{13}$$

方程(13)叫作对应于方程(10)的齐次方程.若 y_1 与 y_2 是它的两个线性无关的解,则依照公式(12)以及前一段的命题,公式

$$u=C_1y_1+C_2y_2+u_1$$

其中 C_1 与 C_2 是任意常数,就给出方程(10)的所有的解.这个性质可以叙述如下:二级非齐次线性方程的一般解等于对应的齐次方程的一般解与这非齐次方程的任何一个解之和.

以上所讲的证明,对于任何级非齐次线性方程都适用,所以上述的性质对于它们也成立.

现在我们讲,知道了齐次方程(13)的两个线性无关的解,就可以求出方程(10)的一个特殊解,于是推得它的一般解.这里我们应用的方法叫作拉格朗日改变任意常数法[4].

设 y_1 与 y_2 是方程(13)的两个线性无关的解.我们知道,它的一般解就由公式(2)来表达.

我们求方程(10)的具有这样形状的解,只是要算作 C_1 与 C_2 不是常数,而是 x 的未知函数

$$u=v_1(x)y_1+v_2(x)y_2 \tag{14}$$

现在有两个未知函数,而不是一个,所以除方程(10)外,我们可以让它们符合另一个条件.作出下面这个条件

$$v'_1(x)y_1+v'_2(x)y_2=0 \tag{15}$$

求表达式(14)的微商并利用条件(15),就有

$$q(x)u=q(x)(v_1(x)y_1+v_2(x)y_2)$$

$$p(x)u'=p(x)(v_1(x)y'_1+v_2(x)y'_2)$$

$$1u''=v_1(x)y''_1+v_2(x)y''_2+v'_1(x)y'_1+v'_2(x)y'_2$$

代入到方程(10)的左边,就得到

$$v_1(x)[y''_1+p(x)y'_1+q(x)y_1]+v_2(x)[y''_2+p(x)y'_2+q(x)y_2]+$$
$$v'_1(x)y'_1+v'_2(x)y'_2=f(x)$$

注意,y_1 与 y_2 是齐次方程(13)的解,并回忆条件(15),就有可用以确定 $v'_1(x)$ 与 $v'_2(x)$ 的方程组

$$v'_1(x)y_1+v'_2(x)y_2=0,v'_1(x)y'_1+v'_2(x)y'_2=f(x) \tag{16}$$

由于 y_1 与 y_2 是线性无关的

$$\Delta(y_1, y_2) = y_1 y'_2 - y_2 y'_1 \neq 0$$

所以方程组(16) 给出 $v'_1(x)$ 与 $v'_2(x)$ 的完全确定的表达式. 再求出它们的积分,就求出 $v_1(x)$ 与 $v_2(x)$,代入到(14) 中,就得到方程(10) 的一个解.

26. 高级线性方程

高级线性方程具有二级方程的许多性质,我们叙述如下,不给证明.

下面形状的方程叫作 n 级齐次线性方程

$$y^{(n)} + p_1(x) y^{(n-1)} + p_2(x) y^{(n-2)} + \cdots + p_{n-1}(x') y' + p_n(x) y = 0 \tag{17}$$

若 $y_1, y_2, \cdots, y_k$ 是它的解,则和

$$C_1 y_1 + C_2 y_2 + \cdots + C_k y_k$$

也是它的解,其中,$C_1, C_2, \cdots, C_k$ 是任意常数. 这个肯定的证明,像对二级方程[24] 的叙述一样.

对于 x 来讲,若不存在恒等关系式

$$\alpha_1 y_1 + \alpha_2 y_2 + \cdots + \alpha_k y_k = 0$$

其中,$\alpha_1, \alpha_2, \cdots, \alpha_k$ 为常系数,至少有一个不是零,则解 $y_1, y_2, \cdots, y_k$ 叫作线性无关的.

若 $y_1, y_2, \cdots, y_n$ 是这方程的 n 个线性无关的解,则公式

$$y = C_1 y_1 + C_2 y_2 + \cdots + C_n y_n \tag{18}$$

其中 C_i 为任意常数,给出这方程的所有的解. 适当选择诸常数 C_i,可以得到满足任何初始条件

$$y|_{x=x_0} = y_0, y'|_{x=x_0} = y'_0, \cdots, y^{(n-1)}|_{x=x_0} = y_0^{(n-1)}$$

的唯一的一个解.

n 级非齐次线性方程具有形状

$$u^{(n)} + p_1(x) u^{(n-1)} + p_2(x) u^{(n-2)} + \cdots + p_{n-1}(x) u' + p_n(x) u = f(x) \tag{19}$$

若 u_1 是这方程的任何一个解,而 $y_1, y_2, \cdots, y_n$ 是对应的齐次方程(17) 的线性无关的解,则公式

$$y = C_1 y_1 + C_2 y_2 + \cdots + C_n y_n + u_1$$

其中 C_i 为任意常数,给出方程(19) 的一般解.

这时,若已知 $y_1, y_2, \cdots, y_n$,则由公式

$$u = v_1(x) y_1 + v_2(x) y_2 + \cdots + v_n(x) y_n$$

可以得到方程(19) 的一个解,其中 $v_i(x)$ 由下列的一次方程组来确定

$$v'_1(x) y_1 + v'_2(x) y_2 + \cdots + v'_n(x) y_n = 0$$

$$v'_1(x)y'_1+v'_2(x)y'_2+\cdots+v'_n(x)y'_n=0$$
$$\vdots$$
$$v'_1(x)y_1^{(n-2)}+v'_2(x)y_2^{(n-2)}+\cdots+v'_n(x)y_n^{(n-2)}=0$$
$$v'_1(x)y_1^{(n-1)}+v'_2(x)y_2^{(n-1)}+\cdots+v'_n(x)y_n^{(n-1)}=f(x)$$

对于熟悉行列式理论的读者,可以讲线性无关性的必要且充分条件,这与我们以上对于二级方程所讲的类似.像上面一样,设 $y_1,y_2,\cdots,y_n$ 是方程(17)的解.下面这个 n 级行列式

$$\Delta(y_1,y_2,\cdots,y_n)=\begin{vmatrix} y_1 & y_2 & \cdots & y_n \\ y'_1 & y'_2 & \cdots & y'_n \\ y''_1 & y''_2 & \cdots & y''_n \\ \vdots & \vdots & & \vdots \\ y_1^{(n-1)} & y_2^{(n-1)} & \cdots & y_n^{(n-1)} \end{vmatrix}$$

叫作这些解的朗斯基行列式.对于它可以证明类似于公式(6)的公式

$$\Delta(y_1,y_2,\cdots,y_n)=\Delta_0\mathrm{e}^{-\int_{x_0}^{x}p_1(x)\mathrm{d}x}$$

其中 Δ_0 是当 $x=x_0$ 时 Δ 的值.像以上一样,由这公式推知,Δ 或者恒等于零,或者当 x 取任何值时总不等于零.$y_1,y_2,\cdots,y_n$ n 个线性无关的必要且充分条件就是它们的朗斯基行列式不恒等于零.这时,依照任何初始条件,可以确定出公式(18)中的任意常数.像对二级方程一样,存在与唯一定理给出在一个整个区间上的解,在这区间上,这方程的系数 $p_1(x),p_2(x),\cdots,p_n(x)$ 是连续函数.

27.常系数二级齐次方程

先讲常系数方程,我们证明一个以后要用的微分学中的公式.若 r 是某一实数,我们已知下面这个关于函数 e^{rx} 的微商的公式

$$(\mathrm{e}^{rx})'=r\mathrm{e}^{rx}$$

我们证明,当 r 是复数而 x 是普通实变数时,这个公式仍然成立,就是说

$$(\mathrm{e}^{(a+bi)x})'=(a+bi)\mathrm{e}^{(a+bi)x}$$

实际上由复指数的指数函数定义[Ⅰ,176]推出

$$\mathrm{e}^{(a+bi)x}=\mathrm{e}^{ax}(\cos bx+\mathrm{i}\sin bx)$$

依照普通法则求这个函数的微商,就得到

$$(\mathrm{e}^{(a+bi)x})'=a\mathrm{e}^{ax}(\cos bx+\mathrm{i}\sin bx)+b\mathrm{e}^{ax}(-\sin bx+\mathrm{i}\cos bx)$$

或者,由第二个括号内提出 i,并注意 $\frac{1}{\mathrm{i}}=-\mathrm{i}$

$$(\mathrm{e}^{(a+bi)x})'=a\mathrm{e}^{ax}(\cos bx+\mathrm{i}\sin bx)+bi\mathrm{e}^{ax}(\cos bx+\mathrm{i}\sin bx)$$
$$=(a+bi)\mathrm{e}^{ax}(\cos bx+\mathrm{i}\sin bx)=(a+bi)\mathrm{e}^{(a+bi)x}$$

于是证完.

现在我们求常系数二级齐次方程

$$y'' + py' + qy = 0 \tag{20}$$

的解,其中 p 与 q 是给定的常数.用函数 e^{rx} 替代这方程中的 y,就是让

$$y = e^{rx} \tag{21}$$

求出微商再提出 e^{rx} 就得到

$$e^{rx}(r^2 + pr + q) = 0$$

若 r 是二次方程

$$r^2 + pr + q = 0 \tag{22}$$

的根,则方程(20)就确实被满足;方程(22)叫作方程(20)的特征方程.若这二次方程有两个不同的根 $r=r_1$ 与 $r=r_2$,则公式(21)给出这方程的两个线性无关的解

$$y_1 = e^{r_1 x}, y_2 = e^{r_2 x} \tag{23}$$

实际上,不难看出,它们的比 $e^{r_2 x} : e^{r_1 x} = e^{(r_2 - r_1)x}$ 不是常量.现在考虑方程(22)有等根的情形.由求二次方程的根的公式,这个情形也就是当 $p^2 - 4q = 0$ 时,这时这方程的唯一的根由下式确定

$$r_1 = r_2 = -\frac{p}{2} \tag{24}$$

在这情形下,由上述的作法,只能得到一个解 $y_1 = e^{r_1 x}$,还要再求第二个解.为此,我们应用下述的讨论.

我们略微改变系数 p 与 q,使得两个根不相同,例如,使得 r_1 仍具有原先的值(24),而 r_2 与它略差一点.这时就得到两个解.这两个相减再用 $r_2 - r_1$ 除.如此我们又得到一个解[24]

$$y = \frac{e^{r_2 x} - e^{r_1 x}}{r_2 - r_1} \tag{25}$$

现在再改变系数 p 与 q 的值,使趋向原有的值,就是方程(22)具有的二重根的值.这时,r_2 将趋向 r_1,公式(25)中分子与分母都趋向零,而整个分式的极限就是函数 e^{rx} 当 $r=r_1$ 时对 r 的微商,就是说 $y_2 = xe^{r_1 x}$ 是这方程的第二个解.于是,在方程(22)有等根的情形,我们有下列两个线性无关的解

$$y_1 = e^{r_1 x}, y_2 = xe^{r_1 x} \tag{26}$$

直接代入可以肯定 y_2 实际上是这方程的解.代入 y_2 到方程(20)的左边,就得到

$$(r_1^2 xe^{r_1 x} + 2r_1 e^{r_1 x}) + p(r_1 xe^{r_1 x} + e^{r_1 x}) + qxe^{r_1 x} =$$
$$xe^{r_1 x}(r_1^2 + pr_1 + q) + e^{r_1 x}(2r_1 + p)$$

右边的第一项等于零,因为 $r = r_1$ 是方程(22)的根;根据(24),第二项也等于零;如此 y_2 确实是方程(20)的解.

我们算作系数 p 与 q 是实数.但是二次方程(22)的根可能是实数,也可能

是复数.若方程(22)有不同的实根,则公式(23)给出两个不同的实解,而方程的一般积分就是

$$y=C_1e^{r_1x}+C_2e^{r_2x} \tag{27}$$

假设方程(22)有复根.它们应当是共轭的[Ⅰ,189],就是 $r_1=\alpha+\beta i$ 与 $r_2=\alpha-\beta i$,于是公式(23)给出解

$$y_1=e^{(\alpha+\beta i)x}=e^{\alpha x}(\cos\beta x+i\sin\beta x)$$

$$y_2=e^{(\alpha-\beta i)x}=e^{\alpha x}(\cos\beta x-i\sin\beta x)$$

由这两个解的线性结合作出另外两个解

$$\frac{1}{2}(y_1+y_2)=e^{\alpha x}\cos\beta x,\frac{1}{2i}(y_1-y_2)=e^{\alpha x}\sin\beta x$$

这两个解也是线性无关的,于是推知,在方程(22)有复根 $r=\alpha\pm\beta i$ 的情形下,方程的一般积分是

$$y=e^{\alpha x}(C_1\cos\beta x+C_2\sin\beta x)$$

最后,若方程(22)有一个根,则根据(26),方程的一般积分是

$$y=(C_1+C_2x)e^{r_1x} \tag{29}$$

还要提出公式(28)的一个特殊情形,就是当方程(22)有虚根时,也就是 $\alpha=0$ 时.这时,应当是 $p=0$,而 q 为正数.记作 $q=k^2$,方程(22)就有根 $\pm ki$,于是推知,方程

$$y''+k^2y=0 \tag{30}$$

具有一般积分

$$y=C_1\cos kx+C_2\sin kx \tag{31}$$

28.常系数二级非齐次线性方程

现在考虑非齐次方程

$$y''+py'+qy=f(x) \tag{32}$$

其中 p 与 q 是预先给定的实数而 $f(x)$ 是给定的 x 的函数.为要求这方程的一般积分,只需求出它的一个特殊解,再与对应的齐次方程(20)的一般积分相加.因为这齐次方程的一般积分是已知的,可以利用改变任意常数法[25]求出一个特殊解.例如,对于下面形状的方程

$$y''+k^2y=f(x) \tag{33}$$

对应的齐次方程的一般积分由公式(31)确定,我们要求方程(33)的特殊解,就由下面的形状来求

$$u=v_1(x)\cos kx+v_2(x)\sin kx \tag{34}$$

其中 $v_1(x)$ 与 $v_2(x)$ 是 x 的未知函数.在这情形下,方程(16)给出用以确定这两个函数的微商的两个一次方程的方程组

$$v'_1(x)\cos kx + v'_2(x)\sin kx = 0$$

$$-v'_1(x)\sin kx + v'_2(x)\cos kx = \frac{1}{k}f(x)$$

解它就得到

$$v'_1(x) = -\frac{1}{k}f(x)\sin kx, v'_2(x) = \frac{1}{k}f(x)\cos kx$$

把原函数写成具有变上限的积分的形状，用 ξ 记积分变量

$$v_1(x) = -\frac{1}{k}\int_{x_0}^{x} f(\xi)\sin k\xi \mathrm{d}\xi$$

$$v_2(x) = \frac{1}{k}\int_{x_0}^{x} f(\xi)\cos k\xi \mathrm{d}\xi$$

其中 x_0 是某一个固定的数. 代入到公式(34) 中，就得到特殊解

$$u = -\frac{\cos kx}{k}\int_{x_0}^{x} f(\xi)\sin k\xi \mathrm{d}\xi + \frac{\sin kx}{k}\int_{x_0}^{x} f(\xi)\cos k\xi \mathrm{d}\xi \tag{34_1}$$

或者，提出 $\frac{1}{k}$，再合并诸三角函数，就得到

$$u = \frac{1}{k}\int_{x_0}^{x} f(\xi)\sin k(x-\xi)\mathrm{d}\xi \tag{34_2}$$

于是方程(33) 的一般积分就是

$$y = C_1\cos kx + C_2\sin kx + \frac{1}{k}\int_{x_0}^{x} f(\xi)\sin k(x-\xi)\mathrm{d}\xi$$

对于公式(34_2)，我们给一个附注. 这公式右边的变量 x 以双重姿态出现. 第一，x 是积分的上限；第二，它在积分号下出现，但不是积分变量，而是一个附加的参变量，求积分时，它算作是常量. 再者，不难证明，特殊解(34_2) 当 $x = x_0$ 时满足零初始条件，就是

$$u\big|_{x=x_0} = 0, u'\big|_{x=x_0} = 0 \tag{34_3}$$

第一个等式可以由(34_2) 直接推出，因为当 $x = x_0$ 时，积分的上限与下限相同，于是积分等于零. 为要引出第二个等式，由公式(34_1) 确定 u'，注意一个积分对上限的微商等于被积函数，只要取上限作变量. 显然，经过相消就得到

$$u' = \sin kx\int_{x_0}^{x} f(\xi)\sin k\xi \mathrm{d}\xi + \cos kx\int_{x_0}^{x} f(\xi)\cos k\xi \mathrm{d}\xi$$

由此直接推出(34_3) 中第二个公式.

29. 特殊情形

若方程(32) 的右边有特殊的形状，则可以用较好较容易的方法来求特殊解，不必用改变任意常数法. 我们先讲一个附注. 设方程(32) 的右边是两项之和

$$y'' + py' + qy = f_1(x) + f_2(x) \tag{35}$$

并设 $u_1(x)$ 与 $u_2(x)$ 各为右边等于 $f_1(x)$ 与 $f_2(x)$ 的非齐次方程的特殊解，就是说

$$u''_1 + pu'_1 + qu_1 = f_1(x), u''_2 + pu'_2 + qu_2 = f_2(x)$$

相加，就得到

$$(u_1 + u_2)'' + p(u_1 + u_2)' + q(u_1 + u_2) = f_1(x) + f_2(x)$$

就是说，$u_1 + u_2$ 是方程(35) 的特殊解.

现在考虑下面形状的非齐次方程

$$y'' + py' + qy = a e^{kx} \tag{36}$$

其中在右边的 a 与 k 是给定的数. 以后，为写起来简短起见，对于方程(22) 的左边我们引用一个特殊的记号

$$\varphi(r) = r^2 + pr + q \tag{37}$$

我们来求方程(36) 的与自由项形状相同的解

$$y = a_1 e^{kx}$$

其中 a_1 是未知系数. 代入到(36) 中再消去 e^{kx}，就得到确定 a_1 的方程，根据(37)，它可以写成下面的形状

$$\varphi(k)a_1 = a$$

若 k 不是方程(22) 的根，就是 $\varphi(k) \neq 0$，则由这个方程确定出 a_1. 设 k 是方程(22) 的单根，就是 $\varphi(k) = 0$，而 $\varphi'(k) \neq 0$[Ⅰ,186]. 在所给的情形下，就要求方程(36) 具有下面形状的解

$$y = a_1 x e^{kx}$$

代入到这方程中再消去 e^{kx}，就得到

$$\varphi(k)a_1 x + \varphi'(k)a_1 = a$$

或者，根据 $\varphi(k) = 0$

$$\varphi'(k)a_1 = a$$

由此确定出 a_1，因为 $\varphi'(k) \neq 0$. 最后，若 k 是方程(22) 的二重根，就是说 $\varphi(k) = \varphi'(k) = 0$，则像以上一样，不难证明，方程的解需要由下面的形状来求

$$y = a_1 x^2 e^{kx}$$

在较普遍的情形下，当自由项具有乘积 $P(x)e^{kx}$ 的形状，其中 $P(x)$ 是 x 的多项式时，可以用同样的方法来求解，若 k 不是方程(22) 的根，则需要找下面形状的解

$$y = P_1(x)e^{kx} \tag{38}$$

其中 $P_1(x)$ 是与 $P(x)$ 同次的多项式，这时要求的是 $P_1(x)$ 的系数. 把(38) 代入到方程中，消去 e^{kx}，再让 x 同次项的系数相等，就得到确定 $P_1(x)$ 的系数的方程.

若 k 是方程(22) 的根，则(38) 的右边需要乘以 x 或 x^2，这要看 k 是方程

(22) 的单根还是二重根.

现在来讲自由项含有三角函数的情形. 先考虑方程

$$y'' + py' + qy = e^{kx}(a\cos lx + b\sin lx) \tag{39}$$

利用公式[Ⅰ,177]

$$\cos lx = \frac{e^{lxi} + e^{-lxi}}{2}, \sin lx = \frac{e^{lxi} - e^{-lxi}}{2i}$$

方程(39) 的右边可以表示成下面的形状

$$Ae^{(k+li)x} + Be^{(k-li)x}$$

其中 A 与 B 是某两个常数. 若共轭数 $k \pm li$ 不是方程(22) 的根,则依据上面,需要求下面形状的解

$$y = A_1 e^{(k+li)x} + B_1 e^{(k-li)x}$$

或者,由指数函数化回三角函数

$$e^{\pm lxi} = \cos lx \pm i\sin lx$$

我们看出,若 $k \pm li$ 不是方程(22) 的根,则要求方程(39) 的具有下面的形状的解

$$y = e^{kx}(a_1\cos lx + b_1\sin lx) \tag{40}$$

其中 a_1 与 b_1 是未知常数. 同样可以证明,若 $k \pm li$ 是方程(22) 的根,则公式(40) 右边需要乘以 x. 把表达式(40) 代入到方程(39) 中就确定出常数 a_1 与 b_1. 注意,若方程(39) 的右边只有一项,例如只有含 $\cos lx$ 的一项,则在解(40) 中仍然需要取两项,一项含有 $\cos lx$,一项含有 $\sin lx$.

再讲一个较普遍的结果,我们不证. 若右边具有下面的形状

$$e^{kx}[P(x)\cos lx + Q(x)\sin lx]$$

其中 $P(x)$ 与 $Q(x)$ 是 x 的多项式,则要求的解有同样的形状

$$e^{kx}[P_1(x)\cos lx + Q_1(x)\sin lx]$$

其中 $P_1(x)$ 与 $Q_1(x)$ 是 x 的多项式,它们的次数等于 $P(x)$ 与 $Q(x)$ 中较高的次数. 若 $k \pm li$ 是方程(22) 的根,则需要再乘以 x.

30. 常系数高级线性方程

在这一段中,与以前对于高级方程类似,我们只讲结果,不讲证明. 以后当我们借助于特殊的方法——记号因子法——来讨论常系数线性方程的一般理论时,再证明所述的结果.

n 级齐次方程具有形状

$$y^{(n)} + p_1 y^{(n-1)} + p_2 y^{(n-2)} + \cdots + p_{n-1} y' + p_n y = 0 \tag{41}$$

其中,$p_1, p_2, \cdots, p_n$ 是给定的实数. 作出类似于方程(22) 的特征方程

$$r^n + p_1 r^{n-1} + \cdots + p_{n-1} r + p_n = 0 \tag{42}$$

这个方程的任何一个单实根 $r=r_1$ 对应于一个解 $y=e^{r_1 x}$，若这个根是 s 重的，则它就对应于下面的 s 个解

$$e^{r_1 x}, x e^{r_1 x}, x^2 e^{r_1 x}, \cdots, x^{s-1} e^{r_1 x}$$

一对共轭复数单根 $r=\alpha \pm \beta i$ 对应于两个解

$$e^{\alpha x}\cos \beta x \text{ 与 } e^{\alpha x}\sin \beta x$$

若这两个根不是单根，而是 s 重根，则它们对应于下面的 $2s$ 个解

$$e^{\alpha x}\cos \beta x, x e^{\alpha x}\cos \beta x, \cdots, x^{s-1} e^{\alpha x}\cos \beta x$$

$$e^{\alpha x}\sin \beta x, x e^{\alpha x}\sin \beta x, \cdots, x^{s-1} e^{\alpha x}\sin \beta x$$

如此，利用方程(42) 的所有的根，我们就得到方程(41) 的 n 个解. 这些解各乘以任意常数再相加，就得到这方程的一般积分.

为要求非齐次方程

$$y^{(n)} + p_1 y^{(n-1)} + \cdots + p_{n-1} y' + p_n y = f(x)$$

的特殊解，可以应用改变任意常数法[26].

若右边有 $P(x)e^{kx}$ 的形状，而 k 不是方程(42) 的根，则方程的解可以由 $y=P_1(x)e^{kx}$ 的形状来求，其中 $P_1(x)$ 是与 $P(x)$ 次数相同的多项式. 若 k 是方程(42) 的 s 重根，则需要设 $y=x^s P_1(x)e^{kx}$. 若右边有下面的形状

$$f(x)=e^{kx}[P(x)\cos lx + Q(x)\sin lx] \tag{43}$$

而 $k \pm li$ 不是方程(42) 的根，则解需要由同样的形状来求

$$y=e^{kx}[P_1(x)\cos lx + Q_1(x)\sin lx]$$

其中多项式 $P_1(x)$ 与 $Q_1(x)$ 的次数需要取多项式 $P(x)$ 与 $Q(x)$ 中的较高次数.

若 $k \pm li$ 是(42) 的 s 重根，则最后的公式右边需要乘以因子 x^s.

例 1 考虑方程

$$y'' - 5y' + 6y = 4\sin 2x$$

对应的特征方程

$$r^2 - 5r + 6 = 0$$

有根 $r_1=2$ 与 $r_2=3$. 齐次方程的一般积分就是

$$C_1 e^{2x} + C_2 e^{3x} \tag{44}$$

方程的特殊解由下面的形状来求

$$y=a_1\cos 2x + b_1\sin 2x$$

代入到方程中，得到

$$(2a_1 - 10b_1)\cos 2x + (16a_1 - 4b_1)\sin 2x = 4\sin 2x$$

于是给出

$$2a_1 - 10b_1 = 0, 16a_1 - 4b_1 = 4$$

由此 $a_1=\frac{5}{19}, b_1=\frac{1}{19}$，就是说，特殊解是

$$y=\frac{5}{19}\cos 2x+\frac{1}{19}\sin 2x$$

它与(44)相加,就得到这方程的一般积分.

例 2　取四级方程

$$y^{(\mathrm{IV})}-2y'''+2y''-2y'+y=x\sin x$$

对应的特征方程

$$r^4-2r^3+2r^2-2r+1=0$$

可以表示成下面的形状

$$(r^2+1)(r-1)^2=0$$

它有重根 $r_1=r_2=1$ 及一对虚根 $r_{3,4}=\pm \mathrm{i}$. 齐次方程的一般积分是

$$(C_1+C_2x)\mathrm{e}^x+C_3\cos x+C_4\sin x \tag{45}$$

比较自由项与公式(43),看出在所给的情形下 $k=0,l=1,p=1$,而 $k\pm l\mathrm{i}=\pm\mathrm{i}$ 是特征方程的单根,所以特殊解需要由下面的形状来求

$$\begin{aligned}y&=x[(ax+b)\cos x+(cx+d)\sin x]\\&=(ax^2+bx)\cos x+(cx^2+dx)\sin x\end{aligned}$$

其中,a,b,c,d 是要求的系数.

31. 线性方程与振动现象

我们考虑振动现象借以明确常系数二级线性方程的意义. 以后我们换个记法,时常用 t(时间)来记自变量,而用 x 来记函数.

设有质量为 m 的物体,悬挂在一个弹簧上时,我们考虑在使得物体的重量与弹簧的弹性力平衡的平衡位置附近的铅直振动.

设 x 是物体沿铅直方向到平衡位置的距离(图 22). 假设是在一种介质中运动,这介质的阻力与速度 $\frac{\mathrm{d}x}{\mathrm{d}t}$ 成比例.

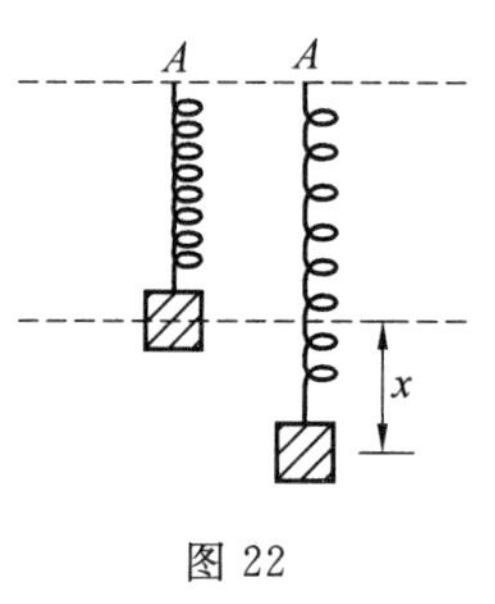

图 22

作用于这物体上的有以下各力:(1) 将物体牵向平衡位置的弹簧的恢复力,我们算作它与物体由平衡位置伸长的一段 x 成正例;(2) 与速度的大小成比例而与速度的方向相反的阻力. 这运动的微分方程就是

$$m\frac{\mathrm{d}^2x}{\mathrm{d}t^2}=-b\frac{\mathrm{d}x}{\mathrm{d}t}-cx \text{ 或 } m\frac{\mathrm{d}^2x}{\mathrm{d}t^2}+b\frac{\mathrm{d}x}{\mathrm{d}t}+cx=0$$

作为第二个特例,我们考虑在有阻力的介质中长为 l 的单摆的运动,阻力与速度成比例. 由力学知道,这运动的微分方程是

$$ml\frac{\mathrm{d}^2\theta}{\mathrm{d}t^2}=-mg\sin\theta-b\frac{\mathrm{d}\theta}{\mathrm{d}t} \tag{46}$$

其中 θ 是摆离开平衡位置的偏角. 考虑在平衡位置附近摆的振动很小的情形时,我们可以用角度 θ 来替代 $\sin\theta$,于是方程(46) 成为下面的形状

$$ml\frac{\mathrm{d}^2\theta}{\mathrm{d}t^2}+b\frac{\mathrm{d}\theta}{\mathrm{d}t}+mg\theta=0 \tag{47}$$

此外,若有依赖于时间的外力作用在这个摆上,则替代方程(47) 而有具有自由项的方程

$$ml\frac{\mathrm{d}^2\theta}{\mathrm{d}t^2}+b\frac{\mathrm{d}\theta}{\mathrm{d}t}+mg\theta=f(t) \tag{48}$$

在所考虑的两种情形下,运动都是由常系数二级线性微分方程来确定的.

以后我们考虑这样的方程时,把它们写成下面的形状

$$\frac{\mathrm{d}^2x}{\mathrm{d}t^2}+2h\frac{\mathrm{d}x}{\mathrm{d}t}+k^2x=0 \tag{49}$$

或

$$\frac{\mathrm{d}^2x}{\mathrm{d}t^2}+2h\frac{\mathrm{d}x}{\mathrm{d}t}+k^2x=f(t) \tag{50}$$

一般说来,当考虑具有一个自由度的体系在平衡位置附近的很小的振动时,我们常得到这样的方程. $2h\frac{\mathrm{d}x}{\mathrm{d}t}$ 这一项是由介质的阻力或摩擦力产生的,而 h 叫作阻力系数;k^2x 这一项是由体系的内力产生的,这内力将这体系牵向平衡位置,而 k^2 叫作恢复系数;方程(50) 中的自由项是由作用在这体系上的外面的干涉力产生的. 所写的方程不仅当考虑力学中体系的振动时会遇到,在各种联系于振动现象的物理问题中总常会遇到. 作为一个特例,我们考虑电容为 C 的电容器的放电现象,通过具有电阻 R 与自感系数 L 的线路. 用 v 记电容器两面上的电动势,对于这线路就有

$$v=Ri+L\frac{\mathrm{d}i}{\mathrm{d}t} \tag{51}$$

其中 i 是线路中的电流强度. 此外,还知道有下面的关系式

$$i=-C\frac{\mathrm{d}v}{\mathrm{d}t} \tag{52}$$

设在线路中还有具有电动力 E 的电源,若它作用所在的方向与 i 相反,我们就算作正的. 在这情形下,替代方程(51),就有

$$v-E=Ri+L\frac{\mathrm{d}i}{\mathrm{d}t}$$

把表达式(52) 代入到所写的方程中,就得到微分方程

$$LC\frac{\mathrm{d}^2v}{\mathrm{d}t^2}+RC\frac{\mathrm{d}v}{\mathrm{d}t}+v=E$$

或

$$\frac{\mathrm{d}^2 v}{\mathrm{d}t^2}+\frac{R}{L}\frac{\mathrm{d}v}{\mathrm{d}t}+\frac{1}{LC}v=\frac{E}{LC} \tag{53}$$

比较这个方程与方程(50)，我们看出，$\frac{R}{L}\frac{\mathrm{d}v}{\mathrm{d}t}$ 类似于由阻力产生的一项，$\frac{1}{LC}v$ 类似于由恢复力产生的一项，自由项$\frac{E}{LC}$类似于由干涉力产生的一项.

若由方程(53) 求出 v，再代入到公式(52) 中，则可以确定出 i.

32. 自有振动与强迫振动

考虑齐次方程

$$x''+2hx'+k^2x=0 \tag{54}$$

它对应于没有外力的情形. 这个方程的解确定出自由振动，或者说是自有振动. 对应的特征方程是

$$r^2+2hr+k^2=0 \tag{55}$$

以下我们分为各别的情形来讨论.

(1) 阻尼振动

在很多情形下，阻力系数 h 比较恢复系数 k^2 小得多，以至于差 h^2-k^2 是负数：$h^2-k^2=-p^2$. 在这情形下，方程(55) 有共轭复根：$r_{1,2}=-h\pm p\mathrm{i}$，于是我们有方程(54) 的一般积分

$$x=\mathrm{e}^{-ht}(C_1\cos pt+C_2\sin pt) \tag{56}$$

让

$$C_1=A\sin\varphi, C_2=A\cos\varphi \tag{57}$$

解(56) 就化为下面的形状

$$x=A\mathrm{e}^{-ht}\sin(pt+\varphi) \tag{58}$$

或者，让 $p=\frac{2\pi}{\tau}$

$$x=A\mathrm{e}^{-ht}\sin\left(\frac{2\pi t}{\tau}+\varphi\right) \tag{59}$$

这里 τ 是自由振动的周期，A 是开始的振幅，φ 是初相. 若在计算中不取介质的阻力，就是设 $h=0$，则方程(55) 就有根 $r=\pm k\mathrm{i}$，于是替代(58) 得到

$$x=A\sin(kt+\varphi) \tag{60}$$

这是具有周期 $\tau=\frac{2\pi}{k}$ 的简谐振动. 公式(59) 给出阻尼振动[Ⅰ,59]，其中因子 e^{-ht} 表现出阻尼的快慢. 在等于周期的时间区间上，振幅减小 $\mathrm{e}^{-h\tau}$ 倍. 在公式(56) 中的常数 C_1 与 C_2 的值，或公式(58) 中常数 A 与 φ 的值，依赖于初始条件. 设初始条件是

$$x|_{t=0}=x_0, x'|_{t=0}=x'_0 \tag{61}$$

在公式(56)中代入 $t=0$,得到 $C_1=x_0$.求公式(56)对 t 的微商

$$x'=-he^{-ht}(C_1\cos pt+C_2\sin pt)+pe^{-ht}(-C_1\sin pt+C_2\cos pt)$$

由此,代入 $t=0$,得到

$$C_2=\frac{x'_0+hx_0}{p} \tag{62}$$

于是结果得到满足初始条件(61)的解是

$$x=e^{-ht}\left(x_0\cos pt+\frac{x'_0+hx_0}{p}\sin pt\right) \tag{63}$$

注意,在解(63)中的阻力系数 h 以及振动频率 $p=\sqrt{k^2-h^2}$ 由方程(54)的系数完全确定.这也涉及振幅 A 与初相 φ,所以它们也依赖于初始条件,根据(57),可以写出等式

$$A\sin\varphi=x_0, A\cos\varphi=\frac{x'_0+hx}{p}$$

由这两个等式确定出 A 与 φ,若 $h=0$,则各处的 p 需要用 k 来替换.

(2)非周期运动

若差 h^2-k^2 是正的

$$h^2-k^2=q^2$$

则方程(55)的根是

$$r_1=-h+q, r_2=-h-q \tag{64}$$

于是我们有[27]

$$x=C_1e^{(q-h)t}+C_2e^{-(q+h)t} \tag{65}$$

这时显然 $q<h$,于是两个根(64)都是负的,所以当 t 无限增加时 x 趋向零.

由等式(65)对 t 求微商

$$x'=C_1(q-h)e^{(q-h)t}-C_2(q+h)e^{-(q+h)t} \tag{66}$$

在等式(65)与(66)中让 $t=0$,得到两个通过给定的初始条件(61)来确定常数 C_1 与 C_2 的方程

$$C_1+C_2=x_0, (q-h)C_1-(q+h)C_2=x'_0$$

由此

$$C_1=\frac{(q+h)x_0+x'_0}{2q}, C_2=\frac{(q-h)x_0+x'_0}{2q}$$

(3)非周期运动的特殊情形

最后,若 $h^2-k^2=0$,则方程(55)有重根 $r_1=r_2=-h$,于是[27]

$$x=e^{-ht}(C_1+C_2t) \tag{67}$$

由于当 t 无限增加时,函数 te^{-ht} 趋向零[Ⅰ,66],所以表达式(67)也趋向零.

非齐次方程

$$x''+2hx'+k^2x=f(t) \tag{68}$$

其中自由项 $f(t)$ 是由外力产生的，确定出强迫振动. 在自有振动是简谐的情形

$$x''+k^2x=f(t) \tag{69}$$

我们有这个方程的一般解[28]

$$x=C_1\cos kt+C_2\sin kt+\frac{1}{k}\int_0^t f(u)\sin k(t-u)\mathrm{d}u$$

这里右边最后一项给出纯强迫振动，就是满足零初始条件

$$x\mid_{t=0}=x'\mid_{t=0}=0 \tag{70}$$

的方程(69)的解. 利用改变任意常数法，可以证明，在自有振动是阻尼振动的情形，满足初始条件(70)的特殊解是

$$x_0(t)=\frac{1}{p}\mathrm{e}^{-ht}\int_0^t \mathrm{e}^{hu}f(u)\sin p(t-u)\mathrm{d}u \tag{71}$$

而在非周期的情形，这个特殊解是

$$x_0(t)=\frac{1}{2q}\mathrm{e}^{(q-h)t}\int_0^t \mathrm{e}^{(h-q)u}f(u)\mathrm{d}u-\frac{1}{2q}\mathrm{e}^{-(q+h)t}\int_0^t \mathrm{e}^{(q+h)u}f(u)\mathrm{d}u$$

这些请读者自己作出.

33. 正弦量外力与共振

在应用中自由项常是正弦量

$$x''+2hx'+k^2x=H_0\sin(\omega t+\varphi_0) \tag{73}$$

在这情形下，要求的解是与自由项有相同频率 ω 的正弦量的形状[29]

$$x=N\sin(\omega t+\varphi_0+\delta) \tag{74}$$

需要确定这个振动的振幅 N 以及相的改变 δ，代入表达式(74)到方程(73)中

$$-\omega^2N\sin(\omega t+\varphi_0+\delta)+2h\omega N\cos(\omega t+\varphi_0+\delta)+k^2N\sin(\omega t+\varphi_0+\delta)=H_0\sin(\omega t+\varphi_0)$$

这等式左边诸三角函数的变量可以表示成两项 $\omega t+\varphi_0$ 与 δ 之和的形状. 利用关于和的正弦与余弦的公式，得到

$$[(k^2-\omega^2)N\cos\delta-2h\omega N\sin\delta]\sin(\omega t+\varphi_0)+[2h\omega N\cos\delta+(k^2-\omega^2)N\sin\delta]\cos(\omega t+\varphi_0)=H_0\sin(\omega t+\varphi_0)$$

让 $\sin(\omega t+\varphi_0)$ 的系数等于常数 H_0，让 $\cos(\omega t+\varphi_0)$ 的系数等于零，就得到两个用以确定 N 与 δ 的方程

$$(k^2-\omega^2)N\cos\delta-2h\omega N\sin\delta=H_0$$

$$2h\omega N\cos\delta+(k^2-\omega^2)N\sin\delta=0$$

解出 $\cos\delta$ 与 $\sin\delta$

$$\cos\delta=\frac{(k^2-\omega^2)H_0}{N[(k^2-\omega^2)^2+4h^2\omega^2]},\sin\delta=-\frac{2h\omega H_0}{N[(k^2-\omega^2)^2+4h^2\omega^2]}$$

逐项乘平方再相加,得到

$$1=\frac{H_0^2}{N^2[(k^2-\omega^2)^2+4h^2\omega^2]}$$

由此求得

$$N=\frac{H_0}{\sqrt{(k^2-\omega^2)^2+4h^2\omega^2}} \tag{75}$$

把这个 N 的值代入到以下 $\cos\delta$ 与 $\sin\delta$ 的表达式中,就得到确定 δ 的公式

$$\cos\delta=\frac{k^2-\omega^2}{\sqrt{(k^2-\omega^2)^2+4h^2\omega^2}},\sin\delta=-\frac{2h\omega}{\sqrt{(k^2-\omega^2)^2+4h^2\omega^2}} \tag{76}$$

有了 N 与 δ 的值,依照公式(74) 就得到方程(73) 的一个正弦量的特殊解.这方程的一般解就是

$$x=A\mathrm{e}^{-ht}\sin(pt+\varphi)+N\sin(\omega t+\varphi_0+\delta) \tag{77}$$

其中 A 与 φ 是要由初始条件为确定的任意常数.这时我们算作 $h^2-k^2=-p^2<0$,就是说,自有振动是阻尼振动.由于在表达式(77) 中第一项有个因子 $\mathrm{e}^{-ht}(h>0)$,当 t 增加时它很快地下降.所以这一项,只是当 t 逼近于零时,对 x 的大小有显著的影响(暂态过程),而在以后,x 的大小就差不多单纯由第二项来确定,这第二项不依赖于初始条件而是纯粹的正弦量(稳定过程).

现在我们来研究公式(75) 与(76),它们是用来确定振幅 N 以及解(74) 与方程(73) 中自由项的相之差的.

若在方程(73) 的右边只是一个常量 H_0,则方程

$$x''+2hx'+k^2x=H_0$$

显然有常数形状的特殊解

$$\xi_0=\frac{H_0}{k^2}$$

这个常数是静差度的大小,它是由常力所产生的.

我们来考虑比

$$\lambda=\frac{N}{\xi_0}$$

它是用来测量这个体系关于作用的外力的动力容纳度的.注意公式(75) 与 ξ_0 的表达式,得到

$$\lambda=\frac{k^2}{\sqrt{(k^2-\omega^2)^2+4h^2\omega^2}}=\frac{1}{\sqrt{\left(1-\frac{\omega^2}{k^2}\right)^2+\frac{4h^2}{k^2}\cdot\frac{\omega^3}{k^2}}}$$

由最后的表达式看出,λ 只依赖于两个比

$$q=\frac{\omega}{k},\gamma=\frac{2h}{k} \tag{78}$$

我们来看第一个比的力学意义. 若没有阻力，则自有振动由[32]中的公式来表达

$$x=A\sin(kt+\varphi)$$

于是有周期 $\tau=\frac{2\pi}{k}$. 用 $T=\frac{2\pi}{\omega}$ 来记干涉力的周期. 这时对于 q 我们得到

$$q=\frac{\tau}{T} \tag{79}$$

就是说 q 等于没有阻力时自有振动的周期与干涉力的周期之比.

如此，对于量 λ 我们得到

$$\lambda=\frac{1}{\sqrt{(1-q^2)^2+\gamma^2q^2}} \tag{80}$$

其中 q 的意义上面已经解释了，至于常量 γ，由它的定义看出，是不依赖于作用的外力的. 由于 h 很小，常量 γ 通常也很小，于是若 q 不逼近于一，则 λ 逼近于 $\frac{1}{1-q^2}$. 图 23 上表示出，对于某些给定的 γ 的值，量 λ 作为 q 的函数的图形.

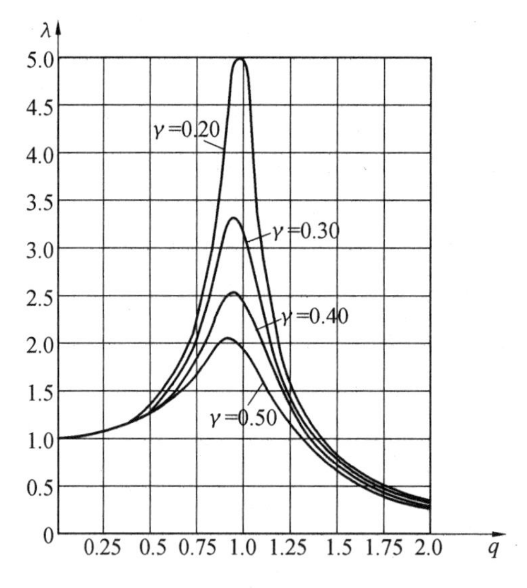

图 23

在表达式(76)中，分子分母用 k^2 除，得到公式

$$\cos\delta=(1-q^2)\lambda,\sin\delta=-\gamma q\lambda \tag{81}$$

它确定出外力与由它干涉的结果的相之差.

量 λ 通过中间量 q 依赖于周期 T. 我们来求作为 q 的函数的量 λ 的极大值. 为此只需求出作为 q^2 的函数

$$\frac{1}{\lambda^2}=(1-q^2)^2+\gamma^2 q^2$$

的极小值. 不难看出,当 $q^2=1-\frac{\gamma^2}{2}$ 时,达到这个极小值,并且这个极小值等于 $\gamma^2-\frac{\gamma^4}{4}$. 由此推知,当

$$q=\sqrt{1-\frac{\gamma^2}{2}} \tag{82}$$

时 λ 达到极大值,而且等于

$$\lambda_{\max}=\frac{1}{\gamma}\cdot\frac{1}{\sqrt{1-\frac{\gamma^2}{4}}}$$

当 γ 很小时,对应于 λ 的极大值的量 q 逼近于 1,就是说,当给定了振幅时,产生最大效果的外力的周期逼近于自有振动的周期. 这两个周期之差依赖于因阻力的存在而产生的量 γ.

若没有阻力,则 $\gamma=0$,于是当 q 等于 1 时,λ 达到极大值,而成为无穷大.

在这情形下,由于特征条件 $h=0$ 与 $\omega=k$,方程(73) 就是

$$x''+k^2x=H_0\sin(kt+\varphi_0) \tag{83}$$

于是它的解就不可能是(74) 的形状.

留给读者验证,方程(83) 有解

$$x=-\frac{H_0}{2k}t\cos(kt+\varphi_0)$$

它含有 t 作为因子[29].

再回来考虑有阻力的情形,就是 $h\neq 0$ 的情形. 由图看出,量 λ 很快地上升,经过极大值以后就很快地下降. 当 γ 很小时,由公式(80) 不难肯定这一点. 在公式(81) 中代入以 $\lambda_{\max}$ 以及公式(82) 中的 q 的表达式,就得到

$$\cos\delta=\frac{\gamma}{2}\frac{1}{\sqrt{1-\frac{\gamma^2}{4}}},\sin\delta=-\frac{\sqrt{1-\frac{\gamma^2}{2}}}{\sqrt{1-\frac{\gamma^2}{4}}}$$

由此看出,当外力的效果最大而 γ 很小时,相之差 δ 逼近于$\left(-\frac{\pi}{2}\right)$.

现在回到公式(77). 当 t 的值比较大时,给出自有阻尼振动的第一项与第二项比较是很小的. 现在我们改变 ω 的大小,就是改变干涉力的周期 T. 根据以上所述,这时就有下述的现象发生:当 T 趋向于某一个确定的值时,强迫振动就很快地增强达到极大,以后 T 再改变时就很快地减弱,这个现象叫作共振. 各种具有振动的现象常会遇到这种情形:例如,质系的振动、电振动、声的现象等.

现在设方程的右边是几个正弦量之和

$$x'' + 2hx' + k^2 x = \sum_{i=1}^{m} H_i \sin(\omega_i t + \varphi_i) \tag{84}$$

这方程右边的每一项对应于某一个下面形状的强迫振动

$$N_i \sin(\omega_i t + \varphi_i + \delta_i) \quad (i = 1, 2, \cdots, m)$$

其中的 N_i 与 δ_i，当方程的右边已知时，由公式(75) 与(76) 来确定. 所有的外力之和就对应于上述诸强迫振动之和，就是说，方程(84) 的特殊解是[29]

$$x = \sum_{i=1}^{m} N_i \sin(\omega_i t + \varphi_i + \delta_i) \tag{85}$$

现在我们讲，如果方程(84) 右边各项的振幅与周期是未知的话，如何通过观察这个振动来确定它们.

设我们可以改变 k^2 的大小，就是改变自有振动的周期 τ. 这时就有下面的现象发生：当 r 逼近于某一个值 τ_1 时这个强迫振动的振幅很快地增大到极大值，以后 τ 再改变时就很快地减小，并且当 τ 尚未逼近于第二个值 τ_2 时，它就保持很小，τ_2 对应于振幅有上述特征的第二个极大值，以下类推.

这些极大值可以解释作与方程(84) 右边的外力之一的共振现象，而 τ_1，τ_2，… 诸值给出这些外力的周期的近似值. 把自有振动的周期放在横轴，强迫振动的振幅放在纵轴，就得到具有这些个极大值的曲线(图 24).

当 $\tau = \tau_j \left(\text{或 } k = k_j = \dfrac{2\pi}{\tau_j}\right)$ 时，在和(85) 中就有一项比其余的项大，也就是 ω_j 逼近于 k_j 的一项. 由实验观察强迫振动的振幅的极大值，我们可以算作它近似等于 N_j，再由公式

$$N_j \approx \frac{H_j}{\sqrt{(k_j - \omega_j)^2 + 4h^2\omega_j^2}}$$

并注意 k_j 逼近于 ω_j，就可以求出近似值

$$H_j \approx 2hk_j N_j$$

34. 动力型外力

考虑没有摩擦的强迫振动

$$x'' + k^2 x = f(t) \tag{86}$$

设外力 $f(t)$ 有特殊的特征，就是它只在一个由 $t=0$ 到 $t=T$ 的很短的时间区间有作用，并且在这时间区间中，它开始由零增加到一个正的极大值，以后就减小到零(图 25).

方程(86) 的一般积分有下面的形状[32]

$$x = C_1 \cos kt + C_2 \sin kt + \frac{1}{k}\int_0^t f(u) \sin k(t-u) \mathrm{d}u$$

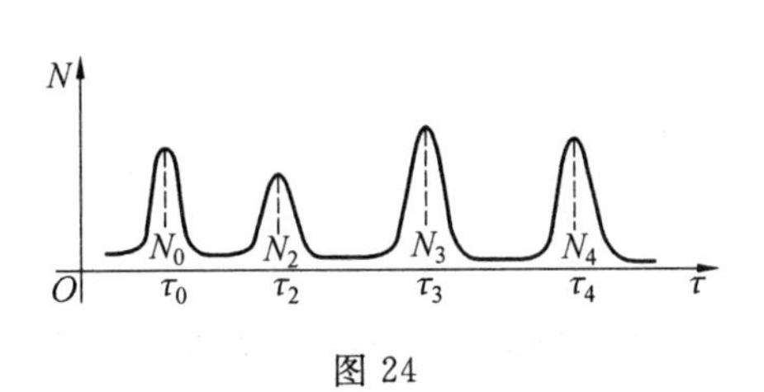

图 24

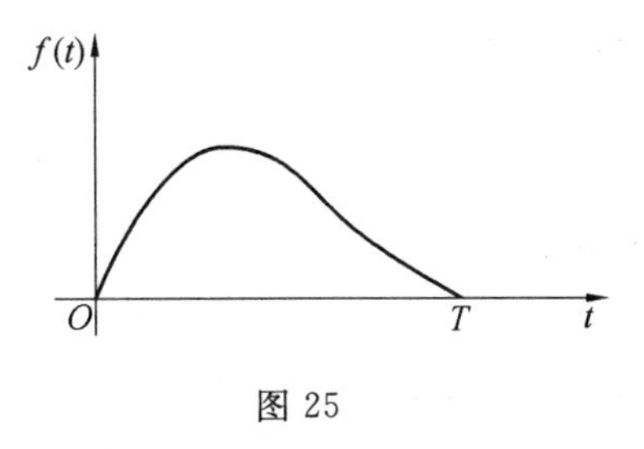

图 25

设当 $t=0$ 时体系在平衡位置而无初速

$$x\mid_{t=0}=x'\mid_{t=0}=0 \tag{87}$$

我们知道,这个初始条件对应于特殊解

$$x=\frac{1}{k}\int_0^t f(u)\sin k(t-u)\mathrm{d}u$$

现在我们来研究这个解.

当 $t>T$ 时,所有的积分化为沿区间 $(0,T)$ 的积分,因为由条件

$$当\ u>T\ 时,f(u)=0$$

于是推知

$$当\ t>T\ 时,x=\frac{1}{k}\int_0^T f(u)\sin k(t-u)\mathrm{d}u$$

或

$$x=\frac{1}{k}\sin kt\int_0^T f(u)\cos ku\mathrm{d}u-\frac{1}{k}\cos kt\int_0^T f(u)\sin ku\mathrm{d}u$$

注意,在区间 $(0,T)$ 上,由条件,函数 $f(u)$ 是正的,所以对于所写的积分可以应用中值定理[Ⅰ,95]

$$\int_0^T f(u)\cos ku\mathrm{d}u=\cos k\theta_1 T\int_0^T f(u)\mathrm{d}u$$

$$\int_0^T f(u)\sin ku\mathrm{d}u=\sin k\theta_2 T\int_0^T f(u)\mathrm{d}u$$

$$(0<\theta_1\ 与\ \theta_2<1)$$

我们假定外力 T 的作用期间与自有振动的周期 $\tau=\frac{2\pi}{k}$ 比较起来是很小的.

那时乘积 $kT=2\pi\frac{T}{\tau}$ 是很小的量,若我们用 1 来替代 $\cos k\theta_1 T$,用 0 来替代 $\sin k\theta_2 T$,则得到

$$x=\frac{1}{k}I\sin kt \tag{88}$$

其中

$$I=\int_0^T f(t)dt$$

是外力的衡量.

不难验证,方程

$$x''+k^2x=0$$

具有初始条件

$$x\mid_{t=0}=0,x'\mid_{t=0}=I$$

的解[32]与公式(88)一致,就是说,若外力的作用期间与自有振动的周期比较起来是很小的,则由于这个力的作用,体系的振动就好像由平衡位置开始的具有初速度 I 的自有振动.

35. 静态作用的外力

现在我们给力 $f(t)$ 以另外的假定,就是——力作用的全部区间 $(0,T)$ 可以分为两个区间 $(0,T_1)$ 与 (T_1,T),在第一个区间上力增加,在第二个上减小,此外并假定自有振动的周期 $\tau=\frac{2\pi}{k}$ 与力增加(与减小)的期间比较起来是很小的.

回到方程(86)的具有初始条件(87)的解.应用分部积分法则并注意 $f(0)=0$,就得到

$$\begin{aligned}x&=\frac{1}{k^2}f(u)\cos k(t-u)\Big|_{u=0}^{u=t}-\frac{1}{k^2}\int_0^t f'(t)\cos k(t-u)\mathrm{d}u\\&=\frac{1}{k^2}f(t)-\frac{1}{k^2}\int_0^t f'(u)\cos k(t-u)\mathrm{d}u\end{aligned}\tag{89}$$

第一项 $\frac{1}{k^2}f(t)$ 叫作由力 $f(t)$ 所产生的静差度.若由方程(86)中去掉 x'' 的一项,也就是忽略作用力的动力特征,我们就得到这个表达式.

第二项给出矫正量,它应当加在静态作用上,以得到力的实际动力作用.这个第二项可以写成下面的形状

$$\begin{aligned}&-\frac{1}{k^2}\int_0^t f'(u)\cos k(t-u)\mathrm{d}u=\\&-\frac{1}{k^2}\cos kt\int_0^t f'(u)\cos ku\mathrm{d}u\\&-\frac{1}{k^2}\sin kt\int_0^t f'(u)\sin ku\ \mathrm{d}u\end{aligned}$$

考虑力的增加区间,就是 $t<T_1$ 的情形.于是一级微商 $f'(t)$ 在区间 $(0,T_1)$ 上是正的.对于这个微商,为讨论起来简单起见,我们假定在这区间上它是下降的,就是说,力的增加随时间愈来愈慢.现在来证明,在所作的假定下,等式(90)右边的两个积分的绝对值是很小的.我们只考虑含有 $\sin ku$ 的一个积分.可以用类似的方法考虑第二个积分.

分整个积分区间$(0,t)$为部分区间,每一部分之长等于自有振动的半周期$\frac{\tau}{2}=\frac{\pi}{k}$,设$t$含有的整个半周期的数目是$m$,于是

$$m\frac{\tau}{2}<t\leqslant(m+1)\frac{\tau}{2}$$

这时使得

$$\begin{aligned}\int_0^t f'(u)\sin ku\,\mathrm{d}u=&\int_0^{\frac{\tau}{2}} f'(u)\sin ku\,\mathrm{d}u+\\&\int_{\frac{\tau}{2}}^{\tau} f'(u)\sin ku\,\mathrm{d}u+\cdots+\\&\int_{(m-1)\frac{\tau}{2}}^{m\frac{\tau}{2}} f'(u)\sin ku\,\mathrm{d}u+\\&\int_{m_\tau}^{t} f'(u)\sin ku\,\mathrm{d}u\end{aligned}$$

一般说来,最后的区间$\left(m\frac{\tau}{2},t\right)$小于$\frac{\tau}{2}$.

在每一个由整个积分区间分开的区间中,$\sin ku$不变号,所以可以应用中值定理[Ⅰ,95],并注意$k\tau=2\pi$,可以写成

$$\begin{aligned}\int_{s\frac{\tau}{2}}^{(s+1)\frac{\tau}{2}} f'(u)\sin ku\,\mathrm{d}u&=f'(u_s)\int_{s\frac{\tau}{2}}^{(s+1)\frac{\tau}{2}}\sin ku\,\mathrm{d}u\\&=-\frac{1}{k}f'(u_s)[\cos ku]_{u=s\frac{\tau}{2}}^{u=(s+1)\frac{\tau}{2}}\\&=-\frac{1}{k}f'(u_s)[\cos(s+1)\pi-\cos s\pi]\\&=(-1)^s\frac{2}{k}f'(u_s)=(-1)^s\frac{\tau}{\pi}f'(u_s)\end{aligned}$$

其中

$$s\frac{\tau}{2}<u_s<(s+1)\frac{\tau}{2}\quad(s=0,1,2,\cdots,m-1)$$

同样,对于最后的区间得到

$$\int_{m\frac{\tau}{2}}^{t} f'(u)\sin ku\,\mathrm{d}u=(-1)^m\frac{\tau}{\pi}\theta f'(u_m)$$

其中$0<\theta\leqslant1$,而且$m\frac{\tau}{2}<u_m<t$. 于是我们有

$$\begin{aligned}\int_0^t f'(u)\sin ku\,\mathrm{d}u=&\frac{\tau}{\pi}[f'(u_0)-f'(u_1)+f'(u_2)-\cdots+\\&(-1)^{m-1}f'(u_{m-1})+(-1)^m\theta f'(u_m)]\end{aligned}$$

根据对于$f'(t)$所作的假定,括号中交错和的各项的绝对值由第一项起往后渐减,所以整个和有(+)号,而小于第一项[Ⅰ,123]

$$0 < \int_0^t f'(u)\sin ku \, du < \frac{1}{\pi}\tau f'(u_1)$$

当 τ 很小时，乘积 $\tau f'(u_1)$ 近似等于函数 $f(u)$ 在区间 $(u_1, u_1+\tau)$ 上的改变量[Ⅰ,50]，就是说，乘积 $\tau f'(u)$ 近似等于在一个时间区间中力的改变，而这个时间区间等于自有振动的周期.

若这个时间区间与力增加的整个区间比较起来是如此的小，以至于所述的力的改变可以算作无关紧要，则积分

$$\int_0^t f'(u)\sin ku \, du \text{ 与} \int_0^t f'(u)\cos ku \, du$$

的绝对值就很小，于是根据(90)，等式(89)右边的第二项与第一项比较起来是很小的量. 对于力减小的区间的考虑与以上所讲的没有什么不同. 所以，若自有振动的周期与力的作用期间比较起来是很小的，则由这个力所产生的差度可以确定作静差度.

由以上的讨论推出，τ 与 T 比较起来很小时，应当可以忽略在时间区间 τ 中力的改变.

若在力增加的区间上，微商 $f'(t)$ 不是总下降的，而有一个极大值，这种情形在实用中时常遇到；在这情形，以上所作的讨论的主要线索仍然有效. 所不同的只是当估计交错的和时我们要分它为两部，这个和中有一个绝对值最大的中间项，它对应于 $f'(t)$ 的极大值出现的那个部分区间.

确定外力所产生的静差度的可能性，对于记录这个外力的仪器是很重要的. 作为特例我们讲一下蒸汽机的指示器. 它附在一个带有活塞的汽筒上. 这个活塞受到蒸汽的压力于是压缩弹簧.

设 s 是活塞的面积，$f_1(t)$—— 蒸汽压力的大小，k_1^2—— 弹簧的弹性系数，m—— 活塞的质量，x—— 它的位移. 活塞运动的方程就是

$$mx'' = -k_1^2 x + sf_1(t) \text{ 或 } x'' + k^2 x = f(t)$$

其中

$$k^2 = \frac{k_1^2}{m} \text{ 或 } f(t) = \frac{sf_1(t)}{m}$$

x 的大小由公式(89)来确定. 这公式右边第二项表示仪器的误差. 为要使它很小，需要使得活塞在弹簧上的自有振动的周期作用力的期间比较起来是很小的. 这时指示器的记录与 $f(t)$ 的图形，就与外力的图形十分逼近(差一个常数因子). 若压力增加的很快，则在与自有振动的周期相等的时间区间中，压力改变的相当大，于是指示器的记录与压力的图形差的也相当多.①

---

① 关于这个问题更仔细的叙述可以参看 А. Н. Крылов 院士的论文"Некоторые замечания о крешерах и индикаторах", Известия Академии Наук, 1909.

36. 细的弹性支柱受纵向力压缩的持久性(欧拉问题)

设有一条细而直的弹性支柱 AB，当在它的两端受有沿直线 AB 把它压缩的两个力 P 的作用时，它的两端可能沿直线 AB 移动(图 26)，则在一定大小的力的作用下，可以使得这支柱的轴弯曲，这种弯曲就恰好是使它毁坏的原因. 求能够产生这样的弯曲的力的问题(所谓支柱的“纵弯曲”问题)是欧拉首先提出并解决的.

设 l 是支柱 AB 的长度，E 是作成这支柱的物质的弹性系数，I 是它的横断面的转动惯量，我们算作沿整个支柱它是常量[16].

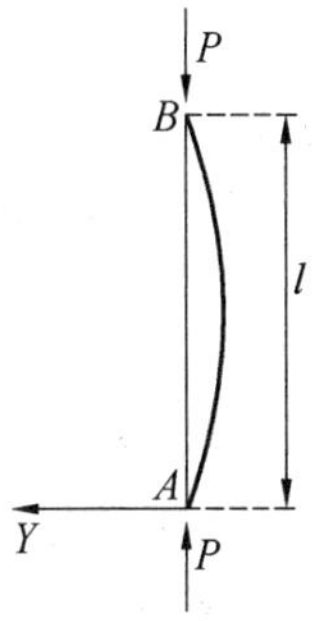

由支柱的端点 A 沿它的轴向端点 B 引 OX 轴，再过点 A 垂直于 OX 轴作出 OY 轴. 设用 y 记支柱的弹性曲线的纵坐标. 在这情形下，弹性曲线的微分方程是①

$$EI\frac{\mathrm{d}^2 y}{\mathrm{d}x^2}=-Py \tag{91}$$

图 26

或者，让 $q^2=\frac{P}{EI}$

$$\frac{\mathrm{d}^2 y}{\mathrm{d}x^2}+q^2 y=0 \tag{92}$$

这方程的一般积分是

$$y=C_1\cos qx+C_2\sin qx \tag{93}$$

由于端点 A 与 B 应当在 OX 轴上，所以有下列的条件

$$y\,|_{x=0}=y\,|_{x=l}=0 \tag{94}$$

注意，这样的条件不同于初始条件. 在初始条件中给出当 x 取某一确定值时函数 y 及其微商 y' 的值. 在条件(94)中给出函数 y 的值，不过给的是当自变量取两个值时的，也就是在区间 $(0,l)$ 的两个边界上的. 所以这两个条件叫作边值条件.

在一般积分(93)中代入以 $x=0$ 与 $x=l$

$$0=C_1,0=C_1\cos ql+C_2\sin ql\ \text{或}\ C_1=0,C_2\sin ql=0 \tag{95}$$

这两个方程显然有解 $C_1=C_2=0$，根据(93)这给出 $y=0$，就是支柱成直线形式. 为使轴实际上弯曲，必须使得 $C_2\neq 0$，不过那就需要使得 $\sin ql=0$. 为此，q 应当取下列中一个值

$$q=\frac{\pi s}{l}\quad (s=0,1,2,\cdots) \tag{96}$$

① 对于支柱的任何断面，力 P 中之一的弯曲矩显然等于 $-Py$.

第一个解 $s=0$ 使得 q 及 y 都是零，于是仍然给出直的弹性曲线. 当 $s=1$ 时，得到 q 不等于零的最小值

$$q_1=\frac{\pi}{l}$$

把这个值代入到等式 $q^2=\dfrac{P}{EI}$ 中，我们就得到能使支柱弯曲的最小的力的大小

$$P_1=EI\,q_1^2=\frac{\pi^2 EI}{l^2} \tag{97}$$

或者把这个力叫作临界力(欧拉公式).

当 $P=P_1$ 时，支柱弯曲所沿的曲线方程是

$$y=C_2\sin\frac{\pi}{l}x$$

就是这曲线表示成正弦曲线的一拱(图 26). 在这情形下，平衡状态不是稳定的，而可能有相当大的形变.

设在公式(96) 中 $s=2$，求得

$$q_2=\frac{2\pi}{l}$$

对于这种情形，支柱的轴的弯曲方程是

$$y=C_2\sin\frac{2\pi}{l}x$$

于是弯曲曲线由两拱组成.

为要产生这样的形成，力 P_2 应有的大小是

$$P_2=EI\,q_2^2=\frac{4\pi^2 EI}{l^2}$$

就是说，它是上一种情形的四倍.

让 s 依序取整数值，就得到支柱的轴可能有的弯曲的平衡形式. 它们由对应数目的正弦曲线的拱组成，而且为要产生如此的弯曲的力与拱的数目的平方成正比.

只是需要提出，微分方程(91) 是当把弯曲轴的曲率取作等于二级微商时的近似式，所以它只对应于支柱的轴具有很小的形变的现象. 当力 P 使得支柱的弯曲相当大时，由这个方程的一般积分(93) 所引出的关于弯曲的特征的结论就不正确了，并且可能得出显著的错误结果.

由于利用各种长度与各种粗细的支柱的多次试验发现，当力 P 逐步增加时，支柱起先保持直线形式，当力 P 达到逼近于由公式(97) 所确定的力 P_1 的某一个大小时，支柱的轴呈现出显著的弯曲，以后当 P 增加时，它非常快地增大着.

还要注意边值条件(94) 的作用. 当有初始条件时,线性方程的解是唯一确定的. 当有边值条件时,我们看到,情形就不同了. 在方程(92) 中系数 q 存在有这样的例外的值(96),使得对于边值条件(94),除去显然的解 $y=0$ 外,这方程还有其他的解,这些解,除去常数因子外,是确定的. 在下面所讲的例中[37],有完全类似的情况.

37. 旋转轴

当细而长的轴很快地旋转时,由实验说明,有下述的现象发生:当角速度 ω 增加而达到这样的一个值 $\omega=\omega_1$ 时,这时这个轴不再保持直线形式而开始摇荡;此后 ω 再增加时,这摇荡先行停止,以后当 $\omega=\omega_2$ 时又行摇荡,如此继续下去. 我们现在讲这种现象的解释并且计算临界速度:$\omega_1,\omega_2,\cdots$

一般说来,旋转轴的平衡形式是直线,但是在上述临界速度时,除直线的平衡形式外,轴可以有动态平衡的弯曲形式,这时任何的偶然原因可以引起轴的弯曲,这就是摇荡之所以发生.

设轴在两端 $x=0,x=l$ 嵌住,像以前一样,用 y 记弛垂度的大小. 旋转时,在弯曲轴的每个单元 $\mathrm{d}x$ 上,作用有离心力 $\frac{p}{g}\omega^2 y\mathrm{d}x$,其中 p 是单位长的轴的重量,g 是重力加速度. 把这个力算作连续分布的负载,根据方程(25) 与(32)[16],就得到

$$EI\frac{\mathrm{d}^4 y}{\mathrm{d}x^4}=\frac{p\omega^2}{g}y$$

或者,让

$$q=\sqrt[4]{\frac{p\omega^2}{gEI}} \tag{98}$$

就有

$$y^{(\mathrm{IV})}-q^4 y=0 \tag{99}$$

对应的特征方程 $r^4-q^4=0$ 有根:$\pm q$;$\pm q\mathrm{i}$,而方程(99) 的一般积分就是

$$y=C_1\mathrm{e}^{qx}+C_2\mathrm{e}^{-qx}+C_3\cos qx+C_4\sin qx$$

在嵌住的两端,弛垂度与弯曲矩应当等于零,就是说,应当有下列四个边值条件

$$y\mid_{x=0}=\left.\frac{\mathrm{d}^2 y}{\mathrm{d}x^2}\right|_{x=0}=y\mid_{x=l}=\left.\frac{\mathrm{d}^2 y}{\mathrm{d}x^2}\right|_{x=l}=0$$

不难看到,它们给出下面的方程组

$$\begin{gathered}C_1+C_2+C_3=0,C_1+C_2-C_3=0\\ C_1\mathrm{e}^{ql}+C_2\mathrm{e}^{-ql}+C_3\cos ql+C_4\sin ql=0\\ C_1\mathrm{e}^{ql}+C_2\mathrm{e}^{-ql}-C_3\cos ql-C_4\sin ql=0\end{gathered} \tag{100}$$

这方程组的解

$$C_1 = C_2 = C_3 = C_4 = 0 \tag{101}$$

显然对应于恒等式 $y=0$,就是轴平衡的直线形式.现在我们来确定 q 的那些值,对于它们方程组(100)有不同于(101)的解.

由前两个方程给出

$$C_1 = -C_2, C_3 = 0$$

代入到后两个方程中,就得到

$$C_1 = C_2 = C_3 = 0, C_4 \sin ql = 0$$

既然 $C_4 \neq 0$,则应当是 $\sin ql = 0$,于是给出 q 的值

$$q = \frac{s\pi}{l} \quad (s = 1, 2\cdots) \qquad 102)$$

利用公式(98),就得到关于临界速度的表达式

$$\omega_s = \frac{s^2\pi^2}{l^2}\sqrt{\frac{EIg}{p}} \quad (s = 1, 2, 3, \cdots)$$

38. 记号方法

现在我们来讨论一个新的方法,用以求常系数线性方程或常系数线性方程组的积分.适当地推广这个方法,也可以应用于比较复杂的问题.这个方法的要点在于把对自变量 t 求微商的运算记号记作因子 D,写在需要求微商的函数的左边,于是若 x 是 t 的某一个函数,则

$$Dx = \frac{\mathrm{d}x}{\mathrm{d}t}$$

一般说来,对于任何的正整数 s

$$D^s x = \frac{\mathrm{d}^s x}{\mathrm{d}t^s} \tag{103}$$

若 a 是常数,则显然

$$D^s(ax) = aD^s x \tag{104}$$

就是说,记号因子与任何一个常数因子可以交换.若 $F(D)$ 是 D 的具有常系数的多项式

$$F(D) = a_0 D^n + a_1 D^{n-1} + \cdots + a_{n-1} D + a_n$$

则运算 $F(D)x$ 确定作

$$\begin{aligned} F(D)x &= a_0 D^n x + a_1 D^{n-1} x + \cdots + a_{n-1} Dx + a_n x \\ &= a_0 \frac{\mathrm{d}^n x}{\mathrm{d}t^n} + a_1 \frac{\mathrm{d}^{n-1} x}{\mathrm{d}t^{n-1}} + \cdots + a_{n-1} \frac{\mathrm{d}x}{\mathrm{d}t} + a_n x \end{aligned}$$

若 $\varphi_1(D)$ 与 $\varphi_2(D)$ 是两个多项式,$\varphi(D)$ 是它们的乘积,则注意公式(104)以及显然的等式 $D^{n_1}(D^{n_2}x) = D^{n_1+n_2}x$,就有

$$\varphi_1(D)[\varphi_2(D)x]=\varphi(D)x$$

并且因子 $\varphi_1(D)$ 与 $\varphi_2(D)$ 可以交换.

同样,显然有

$$[\varphi_1(D)+\varphi_2(D)]x=\varphi_1(D)x+\varphi_2(D)x$$

这个结果不依赖于 $\varphi_1(D)$ 与 $\varphi_2(D)$ 这两项的前后次序.

如此,加、减、乘法的普通法则可以推广到我们所讲的记号多项式.

根据(104),常微因子可以提到记号多项式之前,就是说,与公式(104) 并立,我们有

$$F(D)ax=aF(D)x$$

不过对于依赖于 t 的因子自然不能这样作.现在我们证明下面的公式

$$F(D)(e^{mt}x)=e^{mt}F(D+m)x \tag{105}$$

其中 m 是个常数.这公式说明,e^{mt} 形状的因子可以提到记号多项式之前,提出来之后字母 D 要用和$(D+m)$ 来替代.

表达式 $F(D)(e^{mt}x)$ 由 $a_{n-s}D^s(e^{mt}x)$ 形状的项组成,于是只需证明对于每一个这样的项公式(105) 成立,就是说,只需证明公式

$$D^s(e^{mt}x)=e^{mt}(D+m)^sx \tag{106}$$

应用求乘积的微商的莱布尼兹法则,可以写成[Ⅰ,53]

$$\begin{aligned}D^s(e^{mt}x)=\frac{d^s(e^{mt}x)}{dt^s}=&(e^{mt})^{(s)}x+C_s^1(e^{mt})^{(s-1)}x'+\\&C_s^2(e^{mt})^{(s-2)}x''+\cdots+\\&C_s^k(e^{mt})^{(s-k)}x^{(k)}+\cdots+e^{mt}x^{(s)}\end{aligned}$$

其中上角括号中的附标指明对 t 的几级微商的级数,C_s^k 是由 s 个元素中取 k 个的组合数.注意,$(e^{mt})^{(p)}=m^pe^{mt}$,而且 $x^{(p)}=D^px$,把 e^{mt} 提到括号之前,可以写成

$$\begin{aligned}D^s(e^{mt}x)=&e^{mt}(m^sx+C_s^1m^{s-1}Dx+C_s^2m^{s-2}D^2x+\cdots+\\&C_s^km^{s-k}D^kx+\cdots+D^sx)=\\&e^{mt}(m^s+C_s^1m^{s-1}D+C_s^2m^{s-2}D^2+\cdots+\\&C_s^km^{s-k}D^k+\cdots+D^s)x\end{aligned}$$

它的右边与公式(106) 的右边相同,于是证明了这个公式以及公式(105).

现在我们确定 D 的负幂,作为求微商的逆运算,就是说,$D^{-s}f(t)$ 确定作方程

$$D^sx=f(t) \tag{107}$$

的解,并且为了使得所给的记号 $D^{-s}f(t)$ 有确定的意义,限制取方程(107) 的满足零初始条件

$$x\mid_{t=t_0}=x'\mid_{t=t_0}=\cdots=x^{(s-1)}\mid_{t=t_0}=0 \tag{108}$$

的解. 换句话说，就是算作[15]

$$D^{-s}f(t)=\frac{1}{(s-1)!}\int_{t_0}^{t}(t-u)^{s-1}f(u)\mathrm{d}u \tag{109}$$

这时，方程(107) 的一般解是[15]

$$x=D^{-s}f(t)+P_{s-1}(t)=\frac{1}{(s-1)!}\int_{t_0}^{t}(t-u)^{s-1}f(u)\mathrm{d}u+P_{s-1}(t) \tag{110}$$

其中 $P_{s-1}(t)$ 是 t 的 $s-1$ 次多项式，它具有任意的系数.

较普遍的运算$(D-\alpha)^{-s}f(t)$ 确定作方程

$$(D-\alpha)^{s}x=f(t) \tag{111}$$

的满足条件(108) 的解. 为要求这个解，引用新的未知函数 z 以替代 x，让

$$x=\mathrm{e}^{\alpha t}z \tag{112}$$

代入到方程(111) 中并利用公式(105) 所表达的法则，就得到关于 z 的方程

$$\mathrm{e}^{\alpha t}(D+\alpha-\alpha)^{s}z=f(t),D^{s}z=\mathrm{e}^{-\alpha t}f(t) \tag{113}$$

这个方程的满足条件

$$z\mid_{t=t_0}=z'\mid_{t=t_0}=\cdots=z^{(s-1)}\mid_{t=t_0}=0 \tag{114}$$

的解，可以由公式(109) 确定，只要在其中用 $\mathrm{e}^{-\alpha t}f(t)$ 来替代 $f(t)$

$$z=\frac{1}{(s-1)!}\int_{t_0}^{t}(t-u)^{s-1}\mathrm{e}^{-\alpha u}f(u)\mathrm{d}u$$

不过由公式

$$D^{j}x=D^{j}\mathrm{e}^{\alpha t}z=\mathrm{e}^{\alpha t}(D+\alpha)^{j}z \quad (j=0,1,2,\cdots,s-1)$$

推出，若 z 满足条件(114)，则由公式(112) 确定出的 x 满足条件(108). 把求出的 z 的表达式代入到公式(112) 中，就得到方程(111) 的未知解

$$(D-a)^{-s}f(t)=\frac{\mathrm{e}^{\alpha t}}{(s-1)!}\int_{t_0}^{t}(t-u)^{s-1}\mathrm{e}^{-\alpha u}f(u)\mathrm{d}u \tag{115}$$

把方程(113) 的一般解乘以 $\mathrm{e}^{\alpha t}$，就得到方程(111) 的一般解，就是说，这个一般解是

$$\begin{aligned}x&=(D-\alpha)^{-s}f(t)+\mathrm{e}^{\alpha t}P_{s-1}(t)\\&=\frac{\mathrm{e}^{\alpha t}}{(s-1)!}\int_{t_0}^{t}(t-u)^{s-1}\mathrm{e}^{-\alpha}f(u)\mathrm{d}u+\mathrm{e}^{\alpha t}P_{s-1}(t)\end{aligned}$$

其中 $P_{s-1}(t)$ 是 t 的 $s-1$ 次多项式，它具有任意的系数.

特别是，$f(t)=0$ 时，得到方程

$$(D-\alpha)^{s}x=0 \tag{117}$$

的一般解具有下面的形状

$$x=\mathrm{e}^{\alpha t}P_{s-1}(t) \tag{118}$$

39. 常系数高级齐次线性方程

常系数 n 级齐次线性方程具有下面的形状

$$x^{(n)}+a_1x^{(n-1)}+\cdots+a_{n-1}x'+a_nx=0 \tag{119}$$

用记号因子 D 来记对 t 求微商的运算,并引用多项式

$$\varphi(D)=D^n+a_1D^{n-1}+\cdots+a_{n-1}D+a_n$$

可以把这方程写成下面的形状

$$\varphi(D)x=0 \tag{120}$$

作出对应于方程(119) 的特征方程

$$r^n+a_1r^{n-1}+\cdots+a_{n-1}r+a_n=0 \tag{121}$$

并设这个方程有 $k_1,k_2,\cdots,k_m$ 重根 $r_1,r_2,\cdots,r_m$

$$k_1+k_2+\cdots+k_m=n \tag{122}$$

把多项式 $\varphi(D)$ 分解因子,方程(120) 就可以写成下面的形状

$$(D-r_1)^{k_1}(D-r_2)^{k_2}\cdots(D-r_m)^{k_m}x=0 \tag{123}$$

依照公式(118)[38],方程

$$(D-r_m)^{k_m}x=0 \tag{124}$$

$$x=e^{r_mt}P_{k_m-1}(t) \tag{125}$$

其中 $P_{k_m-1}(t)$ 是具有任意系数的 k_m-1 次多项式.

显然,公式(125) 给出方程(123) 的解.实际上,把表达式(125) 代入到这方程中,经过运算 $(D-r_m)^{k_m}$ 的结果得到零,而运算

$$(D-r_1)^{k_1}(D-r_2)^{k_2}\cdots(D-r_{m-1})^{k_{m-1}}$$

作用在零上显然也给出零.交换因子的位置,可能使得靠着 x 的不是因子 $(D-r_m)^{k_m}$,而是任何的另一个因子 $(D-r_s)^{k_s}$.如此我们可以肯定存在有一串特殊解

$$x_s=e^{r_st}P_{k_s-1}(t)\quad(s=1,2,\cdots,m) \tag{126}$$

其中 $P_{k_s-1}(t)$ 是具有任意系数的 k_s-1 次多项式.

在公式(126) 中给 s 以由 1 到 m 的所有的值,再把如此得到的解相加,就有方程(123) 的解[26]

$$x=e^{r_1t}P_{k_1-1}(t)+e^{r_2t}P_{k_2-1}(t)+\cdots+e^{r_mt}P_{k_m-1}(t) \tag{127}$$

任何一个具有任意系数的 k_s-1 次多项式 $P_{k_s-1}(t)$ 总共含有 k_s 个任意常数,于是根据关系式(122) 推知,解(127) 总共含有 n 个任意常数.由这个情况可以想到,公式(127) 给出方程(119) 的一般解,就是说,这个方程的任何解包含在公式(127) 中.

当 $m=1$ 时,这是以前在[38] 中我们证明过的公式(118),如此只剩下要证明,若我们的肯定对于 $m-1$ 个 $(D-r_s)^{k_s}$ 形状的因子的情形是正确的,则对于 m 个因子的情形也是正确的.我们来证明这一点.方程(123) 可以写成下面的形状

$$(D-r_1)^{k_1}(D-r_2)^{k_2}\cdots(D-r_{m-1})^{k_{m-1}}y=0$$

其中

$$y=(D-r_m)^{k_m}x$$

我们看作上述的肯定对于$(m-1)$个因子的情形是正确的，所以对于y有一般解

$$y=(D-r_m)^{k_m}x=e^{r_1t}Q_{k_1-1}(t)+e^{r_2t}Q_{k_2-1}(t)+\cdots+ e^{r_{m-1}t}Q_{k_{m-1}-1}(t)$$

其中$Q_{k_s-1}(t)$是任意的k_s-1次多项式. 让

$$x=e^{r_mt}z \tag{128}$$

提出e^{r_mt}到记号多项式之前，并把等式两边用e^{r_mt}除，就得到

$$D^{k_m}z=e^{(r_1-r_m)t}Q_{k_1-1}(t)+e^{(r_2-r_m)t}Q_{k_2-1}(t)+\cdots+ e^{(r_{m-1}-r_m)t}Q_{k_{m-1}-1}(t)$$

只由右边对t求积分k_m次，再补充以k_m-1次多项式[15]，就得到关于z的一般表达式. 不过，我们知道[Ⅰ,201]，指数函数e^{at}与t的k次多项式之乘积的积分仍然是这形状，就是说，z应当有下面的形状

$$z=e^{(r_1-r_m)t}P_{k_1-1}(t)+e^{(r_2-r_m)t}P_{k_2-1}(t)+\cdots+ e^{(r_{m-1}-r_m)t}P_{k_{m-1}-1}(t)+P_{k_m-1}(t)$$

根据(128)得到，x应当一定具有公式(127)所给的形状，于是证完.

特别是，若特征方程的所有的根都是单根，则所有的多项式$P_{k_s-1}(t)$都是零次的$(k_s=1)$，就是说，是简单的任意常数C_s，于是方程的一般解就有下面的形状

$$x=C_1e^{r_1t}+C_2e^{r_2t}+\cdots+C_ne^{r_nt}$$

我们算作方程(121)的系数都是实数，不过它的根中可能有复根. 在解(127)中对应于它们的项不难化为实的形状，只要把指数函数变换为三角函数. 设方程(121)有一对k重共轭虚根$\gamma+\delta i$. 它们对应于下面形状的解

$$e^{(\gamma+\delta i)t}S_{k-1}(t)+e^{(\gamma-\delta i)t}T_{k-1}(t)=e^{\gamma t}[e^{\delta ti}S_{k-1}(t)+e^{-\delta ti}T_{k-1}(t)]$$

其中$S_{k-1}(t)$与$T_{k-1}(t)$是具有任意系数的$(k-1)$次多项式. 代入以

$$e^{\delta ti}=\cos\delta t+i\sin\delta t, e^{-\delta ti}=\cos\delta t+i\sin\delta t$$

就得到下面形状的解

$$e^{\gamma t}[U_{k-1}(t)\cos\delta t+V_{k-1}(t)\sin\delta t]$$

其中$U_{k-1}(t)$与$V_{k-1}(t)$是具有任意系数的$k-1$次多项式与$S_{k-1}(t)$及$T_{k-1}(t)$有下面的关系

$$U_{k-1}(t)=S_{k-1}(t)-T_{k-1}(t), V_{k-1}(t)=i[S_{k-1}(t)-T_{k-1}(t)]$$

由以上所述推出下面的法则[27]：为要求出方程(119)的积分，需要作出对应的特征方程(121)并求出它的根. 任何一个k'重实根$r=r'$对应一个下面形状的解

$$e^{r't}P_{k'-1}(t)$$

其中 $P_{k'-1}(t)$ 是具有任意系数的 $k'-1$ 次多项式;任何一对 k 重共轭虚根 $r=\gamma\pm\delta\mathrm{i}$ 对应于下面形状的解

$$\mathrm{e}^{\gamma t}[U_{k-1}(t)\cos\delta t+V_{k-1}(t)\sin\delta t]$$

其中 $U_{k-1}(t)$ 与 $V_{k-1}(t)$ 是具有任意系数的 $k-1$ 次多项式. 如此得到的所有的解相加,就是方程(119) 的解. 在单根的情形,所说的多项式是任意常数.

40. 常系数非齐次线性方程

非齐次线性方程具有下面的形状

$$\varphi(D)x=f(t) \tag{129}$$

其中 $f(t)$ 是给定的函数. 我们已经能够作出对应的齐次方程的一般积分,于是只剩下要求方程(129) 的一个特殊解,为要得到方程(129) 的一般积分,只要把这个特殊解加到所说的齐次方程的一般积分上就成了[25]. 可以利用记号方法来求所说的特殊解. 把有理分式 $\frac{1}{\varphi(D)}$ 分解为部分分式[Ⅰ,196]

$$\frac{1}{\varphi(D)}=\sum_{s=1}^{m}\sum_{q=1}^{k_s}\frac{A_s^{(q)}}{(D-r_s)^q}$$

由公式

$$\xi(t)=\sum_{s=1}^{m}\sum_{q=1}^{k_s}\frac{A_s^{(q)}}{(D-r_s)^q}f(t) \tag{130}$$

确定一个函数 $\xi(t)$,它有完全确定的意义,因为,依照[38] 中公式(115),右边每一项有确定的意义

$$\frac{A_s^{(q)}}{(D-r_s)^q}f(t)=A_s^{(q)}\frac{\mathrm{e}^{r_s t}}{(q-1)!}\int_{t_0}^{t}(t-u)^{q-1}\mathrm{e}^{-r_s u}f(u)\mathrm{d}u \tag{131}$$

不难看出,公式(130) 给出方程(129) 的一个解. 实际上

$$\varphi(D)\xi(t)=\sum_{s=1}^{m}\sum_{q=1}^{k_s}\varphi(D)\frac{A_s^{(q)}}{(D-r_s)^q}f(t)$$

不过,依照记号 $(D-r_s)^{-q}$ 的定义,若在(131) 的右边施以运算 $(D-r_s)^q$,则得到 $A_s^{(q)}f(t)$. 多项式 $\varphi(D)$ 可以被 $(D-r_s)^q$ 除尽,就是说 $\varphi(D)=\varphi_{sq}(D)(D-r_s)^q$,其中 $\varphi_{sq}(D)$ 是个多项式,于是推知,上面的公式可能写成

$$\varphi(D)\xi(t)=\sum_{s=1}^{m}\sum_{q=1}^{k_s}A_s^{(q)}\varphi_{sq}(D)f(t)$$

由 $\frac{1}{\varphi(D)}$ 的分解式直接推出

$$\sum_{s=1}^{m}\sum_{q=1}^{k_s}A_s^{(q)}\varphi_{sq}(D)=1$$

于是推知

$$\varphi(D)\xi(t)=f(t)$$

就是说,实际上公式(130)给出方程(129)的一个解.如此我们看到,对于任何的给定的函数 $f(t)$,方程(129)的解法化为分解有理分式为部分分式而后求积分.

在某些特殊情形下,求方程(129)的特殊解比较简单不必用一般公式(130),而用我们在[29]中讲过的待定系数法.

注意,利用上述的记号方法,很容易得到[32]中的公式(71)与(72).

41. 例

作为特例,我们考虑方程

$$x^{(\mathrm{IV})}+2x''+x=t\cos t \tag{132}$$

在这情形下特征方程是

$$r^4+2r^2+1=0 \text{ 或 } (r^2+1)^2=0 \tag{133}$$

它有一对二重共轭根 $r=\pm \mathrm{i}$. 对应于方程(132)的齐次方程的一般积分是

$$(C_1 t+C_2)\cos t+(C_3 t+C_4)\sin t \tag{134}$$

比较这方程的自由项与[29]中公式(43),我们看出,在这种情形下 $k=0$, $l=1$,而 $P(x)=1,Q(x)=0,k\pm l\mathrm{i}=\pm \mathrm{i}$ 这两个数与一对二重根相同,所以,依照[29],需要由下面的形状来求方程(132)的解

$$x=t^2[(at+b)\cos t+(ct+\mathrm{d})\sin t] \tag{135}$$

如果我们把(132)的右边变换为指数形状,计算就简单些.我们这样作,再把右边写成记号形式,把(132)写成

$$(D^2+1)^2 x=\frac{t}{2}\mathrm{e}^{\mathrm{i}t}+\frac{t}{2}\mathrm{e}^{-\mathrm{i}t} \tag{136}$$

我们应当用下面的形状来求解

$$x=t^2(at+b)\mathrm{e}^{\mathrm{i}t}+t^2(ct+\mathrm{d})\mathrm{e}^{-\mathrm{i}t} \tag{137}$$

代入这个表达式到方程的左边

$$(D+\mathrm{i})^2(D-\mathrm{i})^2 t^2(at+b)\mathrm{e}^{\mathrm{i}t}+(D+\mathrm{i})^2(D-\mathrm{i})^2 t^2(ct+d)\mathrm{e}^{-\mathrm{i}t}=\frac{t}{2}\mathrm{e}^{\mathrm{i}t}+\frac{t}{2}\mathrm{e}^{-\mathrm{i}t}$$

依照法则(111)把 $\mathrm{e}^{\mathrm{i}t}$ 与 $\mathrm{e}^{-\mathrm{i}t}$ 提到记号多项式之前

$$\mathrm{e}^{\mathrm{i}t}(D+2\mathrm{i})^2 D^2(at^3+bt^2)+\mathrm{e}^{-\mathrm{i}t}(D-2\mathrm{i})^2 D^2(ct^3+dt^2)=\frac{t}{2}\mathrm{e}^{\mathrm{i}t}+\frac{t}{2}\mathrm{e}^{-\mathrm{i}t}$$

或者,把 D^2 换为二级微商

$$\mathrm{e}^{\mathrm{i}t}(D^2+4\mathrm{i}D-4)(6at+2b)+\mathrm{e}^{-\mathrm{i}t}(D^2-4\mathrm{i}D-4)(6ct+2d)=\frac{t}{2}\mathrm{e}^{\mathrm{i}t}+\frac{t}{2}\mathrm{e}^{-\mathrm{i}t}$$

作出求微商的运算

$$[-24at+(24a\mathrm{i}-8b)]\mathrm{e}^{\mathrm{i}t}+[-24ct-(24c\mathrm{i}+8d)]\mathrm{e}^{-\mathrm{i}t}=\frac{t}{2}\mathrm{e}^{\mathrm{i}t}+\frac{t}{2}\mathrm{e}^{-\mathrm{i}t}$$

由此,依照待定系数法

$$-24a=\frac{1}{2},24a\mathrm{i}-8b=0,-24c=\frac{1}{2},24c\mathrm{i}+8d=0$$

或

$$a=-\frac{1}{48},b=\frac{1}{16}\mathrm{i},c=-\frac{1}{48},d=\frac{1}{16}\mathrm{i}$$

代入到(137)中,得到解

$$x=-\frac{t^3}{24}\cos t-\frac{t^2}{8}\sin t \tag{138}$$

于是方程(132)的一般积分就是

$$x=(C_1t+C_2)\cos t+(C_3t+C_4)\sin t-\frac{t^3}{24}\cos t-\frac{t^2}{8}\sin t \tag{139}$$

42.欧拉方程

这个方程具有下面的形状

$$t^n x^{(n)}+a_1t^{n-1}x^{(n-1)}+\cdots+a_{n-1}tx'+a_nx=0 \tag{140}$$

其中,$a_1,a_2,\cdots,a_n$ 是常数.若依照公式

$$t=\mathrm{e}^{\tau} \tag{141}$$

引用新的自变量 τ 以替代 t,则可以把这个方程化为常系数方程.

对 t 求微商的运算我们用记号因子 D 来记,对 τ 求微商用记号因子 δ 来记.显然有

$$\frac{\mathrm{d}x}{\mathrm{d}\tau}=\frac{\mathrm{d}x}{\mathrm{d}t}\cdot\frac{\mathrm{d}t}{\mathrm{d}\tau}=\mathrm{e}^{\tau}\frac{\mathrm{d}x}{\mathrm{d}t}$$

或者用记号因子写成

$$Dx=\mathrm{e}^{-\tau}\delta x \tag{142}$$

对左边施以运算 D,对右边施以相当的运算 $\mathrm{e}^{-\tau}\delta$,就得到

$$D^2x=\mathrm{e}^{-\tau}\delta(\mathrm{e}^{-\tau}\delta)x$$

依照公式(111)所表达的法则,把因子 $\mathrm{e}^{-\tau}$ 提到 δ 之前,就有

$$D^2x=\mathrm{e}^{-2\tau}(\delta-1)\delta x=\mathrm{e}^{-2\tau}\delta(\delta-1)x$$

由这个公式以及公式(142),使我们想到下面这个一般的公式

$$D^sx=\mathrm{e}^{-s\tau}\delta(\delta-1)\cdots(\delta-s+1)x \tag{143}$$

需要证明,若对于 s 个记号因子这公式是正确的,则对于 $(s+1)$ 因子它也正确.我们先算作公式(143)是正确的,对它的左边施以运算 D,对右边施以相当的运算 $\mathrm{e}^{-\tau}\delta$,就得到

$$D^{s+1}x=\mathrm{e}^{-\tau}\delta[\mathrm{e}^{-s\tau}\delta(\delta-1)\cdots(\delta-s+1)x]$$

由此,把 $\mathrm{e}^{-s\tau}$ 提到 δ 之前

$$D^{s+1}x = e^{-\tau}e^{-s\tau}(\delta - s)\delta(\delta - 1)\cdots(\delta - s + 1)x$$
$$= e^{-(s+1)\tau}\delta(\delta - 1)\cdots(\delta - s + 1)(\delta - s)x$$

这就证明了,对于任何 s,公式(143) 的正确性.

在这公式中用 t 来替换 e^{τ},可以把它写成下面的形状

$$t^sD^sx = \delta(\delta - 1)\cdots(\delta - s + 1)x \tag{144}$$

如此,经过变换(141) 的结果,方程(140) 左边的任何一项 $a_{n-s}t^sx^{(s)}$ 换成下面形状的项

$$a_{n-s}\delta(\delta - 1)\cdots(\delta - s + 1)x$$

它们不含有自变量 τ,于是我们得到常系数线性方程

$$[\delta(\delta - 1)\cdots(\delta - n + 1) + a_1\delta(\delta - 1)\cdots(\delta - n + 2) + \cdots +$$
$$a_{n-1}\delta + a_n]x = 0 \tag{145}$$

对应于它的特征方程是

$$r(r - 1)\cdots(r - n + 1) + a_1r(r - 1)\cdots$$
$$(r - n + 2) + \cdots + a_{n-1}r + a_n = 0 \tag{146}$$

于是方程(145) 的一般解是

$$x = e^{r_1\tau}P_{k_1-1}(\tau) + e^{r_2\tau}P_{k_2-1}(\tau) + \cdots + e^{r_m\tau}P_{k_m-1}(\tau)$$

其中 r_s 是方程(146) 的根,k_s 是这些根的重数,$P_{k_s-1}(\tau)$ 是具有任意系数的 k_s-1 次多项式.

利用关系式(141) 还原到起初的变量,就得到方程(140) 的解

$$x = t^{r_1}P_{k_1-1}(\lg t) + t^{r_2}P_{k_2-1}(\lg t) + \cdots + t^{r_m}P_{k_m-1}(\lg t) \tag{147}$$

若方程(146) 的所有的根都是单根,则方程(140) 的解是

$$x = C_1t^{r_1} + C_2t^{r_2} + \cdots + C_nt^{r_n} \tag{148}$$

不难看出,若求方程(140) 的 $x = t^r$ 这种形状的解,就得到方程(146).

若有下面形状的非齐次方程

$$t^nx^{(n)} + a_1t^{n-1}x^{(n-1)} + \cdots + a_{n-1}tx' + a_nx = t^{\alpha}P(\lg t) \tag{149}$$

其中 $P(\lg t)$ 是 $\lg t$ 的一个 p 次多项式,则利用变换(141),不难说明,方程(149) 的解可以由下面的形状来求

$$x = (\lg t)^st^{\alpha}Q(\lg t) \tag{150}$$

其中 $Q(\lg t)$ 是 $\lg t$ 的 p 次多项式,s 是方程(146) 的等于 α 的根的数目.

替代方程(140),我们可以考虑下面形状的更普遍的方程

$$(ct + d)^nx^{(n)} + a_1(ct + d)^{n-1}x^{(n-1)} + \cdots +$$
$$a_{n-1}(ct + d)x' + a_nx = 0 \tag{151}$$

在这种情形下,需要利用下面的变量替换公式以替代公式(141)

$$ct + d = e^{\tau}$$

于是替代公式(144) 的就是下面的公式

$$(ct+d)^s D^s x = c^s \delta(\delta-1)\cdots(\delta-s+1)x$$

借助于这个公式可以把方程(151)化为常系数方程来解.

43. 常系数线性方程组

在许多情形下，力学体系的位置，不是由一个自变量确定的，而要由几个自变量 $q_1, q_2, \cdots, q_k$ 来确定的，它们叫作坐标参变量. 它们的数目 k 给出自由度的数目. 例如，当刚体环绕着一个不动的轴转动时，我们有一个自由度 —— 即刚体绕轴所转的角度 θ. 刚体绕着一个不动的点转动就有三个自由度，可以取刚体运动学中所知的欧拉角：φ, ψ 与 θ，作为坐标参变量. 沿平面，或球面，或任何别的曲面的点的运动是具有两个自由度的运动. 在平面的情形，可以用普通的直角坐标 x 与 y 来作坐标参变量，在球面上用经度 φ 与绕度 ψ.

当力学体系运动时，它的坐标参变量 $q_1, q_2, \cdots, q_k$ 是时间 t 的函数，而这些函数由微分方程组与初始条件来确定. 特别是在对应于参变量的值

$$q_1 = q_2 = \cdots = q_k = 0$$

的平衡位置附近，考虑体系的微小振动时，普通在微分方程中只保留关于 q_s 与 $\frac{\mathrm{d}q_s}{\mathrm{d}t}$ 的一次项，如此就得到常系数线性方程组. 一般说来，每一个方程中都含有所有的函数 q_s 以及它的对 t 的一级与二级微商.

在有两个自由度的情形下，方程组有下面的形状

$$\begin{cases} a_1 q''_1 + b_1 q'_1 + c_1 q_1 + a_2 q''_2 + b_2 q'_2 + c_2 q_2 = 0 \\ d_1 q''_1 + e_1 q'_1 + f_1 q_1 + d_2 q''_2 + e_2 q'_2 + f_2 q_2 = 0 \end{cases} \tag{152}$$

其中，q'_1, q''_1, q'_2, q''_2 是 q_1 与 q_2 对 t 的微商.

像以前一样，用记号因子 D 来记对 t 求微商的运算，方程组(152)可以写成

$$\begin{cases} (a_1 D^2 + b_1 D + c_1) q_1 + (a_2 D^2 + b_2 D + c_2) q_2 = 0 \\ (d_1 D^2 + e_1 D + f_1) q_1 + (d_2 D^2 + e_2 D + f_2) q_2 = 0 \end{cases} \tag{153}$$

若有外力作用在这系统上，则方程的右边就不是零，而是 t 的已知函数.

初始条件有下面的形状

$$q_1 \mid_{t=0} = q_{1_0}, q'_1 \mid_{t=0} = q'_{1_0}, q_2 \mid_{t=0} = q_{2_0}, q'_2 \mid_{t=0} = q'_{2_0}$$

其中，$q_{1_0}, q'_{1_0}, q_{2_0}, q'_{2_0}$ 是给定的数，方程组(153)的一般积分应当含有四个任意常数.

我们现在讲，求方程组(153)的积分怎样可以化为求具有一个未知函数的一个四级线性方程的积分. 为此，我们引用 t 的一个辅助函数 V，让

$$q_1 = -(a_2 D^2 + b_2 D + c_2) V, q_2 = (a_1 D^2 + b_1 D + c_1) V \tag{154}$$

把这两个 q_1 与 q_2 的表达式代入到方程(153)中，我们会看到，对于任意选择的 V，第一个方程将被满足，于是只要选择函数 V，使得它满足(153)中第二

个方程.

表达式(154)代入到这个第二个方程中,就得到一个关于 V 的四级方程①

$$[(a_1D^2+b_1D+c_1)(d_2D^2+e_2D+f_2)-(a_2D^2+b_2D+c_2)(d_1D^2+e_1D+f_1)]V=0 \tag{155}$$

求出 V,再由(154)简单的求微商,就得到 q_1 与 q_2.

设特征方程

$$(a_1r^2+b_1r+c_1)(d_2r^2+e_2r+f_2)-(a_2r^2+b_2r+c_2)(d_1r^2+e_1r+f_1)=0 \tag{156}$$

的根是 r_1,r_2,r_3,r_4,于是

$$V=C_1e^{r_1t}+C_2e^{r_2t}+C_3e^{r_3t}+C_4e^{r_4t} \tag{157}$$

把这个表达式代入到公式(154)中,并注意 $De^{rt}=re^{rt}$,$D^2e^{rt}=r^2e^{rt}$,就得到 q_1 与 q_2 的一般表达式.它也是四个解的线性结合,其中每一个含有一个任意常数因子.例如,解 $V=C_1e^{r_1t}$ 给出

$$q_1=-C_1(a_2r_1^2+b_2r_1+c_2)e^{r_1t},q_2=C_1(a_1r_1^2+b_1r_1+c_1)e^{r_1t} \tag{158}$$

若方程(156)有复根,这在应用中通常会遇到,则方程(155)的解最好写成三角式,于是一对共轭根 $r=a\pm bi$ 就对应于 V 的解

$$C_1e^{at}\cos bt \text{ 与 } C_2e^{at}\sin bt$$

同样,若方程(156)有二重根 $r_1=r_2$,则解是

$$C_1e^{r_1t} \text{ 与 } C_2te^{r_1t}$$

现在我们提出了一种情形,就是以上的计算不能给出含有四个任意常数的 q_1 与 q_2 的一般解的情形.设对于某一个根 r_1,方程(156)是

$$a_1r_1^2+b_1r_1+c_1=a_2r_1^2+b_2r_1+c_2=0 \tag{159}$$

在这种情形下,公式(158)给出的 q_1 与 q_2 恒等于零,于是方程组的一般解就不含有任意常数 C_1.我们可以用下述方法,试着补出来这个失去的任意常数,就是在引用辅助函数 V 时,不用方程(154)而用方程

$$q_1=(d_2D^2+e_2D+f_2)V,q_2=-(d_1D^2+e_1D+f_1)V \tag{160}$$

这时,对于任意选择的 V,(153)中第二个方程将被满足,把表达式(160)代入到(153)的第一个方程中,像以上一样,仍然得到关于 V 的方程(155).这时,替代(158),特征方程(156)的根 r_1 给出 q_1 与 q_2 的表达式

$$q_1=C_1(d_2r_1^2+e_2r_1+f_2)e^{r_1t},q_2=-C_1(d_1r_1^2+e_1r_1+f_1)e^{r_1t}$$

若因子 $(d_1r_1^2+e_1r_1+f_1)$ 与 $(d_2r_1^2+e_2r_1+f_2)$ 中有一个不等于零,如此我们就补出对应于方程(156)的根 $r=r_1$ 的一个解.

---

① 我们假定 $a_1d_2-a_2d_1\neq 0$,对于所考虑的质系的运动,这个情形总成立.

剩下还要考虑一种情形，就是除关系式(159)外，还有下面的关系式的情形

$$d_1r_1^2+e_1r_1+f_1=d_2r_1^2+e_2r_1+f_2=0 \tag{161}$$

这时，由上述方法不能补出对应于方程(156)的根 $r=r_1$ 的解. 但是由于关系式(159)与(161)被满足，则方程(156)左边的每一个二次三项式都有一个根是 $r=r_1$，就是说，都含有因子 $(r-r_1)$. 于是推知，当满足关系式(159)与(161)时，$r=r_1$ 应当是方程(156)的重根. 我们只限于考虑 $r=r_1$ 是二重根的情形，讲两个对应于这个二重根的解. 这两个解是

$$q_1=C_1e^{r_1t}, q_2=0 \tag{162}$$

$$q_1=0, q_2=C_2e^{r_1t} \tag{163}$$

实际上，例如，把表达式(162)代入到方程(153)的左边时，根据关系式(159)与(161)，就得到恒等式.

所说的两个解是不同的，因为在第一个中 q_2 恒等于零，而在第二个中 q_2 不是零.

注意，若在重根 $r_1=r_2$ 不满足(159)中的一个关系式的情形，则代入到公式(154)中

$$V=C_1e^{r_1t}, V=C_2te^{r_1t}$$

我们得到解(158)与一个含有因子 t 的解

$$q_1=-C_2(a_2r_1^2+b_2r_1+c_2)te^{r_1t}+C_2p_1e^{r_1t}$$

$$q_2=C_2(a_1r_1^2+b_1r_1+c_1)te^{r_1t}+C_2p_2e^{r_1t}$$

其中 p_1 与 p_2 是确定的常数.

像一个方程的情形一样，非齐次方程组

$$\begin{cases}(a_1D^2+b_1D+c_1)q_1+(a_2D^2+b_2D+c_2)q_2=f_1(t)\\(d_1D^2+e_1D+f_1)q_1+(d_2D^2+e_2D+f_2)q_2=f_2(t)\end{cases} \tag{164}$$

的一般积分是对应的齐次方程组(153)的一般积分与这非齐次方程组的任何一个特殊解之和. 若自由项 $f_1(t)$ 与 $f_2(t)$ 有下面的形状

$$A_0e^{\alpha t}\cos\beta t+B_0e^{\alpha t}\sin\beta t=De^{\alpha t}\sin(\beta t+\varphi)$$

则只要 $(\alpha\pm\beta i)$ 不是方程(156)的根，就可以由下面的形状来求特殊解

$$q_1=A_1e^{\alpha t}\cos\beta t+B_1e^{\alpha t}\sin\beta t$$

$$q_2=A_2e^{\alpha t}\cos\beta t+B_2e^{\alpha t}\sin\beta t$$

把这个表达式代入到方程(164)的左边，再让两边的 $e^{\alpha t}\cos\beta t$ 与 $e^{\alpha t}\sin\beta t$ 的系数相等，就得到确定 A_1,B_1,A_2,B_2 的方程.

像我们对于一个方程所作的一样[40]，对于任何的 $f_1(t)$ 与 $f_2(t)$，可以得到方程组(164)的一个特殊解. 由方程组(164)解出 q_1 与 q_2，例如，对于 q_1 得到

$$q_1=\frac{d_2D^2+e_2D+f_2}{\Delta(D)}f_1(t)-\frac{a_2D^2+b_2D+c_2}{\Delta(D)}f_2(t)$$

其中为简短起见，用$\Delta(D)$来记方程(155)左边的记号多项式. 分解有理分式并利用[38]中所述的记号因子$(D-r)^{-k}$的意义，就得到所要求的方程组(164)的解.

还要提出，利用[20]中的讨论，我们可以很容易地把常系数线性方程组的求积分问题化为一个常系数线性方程的求积分问题. 在第三卷中我们再讲求常系数线性方程组的积分的一般方法.

44. 例

1) 考虑方程组

$$\frac{\mathrm{d}^2 y}{\mathrm{d}x^2}=z+x, \frac{\mathrm{d}^2 z}{\mathrm{d}x^2}=y+2x$$

其中y与z是x的未知函数. 由第一个方程确定出z

$$z=\frac{\mathrm{d}^2 y}{\mathrm{d}x^2}-x \tag{165}$$

代入到第二个方程中，就得到一个关于y的四级方程

$$\frac{\mathrm{d}^4 y}{\mathrm{d}x^4}-y=2x$$

由普通法则确定出它的一般积分

$$y=C_1\mathrm{e}^x+C_2\mathrm{e}^{-x}+C_3\cos x+C_4\sin x-2x$$

把这个表达式代入到公式(165)中，就得到关于z的表达式

$$z=C_1\mathrm{e}^x+C_2\mathrm{e}^{-x}-C_3\cos x-C_4\sin x-x$$

2) 考虑三个一级方程的方程组

$$\frac{\mathrm{d}x}{\mathrm{d}t}=y+z, \frac{\mathrm{d}y}{\mathrm{d}t}=z+x, \frac{\mathrm{d}z}{\mathrm{d}t}=x+y \tag{166}$$

其中，x,y与z是t的未知函数. 由第一个方程解出y

$$y=\frac{\mathrm{d}x}{\mathrm{d}t}-z \tag{167}$$

把这个表达式代入到其余两个方程中，就得到

$$\frac{\mathrm{d}^2 x}{\mathrm{d}t^2}-\frac{\mathrm{d}z}{\mathrm{d}t}=z+x, \frac{\mathrm{d}z}{\mathrm{d}t}=x+\frac{\mathrm{d}x}{\mathrm{d}t}-z \tag{168}$$

把第二个方程中$\frac{\mathrm{d}z}{\mathrm{d}t}$的表达式代入到第一个中，就得到一个只含有$x$的二级方程(例外情形)

$$\frac{\mathrm{d}^2 x}{\mathrm{d}t^2}-\frac{\mathrm{d}x}{\mathrm{d}t}-2x=0$$

它的一般积分是

$$x=C_1\mathrm{e}^{2t}+C_2\mathrm{e}^{-t} \tag{169_1}$$

代入到(168)的第二个方程中,得到一个关于 z 的一级方程

$$\frac{dz}{dt}+z=3C_1e^{2t}$$

它的一般积分是

$$z=C_3e^{-t}+C_1e^{2t} \tag{169_2}$$

把表达式(169_1)与(169_2)代入到公式(167)中,就得到关于 y 的表达式

$$y=C_1e^{2t}-(C_2+C_3)e^{-t} \tag{169_3}$$

这里得到的例外情形,我们在[20]中已经讲过.替代了一个三级微分方程,我们得到一个二级方程以及一个一级方程.

3) 常系数线性方程组,不仅当考虑力学体系在平衡位置附近的微小振动时会遇到,像以前我们已经讲过的,当讨论电的振动时,也会遇到.设有磁性耦合的两个线路,就是说,一个线路的电流所产生的磁场可以感应另一个线路的电力.若 i_1 与 i_2 是两个线路中的电流强度,则对于第一个线路,感应而生的电动势是 $M\frac{di_2}{dt}$,对于第二个是 $M\frac{di_1}{dt}$,其中 M 是互感常系数.若我们假定在每一个线路中都没有电源,则方程是

$$L_1\frac{d^2i_1}{dt^2}+R_1\frac{di_1}{dt}+\frac{1}{C_1}i_1+M\frac{d^2i_2}{dt^2}=0 \tag{170}$$

$$M\frac{d^2i_1}{dt^2}+L_2\frac{d^2i_2}{dt^2}+R_2\frac{di_2}{dt}+\frac{1}{C_2}i_2=0 \tag{171}$$

其中,L_1,R_1,C_1 是第一个线路的自感系数,电阻与电容,L_2,R_2,C_2 是第二个线路中同样的量.

我们由这个例说明,这个方程组怎样可以不引用辅助函数 V,消去其中一个未知函数而作出一个具有一个未知函数的四级微分方程.

由方程(171)确定出 $\frac{d^2i_2}{dt^2}$,把所得到的表达式代入到方程(170)中,就得到一个方程

$$(L_1L_2-M^2)\frac{d^2i_1}{dt^2}+L_2R_1\frac{di_1}{dt}+\frac{L_2}{C_1}i_1-R_2M\frac{di_2}{dt}-\frac{M}{C_2}i_2=0 \tag{172}$$

由这个方程求微商再用由方程(170)得到的 $M\frac{d^2i_2}{dt^2}$ 的表达式

$$M\frac{d^2i_2}{dt^2}=-L_1\frac{d^2i_1}{dt^2}-R_1\frac{di_1}{dt}-\frac{1}{C_1}i_1 \tag{173}$$

来替换 $M\frac{d^2i_2}{dt^2}$,就得到

$$(L_1L_2-M^2)\frac{d^2i_1}{dt^2}+(L_1R_2+L_2R_1)\frac{d^2i_1}{dt^2}+$$

$$\left(\frac{L_2}{C_1}+R_1R_2\right)\frac{\mathrm{d}i_1}{\mathrm{d}t}+\frac{R_2}{C_1}i_1-\frac{M}{C_2}\frac{\mathrm{d}i_2}{\mathrm{d}t}=0 \tag{174}$$

最后,由这个方程再求一次微商,再用表达式(173)来替换 $M\frac{\mathrm{d}^2i_2}{\mathrm{d}t^2}$,就得到一个关于 i_1 的四级微分方程

$$(L_1L_2-M^2)\frac{\mathrm{d}^4i_1}{\mathrm{d}t^4}+(L_1R_2+L_2R_1)\frac{\mathrm{d}^3i_1}{\mathrm{d}t^3}+$$

$$\left(\frac{L_1}{C_2}+\frac{L_2}{C_1}+R_1R_2\right)\frac{\mathrm{d}^2i_1}{\mathrm{d}t^2}+\left(\frac{R_1}{C_2}+\frac{R_2}{C_1}\right)\frac{\mathrm{d}t_1}{\mathrm{d}t}+\frac{1}{C_1C_2}i_1=0 \tag{175}$$

如果我们开始时消去 i_1,则关于 i_2 得到完全一样的一个四级方程.对应于它的特征方程是

$$(1-k^2)r^4+2(g_1+g_2)r^3+(n_1^2+n_2^2+4g_1g_2)r^2+$$

$$2(g_1n_2^2+g_2n_1^2)r+n_1^2n_2^2=0$$

其中,为简短起见,我们设

$$k=\frac{M}{\sqrt{L_1L_2}},n_1=\frac{1}{\sqrt{L_1C_1}},n_2=\frac{1}{\sqrt{L_2C_2}},g_1=\frac{R_1}{2L_1},g_2=\frac{R_2}{2L_2}$$

方程(176)可以写成下面的形状

$$(r^2+2g_1r+n_1^2)(r^2+2g_2r+n_2^2)-k^2r^4=0 \tag{177}$$

若两个线路之间没有磁性耦合,则我们应当在方程(170)与(171)中设 $M=0$,于是得到两个个别的方程,以确定两个线路中的放电现象

$$\frac{\mathrm{d}^2i_1}{\mathrm{d}t^2}+2g_1\frac{\mathrm{d}i_1}{\mathrm{d}t}+n_1^2i_1=0,\frac{\mathrm{d}^2i_2}{\mathrm{d}t^2}+2g_2\frac{\mathrm{d}i_2}{\mathrm{d}t}+n_2^2i_2=0 \tag{178}$$

通常两个线路都是振动的,换句话说,就是对应于微分方程(178)的特征方程

$$r^2+2g_1r+n_1^2=0 \text{ 与 } r^2+2g_2r+n_2^2=0 \tag{179}$$

具有复根,也就是 $g_1^2-n_1^2<0,g_2^2-n_2^2<0$,或者说

$$\frac{R_1}{2L_1}<\frac{1}{\sqrt{L_1C_1}},\frac{R_2}{2L_2}<\frac{1}{\sqrt{L_2C_2}}$$

也就是

$$\frac{R_1}{2}<\sqrt{\frac{L_1}{C_1}},\frac{R_2}{2}<\sqrt{\frac{L_2}{C_2}}$$

当 $k=0$ 时方程(177)给出两对共轭复根(方程(179)的根),于是像在实际中常遇到的,当 M 的值不大时,方程(177)也有两对共轭复根,它们的实部是负的:$r_{1,2}=-a\pm b\mathrm{i},r_{3,4}=-c\pm d\mathrm{i}$,于是 i_1 的一般表达式是

$$i_1=C_1\mathrm{e}^{-at}\cos bt+C_2\mathrm{e}^{-at}\sin bt+C_3\mathrm{e}^{-ct}\cos dt+C_4\mathrm{e}^{-ct}\sin dt$$

注意,知道了 i_1,不必再作任何积分就可以得到 i_2,实际上,由方程(174)确

定出$\frac{\mathrm{d}i_2}{\mathrm{d}t}$；再把求出的表达式代入到方程(172) 中，就得到一个关于 i_2 的一次方程. i_2 的表达式含有与i_1 中形状一样的项，所具有的系数是常数C_1，C_2，C_3 与C_4 的线性结合.

若把电阻忽略不计，就是说算作 $g_1=g_2=0$，此外并且算作两个线路具有相同的频率，就是说 $n_1=n_2=n$，则方程(177) 是

$$(1-k^2)r^4+2n^2r^2+n^4=0$$

由此

$$r^2=\frac{-n^2\pm kn^2}{1-k^2}=-\frac{n^2}{1\pm k}$$

于是

$$r_{1,2}=\pm\frac{n}{\sqrt{1+k}}\mathrm{i},r_{3,4}=\pm\frac{n}{\sqrt{1-k}}\mathrm{i}\quad(\mathrm{i}=\sqrt{-1})$$

这些纯虚根对应于三角函数形状的解. 如此，当磁性耦合时，具有相同频率的两个线路中引起两个振动，它们的频率依赖于线路的公共频率 n 以及表现磁性耦合的常数 k，这两个频率是

$$n'=\frac{n}{\sqrt{1+k}},n''=\frac{n}{\sqrt{1-k}}$$

§2　借助于幂级数求积分

45. 借助于幂级数求线性方程的积分

我们已经讲过，高于一级的线性方程的解，一般说来，不能通过初等函数来表达，并且一般说来求这样的方程的积分问题，不能化为普通的积分形状. 最常用的方法是把未知解表示成幂级数形状，在[13] 中我们已经讲过. 这个方法用于线性微分方程特别方便. 我们只限于考虑二级方程

$$y''+p(x)y'+q(x)y=0 \tag{1}$$

设把系数 $p(x)$ 与 $q(x)$ 展开成 x 的正整幂级数，于是方程具有下面的形状

$$y''+(a_0+a_1x+a_2x^2+\cdots)y'+(b_0+b_1x+b_2x^2+\cdots)y=0 \tag{2}$$

注意这里 y'' 的系数我们算作等于 1.

把方程(2) 的未知解也写成幂级数的形状

$$y=\sum_{s=0}^{\infty}\alpha_sx^s \tag{3}$$

代入这个 y 以及它的微商的表达式到方程(2) 中，求得

$$\sum_{s=2}^{\infty} s(s-1)\alpha_s x^{s-2} + \sum_{s=0}^{\infty} a_s x^s \cdot \sum_{s=1}^{\infty} s\alpha_s x^{s-1} + \sum_{s=0}^{\infty} b_s x^s \sum_{s=0}^{\infty} \alpha_s x^s = 0$$

乘开幂级数的乘积,集中同次项,让所写的等式左边 x 的各个幂的系数等于零,就得到一串方程

$$\begin{cases} x^0 & 2 \cdot 1\alpha_2 + a_0\alpha_1 + b_0\alpha_0 = 0 \\ x^1 & 3 \cdot 2\alpha_3 + 2a_0\alpha_2 + a_1\alpha_1 + b_0\alpha_1 + b_1\alpha_0 = 0 \\ x^2 & 4 \cdot 3\alpha_4 + 3a_0\alpha_3 + 2a_1\alpha_2 + a_2\alpha_1 + b_0\alpha_2 + b_1\alpha_1 + b_2\alpha_0 = 0 \\ \vdots & \vdots \\ x^s & (s+2)(s+1)\alpha_{s+2} + Q_s(\alpha_0, \alpha_1, \alpha_2, \cdots, \alpha_{s+1}) = 0 \\ \vdots & \vdots \end{cases} \tag{4}$$

我们用 $Q_s(\alpha_0, \alpha_1, \alpha_2, \cdots, \alpha_{s+1})$ 记 $\alpha_0, \alpha_1, \alpha_2, \cdots, \alpha_{s+1}$ 的一个一次齐次多项式.

每一个在后面的方程中含有一个比以前附标较大的未知系数. 系数 α_0 与 α_1 保持是任意的而有任意常数的作用. 由方程(4) 中第一个给出 α_2,以后第二个给出 α_3,第三个给出 α_4 等,而且一般说来,知道了以前的 $\alpha_0, \alpha_1, \alpha_2, \cdots, \alpha_{s+1}$,由第 $s+1$ 个方程就可以确定出 α_{s+2}.

这时用下述方法比较方便. 由上述方法确定两个解 y_1 与 y_2,对于第一个解取 $\alpha_0 = 1, \alpha_1 = 0$,对于第二个解取 $\alpha_0 = 0, \alpha_1 = 1$,这就相当于下面的初始条件

$$y_1 |_{x=0} = 1, y'_1 |_{x=0} = 0$$

$$y_2 |_{x=0} = 0, y'_2 |_{x=0} = 1$$

这方程的任何解是这两个解的线性结合,若有下面形状的初始条件

$$y |_{x=0} = A, y' |_{x=0} = B$$

则显然

$$y = Ay_1 + By_2$$

以上我们说明了,用形式的计算方法可以逐步确定出幂级数(3) 的系数. 但是仍有一个问题,就是如此作出的幂级数是否收敛以及它是否是这个方程的解. 在第三卷中我们再证明下面这个命题:若级数

$$p(x) = \sum_{s=0}^{\infty} a_s x^s, q(x) = \sum_{s=0}^{\infty} b_s x^s$$

当 $|x| < R$ 时收敛,则对于这些 x 的值,由上述方法作出的幂级数也收敛而且是方程(2) 的解. 特别是,若 $p(x)$ 与 $q(x)$ 是 x 的多项式,则对于任何的 x 的值,所求得的幂级数收敛.

在很多情形下,线性方程有下面的形状

$$P_0(x)y'' + P_1(x)y' + P_2(x)y = 0 \tag{5}$$

其中,$P_0(x), P_1(x), P_2(x)$ 是 x 的多项式. 为要把它化为(1) 的形状,需要把方

程两边用 $P_0(x)$ 除，于是在这种情形下，需要算作

$$p(x)=\frac{P_1(x)}{P_0(x)},q(x)=\frac{P_2(x)}{P_0(x)} \tag{6}$$

若多项式 $P_0(x)$ 的常数项不是零，就是说 $P_0(x)\neq 0$，则在多项式的除法中依 x 的升幂排列，可以把 $p(x)$ 与 $q(x)$ 表示成幂级数的形状，于是方程(5) 的解也可以用幂级数的形状来求. 这时，不必把方程(5) 化为(1) 的形状，只要把关于 y 的表达式(3) 直接代入到方程(5) 的左边，以后再应用待定系数法.

到现在为止，我们只考虑了展开成 x 的正整幂级数的情形. 替代这个，也可以利用展开成差 $x-a$ 的幂级数.

显然，所有以上所述也可以应用于高于二级的线性方程. 只是在这种情形下求解时，不仅前两个系数保留不定，而且不定系数的数目等于方程的级数.

若非齐次线性方程

$$y''+p(x)y'+q(x)y=f(x)$$

在其中，不仅系数，连自由项都是幂级数，则它的特殊解也可以用幂级数的形状来求.

对于新的形式(6) 我们给一个附注. 设 $P(x)$ 与 $Q(x)$ 是 x 的两个多项式，并且 $P(0)\neq 0$. 如以上所述，作多项式的除法，可以把它们的商表示成幂级数的形状

$$\frac{Q(x)}{P(x)}=c_0+c_1x+c_2x^2+\cdots \tag{7}$$

但是有一个问题：是否右边的幂级数收敛，若是收敛，在什么样的区间上收敛，是否它的和等于等式的左边？这些问题的解答由复变函数理论很容易推出来，在第三卷中我们再讨论. 我们现在只讲最后的结果：公式(7) 中的幂级数当 $|x|<R$ 时收敛，其中 R 是方程 $P(x)=0$ 的模最小的根的模（或绝对值），而且当 x 取这样的值时等式(7) 成立. 由此直接推出，若借助于幂级数直接求方程(7) 的积分，则所得到的级数当 $|x|<R$ 时自然收敛，其中 R 是方程 $P_0(x)=0$ 的模最小的根的模.

注意，若证明了级数(3) 在区间 $(-R,+R)$ 内收敛，则由此直接推出，这级数的和是方程的解. 实际上，首先可以用逐项微分法由级数(3) 计算 y' 与 y''[Ⅰ,150]. 再把 y,y' 与 y'' 的表达式代入到方程(2) 的左边，我们可以把 y',y 的级数与 $p(x),q(x)$ 的级数相乘，因为这些幂级数绝对收敛[Ⅰ,137,148]. 最后，根据由等式(4) 选择的系数 a_n，在(2) 的左边所有的项都消掉.

46. 例

1) 考虑方程

$$y''-xy=0$$

代入级数(3),得到

$$(2\cdot 1a_3+3\cdot 2a_3x+4\cdot 3a_4x^2+\cdots)-x(a_0+a_1x+a_2x^2+\cdots)=0$$

由此,让 x 同次项的系数和等于零,得到

$$\begin{array}{c:l}
x^0 & 2\cdot 1a_2=0\\
x^1 & 3\cdot 2a_3-a_0=0\\
x^2 & 4\cdot 3a_4-a_1=0\\
x^3 & 5\cdot 4a_5-a_2=0\\
\vdots & \vdots\\
x^s & (s+2)(s+1)a_{s+2}-a_{s-1}=0\\
\vdots & \vdots
\end{array}$$

让 $a_0=1,a_1=0$,就相继得到其余的系数的值

$$a_2=0,a_3=\frac{1}{2\cdot 3},a_4=a_5=0,a_6=\frac{1}{2\cdot 3\cdot 5\cdot 6},a_7=a_8=0$$

$$a_9=\frac{1}{2\cdot 3\cdot 5\cdot 6\cdot 8\cdot 9}$$

就是说只是附标 s 能被 3 除尽的 a_s 不等于零,于是我们可以写成

$$a_{3k+1}=a_{3k+2}=0,a_{3k}=\frac{1\cdot 4\cdot 7\cdot\cdots\cdot(3k-2)}{(3k)!}$$

我们作出的一个解就是

$$y_1=1+\sum_{k=1}^{\infty}\frac{1\cdot 4\cdot 7\cdot\cdots\cdot(3k-2)}{(3k)!}x^{3k}$$

作第二个解时,设 $a_0=0,a_1=1$. 像以上一样,不难证明,这第二个解是

$$y_2=x+\sum_{k=1}^{\infty}\frac{2\cdot 5\cdot 8\cdot\cdots\cdot(3k-1)}{(3k+1)!}x^{3k+1}$$

所作出的幂级数当 x 取任何值时收敛.

依照达朗倍尔判别法我们来验证关于 y_1 的级数[Ⅰ,121]. 在其中后项与前项之比是

$$\frac{1\cdot 4\cdot 7\cdot\cdots\cdot(3k+1)}{(3k+3)!}x^{3k+3}:\frac{1\cdot 4\cdot 7\cdot\cdots\cdot(3k-2)}{(3k)!}x^{3k}=\frac{1}{(3k+2)(3k+3)}x^2$$

x 取任何值,当 k 无限增加时,这个比趋向零,由此推出这级数绝对收敛.

2) 考虑方程

$$(1-x^2)y''-xy'+a^2y=0$$

代入级数(3),让 x^n 的系数等于零,得到系数 a_n 之间的关系式

$$(n+2)(n+1)a_{n+2}-n(n-1)a_n-na_n+a^2a_n=0$$

或

$$(n+2)(n+1)a_{n+2}=(n^2-a^2)a_n$$

让 $a_0=1,a_1=0$，得到解

$$y_1=1-\frac{a^2}{2!}x^2+\frac{a^2(a^2-4)}{4!}x^4-\frac{a^2(a^2-4)(a^2-16)}{6!}x^6+\cdots$$

同样，代入 $a_0=0,a_1=1$，得到

$$y_2=x-\frac{a^2-1}{3!}x^3+\frac{(a^2-1)(a^2-9)}{5!}x^5-\frac{(a^2-1)(a^2-9)(a^2-25)}{7!}x^7+\cdots$$

在所考虑的方程中，y'' 的系数有根 $x=\pm1$，而这两个根的绝对值都等于 1. 由此推出，当 $-1<x<+1$ 时，就是当 $|x|<1$ 时，级数 y_1 与 y_2 应当收敛.

依照达朗倍尔判别法不难验证. 例如，对于级数 y_1 取后项与前项之比，不计符号，得到

$$\frac{a^2(a^2-4)\cdots[a^2-(2n)^2]}{(2n+2)!}x^{2n+2}:\frac{a^2(a^2-4)\cdots[a^2-(2n-2)^2]}{(2n)!}x^{2n}=$$

$$\frac{a^2-(2n)^2}{(2n+1)(2n+2)}x^2$$

分子分母用 n^2 除，可以把这个比的绝对值写成下面的形状

$$\left|\frac{4-\frac{a^2}{n^2}}{4+\frac{6}{n}+\frac{2}{n^2}}\right||x|^2$$

当 n 无限增加时，这个比趋向 $|x|^2$，显然当 $|x|<1$ 时，$|x|^2<1$，就是说，依照达朗倍尔判别法，当 $|x|<1$ 时，级数 y_1 绝对收敛. 只要 a 不等于一个偶整数，当 $|x|>1$ 时，它显然发散. 在 a 是偶整数的情形，级数 y_1 就中断而成为多项式了. 可以验证，解 y_1 与 y_2 能够通过初等函数来表达，而且是

$$y_1=\cos(a\arccos x),y_2=\frac{1}{a}\sin(a\arccos x)$$

47. 解的展开为广义幂级数的形状

在应用中时常遇到具有下面形状的方程

$$x^2y''+p(x)\cdot xy'+q(x)y=0$$

其中 $p(x)$ 与 $q(x)$ 像在方程(2) 中一样，可以依 x 的正整数次幂展开或是多项式. 由于在所写的方程中含有二级微商的一项有因子 x^2，所以不能化为(2) 的形态. 我们说，这个方程在点 $x=0$ 有正则奇异点. 写出 $p(x)$ 与 $q(x)$ 的幂级数

$$x^2y''+(a_0+a_1x+a_2x^2+\cdots)xy'+(b_0+b_1x+b_2x^2+\cdots)y=0 \quad (8)$$

这方程的未知解就不是简单幂级数(3) 的形状，而要由这样的级数乘以 x 的某次幂

$$y=x^{\rho}\sum_{s=0}^{\infty}a_sx^s \quad (9)$$

由于在求和号前面的因子 x^{ρ} 的指数 ρ 没有定,我们自然可以算作第一项的系数 a_0 不等于零.

把 y,y' 与 y'' 的表达式

$$y=\sum_{s=0}^{\infty}a_s x^{\rho+s},y'=\sum_{s=0}^{\infty}(\rho+s)a_s x^{\rho+s-1}$$

$$y''=\sum_{s=0}^{\infty}(\rho+s)(\rho+s-1)a_s x^{\rho+s-2}$$

代入到方程(8)的左边.

集中同次项,再让 x 各次幂的系数等于零,就得到一串方程

$$\left\{\begin{array}{l|l}
x^{\rho} & [\rho(\rho-1)+a_0\rho+b_0]\alpha_0=0 \\
x^{\rho+1} & [(\rho+1)\rho+a_0(\rho+1)+b_0]\alpha_1+a_1\rho\alpha_0+b_1\alpha_0=0 \\
x^{\rho+2} & [(\rho+2)(\rho+1)+a_0(\rho+2)+b_0]\alpha_2+a_1(\rho+1)\alpha_1+ \\
 & a_2\rho\alpha_0+b_1\alpha_1+b_2\alpha_0=0 \\
\vdots & \vdots \\
x^{\rho+s} & [(\rho+s)(\rho+s-1)+a_0(\rho+s)+b_0]\alpha_s+Q_s(\alpha_0,\alpha_1,\alpha_2,\cdots,\alpha_{s-1})=0 \\
\vdots & \vdots
\end{array}\right. \tag{10}$$

这里我们用 $Q_s(\alpha_0,\alpha_1,\alpha_2,\cdots,\alpha_{s-1})$ 记 $\alpha_0,\alpha_1,\alpha_2,\cdots,\alpha_{s-1}$ 的一个一次齐次多项式.

根据条件 $\alpha_0\neq 0$,由所写的第一个方程给出一个确定指数 ρ 的二次方程

$$F(\rho)=\rho(\rho-1)+a_0\rho+b_0=0 \tag{11}$$

这个方程叫作指标方程.

设 ρ_1 与 ρ_2 是它的根.在方程(10)中让 $\rho=\rho_1$ 或 $\rho=\rho_2$,就有一串方程,其中第一个在后面的含有一个附标比以前较大的系数 α_s,如此可以逐步确定出 α_1,$\alpha_2,\cdots$ 系数 α_0 保持是任意的,而有任意常数的作用.例如,可以设 $\alpha_0=1$.

代入 $\rho=\rho_1$ 或 $\rho=\rho_2$ 以后,方程(10)中第一个成为恒等式,第二个给出 α_1,第三给出 α_2,……,于是一般说来,如果已经知道了 $\alpha_0,\alpha_1,\cdots,\alpha_{s-1}$,则由第 $s+1$ 个方程给出 α_s.这时只需要在这个方程中 α_s 的系数不等于零.直接看出,这个系数可以由方程(11)的左边用(ρ_1+s)或(ρ_2+s)替代 ρ 得来,就是说,它等于 $F(\rho_1+s)$ 或 $F(\rho_2+s)$.

设当求解(9)时,我们由方程(11)的根 $\rho=\rho_2$ 来求.若对于任何正整数 s,$F(\rho_2+s)\neq 0$,则可以用上述方法计算系数 α_s,并且给出这些系数的确定的值.

$F(\rho_2+s)\neq 0$ 这个条件显然相当于下述条件:方程(11)的第二个根 ρ_1 不是形如(ρ_2+s)的数,其中 s 是正整数,换句话说就是,两根之差$(\rho_1-\rho_2)$应当不是正整数.

由以上所述不难引出下面的结论.

1) 若方程(11) 的两个根 ρ_1 与 ρ_2 之差不等于整数或零,则可以利用方程(11) 的两个根用上述方法作出下面形状的两个解

$$y_1 = x^{\rho_1}\sum_{s=0}^{\infty}\alpha_s x^s, y_2 = x^{\rho_2}\sum_{s=0}^{\infty}\beta_s x^s \quad (\alpha_0 \text{ 与 } \beta_0 \neq 0) \tag{12}$$

2) 若差$(\rho_1 - \rho_2)$ 是正整数,则一般说来,用上述方法只能作出一个级数

$$y_1 = x^{\rho_1}\sum_{s=0}^{\infty}\alpha_s x^s \tag{13}$$

3) 若方程(11) 有重根 $\rho_1 = \rho_2$,则也只可以作出一个级数(13).

在下述的与我们在[45] 中所讲的假定类似的假定下,所作出的级数收敛:若级数

$$\sum_{s=0}^{\infty}a_s x^s \text{ 与 } \sum_{s=0}^{\infty}b_s x^s$$

当 $|x| < R$ 时收敛,则当 x 取这些值时,以上所作出的级数也收敛,并且给出方程(9) 的解.

再考虑方程

$$x^2 P_0(x)y'' + xP_1(x)y' + P_2(x)y = 0 \tag{14}$$

其中,$P_0(x)$,$P_1(x)$ 与 $P_2(x)$ 是多项式或者可以依 x 的正整数次幂展开,并且 $P_0(0) \neq 0$. 像在[45] 中一样,现在可以直接代入级数(9) 到方程(14) 的左边,不必用 $P_0(x)$ 除. 此外,像在[45] 中一样,可以考虑不是依 x 的正整数次幂展开的级数,而是依差$(x - a)$ 展开的幂级数.

在第一个情形下,所作出的两个解(12) 是线性无关的,就是说,它们的比不是常量,这可以由下述的事实直接推出来:y_1 与 y_2 的表达式中在求和号之前含有不同的方幂 x^{ρ_1} 与 x^{ρ_2}. 在第二第三两个情形下,我们只作出了一个解(13). 由[24] 中公式(9) 给出利用积分求第二个解的可能. 我们只叙述结果,不讲证明:若差$(\rho_1 - \rho_2)$ 是正整数或零,则除解(13) 外,还有一个下面形状的解

$$y_2 = \beta y_1 \lg x + x^{\rho_2}\sum_{s=0}^{\infty}\beta_s x^s \tag{15}$$

如此,在所考虑的情形下,y_2 的表达式与普通表达式(12) 差一项 $\beta y_1 \lg x$. 常数 β 可以等于零,那时对于 y_2 就得到形状如(12) 的表达式. 所有以上所述的肯定我们将在第三卷中证明.

48. 贝塞尔方程

这方程有下面的形状

$$x^2 y'' + xy' + (x^2 - p^2)y = 0 \tag{16}$$

其中 p 是给定的常数. 在天文、物理以及技术科学的各种问题中常遇到它的应

用.

比较这个方程与方程(8),我们看出,$a_0=1, b_0=-p^2$,于是在所给情形下,指标方程是

$$\rho(\rho-1)+\rho-p^2=0 \text{ 或 } \rho^2-p^2=0$$

它的根是

$$\rho_1=p, \rho_2=-p$$

就有下面的形状的解

$$y=x^p(a_0+a_1x+a_2x^2+\cdots)$$

代入到方程(16) 的左边,让 x 的各个方幂的系数等于零,得到

$$\begin{array}{c|l} x^{p+1} & [(p+1)^2-p^2]a_1=0 \\ x^{p+2} & [(p+2)^2-p^2]a_2+a_0=0 \\ \vdots & \vdots \\ x^{p+s} & [(p+s)^2-p^2]a_s+a_{s-2}=0 \end{array}$$

让 $a_0=1$,并依序计算系数,就求出一个解

$$y_1=x^p\left[1-\frac{x^2}{2(2p+2)}+\frac{x^4}{2\cdot4\cdot(2p+2)(2p+4)}-\frac{x^6}{2\cdot4\cdot6\cdot(2p+2)(2p+4)(2p+6)}+\cdots\right]$$

利用第二个根,可以作出方程(16) 的第二个解. 显然它可以由解(17) 用 $-p$ 替代 p 得出来,因为方程(16) 中只含有 p^2,于是当用 $-p$ 替代 p 时不改变

$$y_2=x^{-p}\left[1-\frac{x^2}{2(-2p+2)}+\frac{x^4}{2\cdot4\cdot(-2p+2)(-2p+4)}-\frac{x^6}{2\cdot4\cdot6\cdot(-2p+2)(-2p+4)(-2p+6)}+\cdots\right]$$

指标方程的根之差等于 $2p$,于是推知,若 p 不等于整数或奇整数的一半,则所写的两个解是适用的. 解(17) 乘以某一常数因子给出 p 级贝塞尔函数,通常把它记作 $J_p(x)$,也叫作第一类柱面函数. 如此,若 p 不是整数或奇整数的一半,则方程(16) 的一般解是

$$y=C_1J_p(x)+C_2J_{-p}(x)$$

对于 x 的任何值,在解(17) 中出现的幂级数收敛,这不难依照普通的达朗倍尔判别法来验证.

现在设 $p=n$ 是正整数. 解(17) 仍然保持有效,而解(18) 则失去效用,因为展开式(18) 中,由某一项起,各项的分母中有一个因子等于零. 当 $p=n$ 是正整数时,由公式(17) 乘以常数因子$\frac{1}{2^n n!}$ 确定出贝塞尔函数 $J_n(x)$

$$J_n(x)=\frac{x^n}{2^n n!}\left[1-\frac{x^2}{2(2n+2)}+\frac{x^4}{2\cdot4(2n+2)(2n+4)}-\right.$$

$$\left.\frac{x^{6}}{2\cdot 4\cdot 6\cdot(2n+2)(2n+4)(2n+6)}+\cdots\right]$$

这个展开式中一般项是

$$(-1)^{s}\frac{x^{n+2s}}{2^{n}\cdot n!\ \cdot 2\cdot 4\cdot 6\cdot\cdots\cdot 2s\cdot(2n+2)(2n+4)(2n+6)\cdots(2n+2s)}$$

在每个分母中，$2^{n}\cdot n!$ 之后有 $2s$ 个因子，它们都含有因子 2，提出这些个 2 与 2^{n} 并在一起，可以把一般项写成下面的形状

$$(-1)^{s}\frac{x^{n+2s}}{2^{n+2s}\cdot n!\ \cdot 1\cdot 2\cdot 3\cdot\cdots\cdot s\cdot(n+1)(n+2)(n+3)\cdots(n+s)}=$$

$$\frac{(-1)^{s}}{s!\ (n+s)!}\left(\frac{x}{2}\right)^{n+2s}$$

所以公式(19) 可以写成下面的形状

$$J_{n}(x)=\sum_{s=0}^{\infty}\frac{(-1)^{s}}{s!\ (n+s)!}\left(\frac{x}{2}\right)^{n+2s}\tag{20}$$

并且总是算作 $0!\ =1$. 特别是当 $n=0$ 时得到

$$\begin{aligned}J_{0}(x)&=\sum_{s=0}^{\infty}\frac{(-1)^{s}}{(s!\ )^{2}}\left(\frac{x}{2}\right)^{2s}\\&=1-\frac{1}{(1!\ )^{2}}\left(\frac{x}{2}\right)^{2}+\frac{1}{(2!\ )^{2}}\left(\frac{x}{2}\right)^{4}-\frac{1}{(3!\ )^{2}}\left(\frac{x}{2}\right)^{6}+\cdots\end{aligned}\tag{21}$$

根据[47] 中所述，当 $p=n$ 是正整数时，除解(20) 外方程(16) 还有下面形状的第二个解

$$K_{n}(x)=\beta J_{n}(x)\lg x+x^{-n}\sum_{s=0}^{\infty}\beta_{s}x^{s}\tag{22}$$

显然，当 $x=0$ 时，这个解成为无穷大.

当 $p=n$ 时，方程(16) 的一般积分是

$$y=C_{1}J_{n}(x)+C_{2}K_{n}(x)\tag{23}$$

若我们要得到恰好在 $x=0$ 的解，则应当取常数 C_{2} 等于零，就是应当只限于解(20).

再仔细讲当 $p=0$ 时解(22) 的形状. 在这种情形下方程是

$$y''+\frac{1}{x}y'+y=0\tag{24}$$

公式(21) 给出它的一个解. 第二个解可以由下面的形状来求

$$\beta J_{0}(x)\lg x+\beta_{0}+\beta_{1}x+\beta_{2}x^{2}+\cdots$$

取这个解与已经求出的解的线性结合，可以把自由项化为零，所以结果可以用下面的形状来求

$$\beta J_{0}(x)\lg x+\beta_{1}x+\beta_{2}x^{2}+\cdots$$

代入这个表达式到方程(24) 的左边，再应用待定系数法，可以逐步确定出 β_{n}.

我们不作全部的计算，只讲结果得到的第二个解的表达式. 这时，系数 β 是不等于零的，我们让它等于 1

$$K_0(x)=J_0(x)\lg x+\frac{x^2}{2^2}-\frac{x^4}{2^2\cdot 4^2}\left(1+\frac{1}{2}\right)+\frac{x^6}{2^2\cdot 4^2\cdot 6^2}\left(1+\frac{1}{2}+\frac{1}{3}\right)-\cdots$$

这个数叫作第二项零级贝塞尔函数或柱面函数.

最后，设 $p=\frac{2n+1}{2}$ 是奇整数的一半. 在这种情形下，指标方程的两个根之差等于整数 $(2n+1)$，不过两个解(17) 与(18) 都有效，而且它们是线性无关的，因为幂级数前的因子一个是 $x^{\frac{2n+1}{2}}$，而另一个是 $x^{-\frac{2n+1}{2}}$，于是推知，这两个解之比不可能是常量.

例如，在解(17) 中代入 $p=\frac{1}{2}$，得到级数

$$x^{\frac{1}{2}}\left[1-\frac{x^2}{2\cdot 3}+\frac{x^4}{2\cdot 4\cdot 3\cdot 5}-\frac{x^6}{2\cdot 4\cdot 6\cdot 3\cdot 5\cdot 7}+\cdots\right]=\frac{1}{\sqrt{x}}\left[x-\frac{x^3}{3!}+\frac{x^5}{5!}-\frac{x^7}{7!}+\cdots\right]=\frac{\sin x}{\sqrt{x}}$$

这个解乘以常数因子 $\sqrt{\frac{2}{\pi}}$，就得到贝塞尔函数 $J_{\frac{1}{2}}(x)$

$$J_{\frac{1}{2}}(x)=\sqrt{\frac{2}{\pi x}}\sin x \tag{26}$$

同样，公式(18) 给出

$$J_{-\frac{1}{2}}(x)=\sqrt{\frac{2}{\pi x}}\cos x \tag{27}$$

于是当 $p=\frac{1}{2}$ 时方程(16) 的一般积分是

$$y=C_1J_{\frac{1}{2}}(x)+C_2J_{-\frac{1}{2}}(x)$$

对于具有附标等于奇整数之半的贝塞尔函数，我们不证明，只给出它们通过初等函数的表达式

$$J_{\frac{2n+1}{2}}(x)=\sqrt{\frac{2}{\pi x}}\left[P_n\left(\frac{1}{x}\right)\sin x+Q_n\left(\frac{1}{x}\right)\cos x\right]$$

其中 $P_n\left(\frac{1}{x}\right)$ 与 $Q_n\left(\frac{1}{x}\right)$ 是 $\frac{1}{x}$ 的多项式. 特别是

$$J_{\frac{3}{2}}(x)=\sqrt{\frac{2}{\pi x}}\left(\frac{\sin x}{x}-\cos x\right)$$

$$J_{\frac{5}{2}}(x)=\sqrt{\frac{2}{\pi x}}\left[\left(\frac{3}{x^2}-1\right)\sin x-\frac{3}{x}\cos x\right]$$

$$J_{-\frac{3}{2}}(x)=\sqrt{\frac{2}{\pi x}}\left(-\sin x-\frac{\cos x}{x}\right)$$

$$J_{-\frac{5}{2}}(x)=\sqrt{\frac{2}{\pi x}}\left[\frac{3}{x}\sin x+\left(\frac{3}{x^2}-1\right)\cos x\right]$$

此外，对于任何整数 n，下面的公式成立

$$J_{\frac{2n+1}{2}}(x)=(-1)^n\cdot\sqrt{\frac{2x}{\pi}}\cdot(2x)^n\frac{\mathrm{d}^n}{\mathrm{d}(x^2)^n}\left(\frac{\sin x}{x}\right)$$

在这公式中需要把偶函数$\frac{\sin x}{x}$对 x^2 求微商 n 次.

49. 可以化为贝塞尔方程的方程

我们讲几个用换元法可以化为贝塞尔方程(16)的方程. 考虑下面形状的方程

$$x^2y''+xy'+(k^2x^2-p^2)y=0 \tag{28}$$

其中 k 是某一个常数，不等于零. 引用新的自变量 $\xi=kx$ 以替代 x. 这时需要在方程(28)中替换以

$$y'=\frac{\mathrm{d}y}{\mathrm{d}x}=\frac{\mathrm{d}y}{\mathrm{d}\xi}\cdot\frac{\mathrm{d}\xi}{\mathrm{d}x}=k\frac{\mathrm{d}y}{\mathrm{d}\xi}\text{ 与 }y''=\frac{\mathrm{d}}{\mathrm{d}x}\left(k\frac{\mathrm{d}y}{\mathrm{d}\xi}\right)=k^2\frac{\mathrm{d}^2y}{\mathrm{d}\xi^2}$$

于是方程(28)写成

$$k^2x^2\frac{\mathrm{d}^2y}{\mathrm{d}\xi^2}+kx\frac{\mathrm{d}y}{\mathrm{d}\xi}+(k^2x^2-p^2)y=0$$

或

$$\xi^2\frac{\mathrm{d}^2y}{\mathrm{d}\xi^2}+\xi\frac{\mathrm{d}y}{\mathrm{d}\xi}+(\xi^2-p^2)y=0$$

这是具有自变量 ξ 的贝塞尔方程(16)，如此，根据 $\xi=kx$，方程(28)的一般积分就是

$$y=C_1J_p(kx)+C_2J_{-p}(kx) \tag{29}$$

或者，如果 $p=n$ 是正整数或零

$$y=C_1J_n(kx)+C_2K_n(kx) \tag{29_1}$$

再讲更广泛的一类可以化为贝塞尔方程的方程. 为此在方程(16)中，依照下列公式，引用新的自变量 t 以及新的函数 u

$$y=t^\alpha u\text{ 与 }x=\gamma t^\beta \tag{30}$$

其中，α，β 与 γ 是常数，并且 β 与 γ 不等于零. 求微商，显然有等式

$$\frac{\mathrm{d}t}{\mathrm{d}x}=\frac{1}{\beta\gamma}t^{1-\beta},\frac{\mathrm{d}y}{\mathrm{d}x}=\frac{1}{\beta\gamma}t^{1-\beta}\frac{\mathrm{d}y}{\mathrm{d}t}$$

$$\frac{\mathrm{d}^2y}{\mathrm{d}x^2}=\frac{1}{\beta\gamma}t^{1-\beta}\left(\frac{1}{\beta\gamma}t^{1-\beta}\frac{\mathrm{d}^2y}{\mathrm{d}t^2}+\frac{1-\beta}{\beta\gamma}t^{-\beta}\frac{\mathrm{d}y}{\mathrm{d}t}\right)$$

并且此外

$$\frac{\mathrm{d}y}{\mathrm{d}t}=t^{\alpha}\frac{\mathrm{d}u}{\mathrm{d}t}+\alpha t^{\alpha-1}u,\frac{\mathrm{d}^2y}{\mathrm{d}t^2}=t^{\alpha}\frac{\mathrm{d}^2u}{\mathrm{d}t^2}+2\alpha t^{\alpha-1}\frac{\mathrm{d}u}{\mathrm{d}t}+\alpha(\alpha-1)t^{\alpha-2}u$$

代入 $y,\frac{\mathrm{d}y}{\mathrm{d}x}$ 与 $\frac{\mathrm{d}^2y}{\mathrm{d}x^2}$ 的表达式到方程(16) 中,并用通过 $u,\frac{\mathrm{d}u}{\mathrm{d}t}$ 与 $\frac{\mathrm{d}^2u}{\mathrm{d}t^2}$ 的表达式来替代 $\frac{\mathrm{d}y}{\mathrm{d}t}$ 与 $\frac{\mathrm{d}^2y}{\mathrm{d}t^2}$,经过初等变换,就得到关于 u 的方程

$$t^2\frac{\mathrm{d}^2u}{\mathrm{d}t^2}+(2\alpha+1)t\frac{\mathrm{d}u}{\mathrm{d}t}+(\alpha^2-\beta^2p^2+\beta^2\gamma^2t^{2\beta})u=0 \tag{31}$$

方程(16) 具有一般积分

$$y=C_1J_p(x)+C_2J_{-p}(x)$$

于是根据(30) 推知,方程(31) 就有一般积分

$$u=t^{-\alpha}y=C_1t^{-\alpha}J_p(\gamma t^{\beta})+C_2t^{-\alpha}J_{-p}(\gamma t^{\beta}) \tag{32}$$

这里,若 $p=n$ 是正整数或零,则 $J_{-p}(\gamma t^{\beta})$ 需要用 $K_n(\gamma t^{\beta})$ 来替换.

方程(31) 是下面形状的方程

$$t^2\frac{\mathrm{d}^2u}{\mathrm{d}t^2}+at\frac{\mathrm{d}u}{\mathrm{d}t}+(b+ct^m)u=0 \tag{33}$$

其中

$$2\alpha+1=a,\alpha^2-\beta^2p^2=b,\beta^2\gamma^2=c,2\beta=m \tag{34}$$

反之,对于任何的给定的形状如(33) 的方程,在常数 c 与 m 不等于零的条件下,由公式(34) 可以求出 α,β,γ 与 p,于是依照公式(32) 可以贝塞尔函数来表达方程(33) 的一般积分.

若 c 或 m 等于零,则方程(33) 是欧拉方程[42],于是可以化为简单的常系数方程.

考虑方程(33) 的一个特殊情形

$$t\frac{\mathrm{d}^2u}{\mathrm{d}t^2}+a\frac{\mathrm{d}u}{\mathrm{d}t}+tu=0 \tag{35}$$

把这个方程乘以 t,我们看出,在这种情形下,a 是任意的,$b=0,c=1$ 而 $m=2$. 方程(34) 就是

$$2\alpha+1=a,\alpha^2-\beta^2p^2=0,\beta^2\gamma^2=1,2\beta=2$$

由此可以算出

$$\alpha=\frac{a-1}{2},\beta=1,\gamma=1,p=\frac{a-1}{2}$$

于是,依据(32),(35) 的一般积分是

$$u=C_1t^{\frac{1-a}{2}}J_{\frac{a-1}{2}}(t)+C_2t^{\frac{1-a}{2}}J_{\frac{1-a}{2}}(t)$$

并且,例如,若附标 $\frac{1-a}{2}$ 是负整数或零,则需要用 $K_{\frac{a-1}{2}}$ 来替代 $J_{\frac{1-a}{2}}$. 当 $a=1$ 时

方程(35) 与方程(24) 一致.

普通方程(33) 给出较广泛的一类在应用中常遇到的线性方程,我们看到,它的一般积分可以通过贝塞尔函数来表达.

§3 关于微分方程论的补充适应

50. 关于线性方程的逐步渐近法

我们已经几次谈到过关于微分方程的存在与唯一定理. 现在我们讲这个定理的证明,先讲关于线性微分方程的情形. 对于这个证明,我们应用所谓逐步渐近法,这个方法,我们在讲方程的根的近似计算中已经利用过[Ⅰ,193].

为确定起见,我们考虑两个线性齐次方程的方程组

$$\frac{\mathrm{d}y}{\mathrm{d}x}=p_1(x)y+q_1(x)z,\frac{\mathrm{d}z}{\mathrm{d}x}=p_2(x)y+q_2(x)z \tag{1}$$

具有初始条件

$$y\mid_{x=x_0}=y_0,z\mid_{x=x_0}=z_0 \tag{2}$$

我们算作方程(1) 的系数,在某一个含有初始值 x_0 的区间 I 上是 x 的连续函数,并且在以下的讨论中,我们限制自变量只在这个区间上改变.

自然,方程组(1) 的解 y 与 z 应当是连续函数,而是微商,由这两个方程看出,微商$\frac{\mathrm{d}y}{\mathrm{d}x}$ 与$\frac{\mathrm{d}z}{\mathrm{d}x}$ 也是连续函数,因为在所作的假定下,方程(1) 的右边都是连续函数. 把方程(1) 逐项由 x_0 到 x 求积分并注意(2),就得到

$$\begin{cases}y(x)=y_0+\int_{x_0}^{x}[p_1(t)y(t)+q_1(t)z(t)]\mathrm{d}t\\z(x)=z_0+\int_{x_0}^{x}[p_2(t)y(t)+q_2(t)z(t)]\mathrm{d}t\end{cases} \tag{3}$$

这里,为清楚起见,我写出来函数 y 与 z 中的变量,而把积分变量记作 t,这是为要避免与积分上限 x 相混. 于是,具有初始条件(2) 时方程(1) 可以化为方程(3).

现在我们反过来证明,若连续函数 $y(x)$ 与 $z(x)$ 满足方程(3),则它们满足方程(1) 与初始条件(2). 实际上,在方程(3) 中让 $x=x_0$ 并注意上下限相同的积分等于零,就得到初始条件(2);由方程(3) 对 x 求微商,就得到方程(1)[Ⅰ,96]. 由以上所述推知,在所讲的意义下,方程(3) 相当于具有初始条件(2) 的方程(1),以下我们将只考虑方程(3). 注意,在这两个方程中,未知函数 $y(x)$ 与 $z(x)$ 出现在方程的左边,也出现在右边的积分号下.

我们现在讲逐步渐近法的观念.把初始值 y_0 与 z_0 算作是未知函数 y 与 z 的第一近似函数,在方程(3)的右边用 y_0 与 z_0 来替代 y 与 z.如此得到函数 $y_1(x)$ 与 $z_1(x)$

$$\begin{cases} y_1(x)=y_0+\int_{x_0}^{x}[p_1(t)y_0+q_1(t)z_0]\mathrm{d}t \\ z_1(x)=z_0+\int_{x_0}^{x}[p_2(t)y_0+q_2(t)z_0]\mathrm{d}t \end{cases} \tag{4}$$

它们是 y 与 z 的第二近似函数.这两个函数 $y_1(x)$ 与 $z_1(x)$ 显然在所述的区间 I 上是连续的[Ⅰ,96].再在方程(3)的右边用 $y_1(x)$ 与 $z_1(x)$ 来替代 y 与 z,就得到第三近似函数 $y_2(x)$ 与 $z_2(x)$

$$y_2(x)=y_0+\int_{x_0}^{x}[p_1(t)y_1(t)+q_1(t)z_1(t)]\mathrm{d}t$$

$$z_2(x)=z_0+\int_{x_0}^{x}[p_2(t)y_1(t)+q_2(t)z_1(t)]\mathrm{d}t$$

其中 $y_2(x)$ 与 $z_2(x)$ 在区间 I 上仍然是连续的,依此类推,给出第 $n+1$ 个近似函数的一般公式是

$$\begin{cases} y_n(x)=y_0+\int_{x_0}^{x}[p_1(t)y_{n-1}(t)+q_1(t)z_{n-1}(t)]\mathrm{d}t \\ z_n(x)=z_0+\int_{x_0}^{x}[p_2(t)y_{n-1}(t)+q_2(t)z_{n-1}(t)]\mathrm{d}t \end{cases} \tag{5}$$

由条件,在区间 I 上方程(1)的系数是连续函数,所以在这区间上,它们的绝对值不大于某一个确定的正数 M[Ⅰ,35]

$$|p_1(x)|\leqslant M,\ |q_1(x)|\leqslant M,\ |p_2(x)|\leqslant M,\ |q_2(x)|\leqslant M \quad (x\text{ 在 }I\text{ 上}) \tag{6}$$

此外,把 $|y_0|$ 与 $|z_0|$ 这两个正数中之较大的记作 m,就是

$$|y_0|\leqslant m,\ |z_0|\leqslant m \tag{7}$$

以下我们只考虑在 x_0 右边的区间 I 的一部分,就是算作 $x-x_0\geqslant 0$.对于左边的可以同样考虑.

我们来估计相邻两个近似函数之差.由(4)中第一个公式给出

$$y_1(x)-y_0=\int_{x_0}^{x}[p_1(t)y_0+q_1(t)z_0]\mathrm{d}t$$

在积分号下所有的量都用最大的绝对值来替代,根据(6)与(7)就得到[Ⅰ,95]

$$|y_1(x)-y_0|\leqslant\int_{x_0}^{x}(Mm+Mm)\mathrm{d}t$$

就是说

$$|y_1(x)-y_0|\leqslant m\cdot 2M(x-x_0) \tag{8}$$

同理

$$|z_1(x)-z_0|\leqslant m\cdot 2M(x-x_0) \tag{8_1}$$

当 $n=2$ 时,(5) 中第一个方程是

$$y_2(x)=y_0+\int_{x_0}^{x}[p_1(t)y_1(t)+q_1(t)z_1(t)]\mathrm{d}t$$

由它逐项减掉(4) 中第一个方程就得到

$$y_2(x)-y_1(x)=\int_{x_0}^{x}\{p_1(t)[y_1(t)-y_0]+q_1(t)[z_1(t)-z_0]\}\mathrm{d}t$$

再把积分号下所得的量用绝对值来替代并利用(6),(8) 与(8_1),就得到

$$|y_2(x)-y_1(x)|\leqslant\int_{x_0}^{x}\{M\cdot m\cdot 2M(t-x_0)+M\cdot m\cdot 2M(t-x_0)\}\mathrm{d}t$$

或

$$|y_2(x)-y_1(x)|\leqslant 2^2mM^2\int_{x_0}^{x}(t-x_0)\mathrm{d}t=m\cdot 2^2M^2\left[\frac{(t-x_0)^2}{2!}\right]_{t=x_0}^{t=x}$$

由此结果得到

$$|y_2(x)-y_1(x)|\leqslant m\frac{[2M(x-x_0)]^2}{2!} \tag{9}$$

同理

$$|z_2(x)-z_1(x)|\leqslant m\frac{[2M(x-x_0)]^2}{2!} \tag{9_1}$$

再取当 $n=2$ 与 $n=3$ 时(5) 中第一个方程,逐项相减就得到

$$y_3(x)-y_2(x)=\int_{x_0}^{x}\{p_1(t)[y_2(t)-y_1(t)]+q_1(t)[z_2(t)-z_1(t)]\}\mathrm{d}t$$

像以上一样,利用(6),(9),(9_1) 就有

$$|y_3(x)-y_2(x)|\leqslant m\frac{2^3M^3}{2}\int_{x_0}^{x}(t-x_0)^2\mathrm{d}t$$

由此

$$|y_3(x)-y_2(x)|\leqslant m\frac{[2M(x-x_0)]^3}{3!}$$

$$|z_3(x)-z_2(x)|\leqslant m\frac{[2M(x-x_0)]^3}{3!}$$

继续这样作下去,可以写出来相邻两个近似函数之差的一般估计值

$$\begin{cases}|y_n(x)-y_{n-1}(x)|\leqslant m\dfrac{[2M(x-x_0)]^n}{n!}\\[2ex]|z_n(x)-z_{n-1}(x)|\leqslant m\dfrac{[2M(x-x_0)]^n}{n!}\end{cases} \tag{10}$$

利用这些估计值,不难说明,当 n 无限增加时,函数 $y_n(x)$ 与 $z_n(x)$ 一起趋

向某两个极限函数 $y(x)$ 与 $z(x)$. ①这个序列可以用下面的无穷级数来替代

$$y_0+[y_1(x)-y_0]+[y_2(x)-y_1(x)]+[y_3(x)-y_2(x)]+\cdots+[y_n(x)-y_{n-1}(x)]+\cdots \tag{11}$$

它的前 $n+1$ 项之和等于 $y_n(x)$，如此我们应当证明级数(11) 一致收敛[Ⅰ，44]. 若 l 是 x 改变所在的区间 I 之长，则(10) 中第一个公式说明，级数(11) 中的项的绝对值不超过正数

$$m\frac{(2Ml)^n}{n!}\quad(n=1,2,\cdots)$$

而这些数作成的级数，依照达朗倍尔判别法是收敛的，因为后项与前项之比等于 $\frac{2Ml}{n}$，当 n 无限增加时，它趋向零. 同样也可以由 e^x 的展开式推出来[Ⅰ，129]. 如此，依照维尔斯特拉斯判别法[Ⅰ，147]，在区间 I 上级数(11) 一致收敛，就是说，在这区间上 $y_n(x)$ 一致趋向某一个函数 $y(x)$. 同理可以证明，在 I 上序列 $z_n(x)$ 一致趋向某一个极限函数 $z(x)$，就是说，在 I 上，对 x 来讲，$y_n(x)$ 与 $z_n(x)$ 一致趋向极限

$$\lim_{n\to\infty}y_n(x)=y(x),\lim_{n\to\infty}z_n(x)=z(x) \tag{12}$$

函数 $y_n(x)$ 与 $z_n(x)$ 在 I 上连续，于是可以肯定 $y(x)$ 与 $z(x)$ 在 I 上连续[Ⅰ，145].

注意，对于在 x_0 左边的区间的一部分，那时 $x-x_0\leqslant 0$，我们应当在不等式(8) 与(8_1) 的右边用(x_0-x) 来替代($x-x_0$). 在以下的估计值中需要用(x_0-t) 来替代($t-x_0$)，依此类推. 当($x-x_0$) 用这个差的绝对值来替代时，对于整个区间 I 来讲，不等式(10) 保持正确.

现在证明，这两个极限函数满足方程(3)，也就是方程(1) 与边值条件(2). 这可以由公式(5) 取极限就差不多直接推出来了. 实际上，若当附标 n 无限增加时，取这两个方程两边的极限，则 $y_n(x)$ 与 $y_{n-1}(t)$ 趋向 $y(x)$ 与 $y(t)$，而 $z_n(x)$ 与 $z_{n-1}(t)$ 趋向 $z(x)$ 与 $z(t)$，于是取极限后，对于 $y(x)$ 与 $z(x)$，我们得到方程(3). 以下我们严格地来求这个极限，由(12) 推知

$$\lim_{n\to\infty}[p_1(t)y_{n-1}(t)+q_1(t)z_{n-1}(t)]=p_1(t)y(t)+q_1(t)z(t) \tag{12_1}$$

$$\lim_{n\to\infty}[p_2(t)y_{n-1}(t)+q_2(t)z_{n-1}(t)]=p_2(t)y(t)+q_2(t)z(t)$$

我们证明，在区间 I 上，对 t 来讲，上式是一致趋向极限的. 我们只对第一个公式证明. 极限与变项之差的估计值是

$$|[p_1(t)y(t)+q_1(t)z(t)]-[p_1(t)y_{n-1}(t)+q_1(t)z_{n-1}(t)]|\leqslant$$

$$|p_1(t)||y(t)-y_{n-1}(t)|+|q_1(t)||z(t)-z_{n-1}(t)|$$

---

① 为了以下所讲的，有必要复习一下第一卷中关于变项级数与一致收敛性的几段.

根据 $y_{n-1}(t)$ 与 $z_{n-1}(t)$ 一致趋向 $y(t)$ 与 $z(t)$，对于任何给定的 $\varepsilon > 0$，存在有一个数 N，这个数对于 I 中所有 t 的值都适用，使得当 $n > N$ 时

$$| y(t) - y_{n-1}(t) | < \frac{\varepsilon}{2M}, \quad | z(t) - z_{n-1}(t) | < \frac{\varepsilon}{2M}$$

由此，根据(6) 推知，对于 I 中任何 t 的值，下面的不等式成立：

当 $n > N$ 时

$$| [p_1(t)y(t) + q_1(t)z(t)] - [p_1(t)y_{n-1}(t) + q_1(t)z_{n-1}(t)] | < \varepsilon$$

这就证明了，在整个区间 I 上，或在它的任何一部分(x_0, x) 上，公式(12_1)是一致趋向极限的. 利用对于一致收敛序列取极限换到积分号下的可能性[Ⅰ，145]，由公式(5) 取极限就得到关于 $y(x)$ 与 $z(x)$ 的方程(3).

总结起来可以说，逐步渐近法给出了方程组(1) 具有初始条件(2) 时的解，就是说，我们证明了解的存在性. 现在证明未知解是唯一的. 设方程(3) 有两组解 $y(x), z(x)$ 与 $Y(x), Z(x)$. 把第一组解代入到方程(3) 中，再把第二组解代入到方程(3) 中，然后逐项相减，就得到

$$\begin{cases} y(x) - Y(x) = \int_{x_0}^{x} \{p_1(t)[y(t) - Y(t)] + q_1(t)[z(t) - Z(t)]\} dt \\ z(x) - Z(x) = \int_{x_0}^{x} \{p_2(t)[y(t) - Y(t)] + q_2(t)[z(t) - Z(t)]\} dt \end{cases} \tag{13}$$

取 x_0 之右的一个区间 I_1，长度为 l_1，使得 $2Ml_1 = \theta$ 小于 1. 我们证明在这个区间上，上述的两个解相同. 若不是这样的，则差的绝对值

$$| y(x) - Y(x) |, \quad | z(x) - Z(x) |$$

在 I_1 上有正的极大值，我们把它记作 δ. 例如，设第一个差在点 $x = \xi$ 达到 δ，就是说

$$| y(\xi) - Y(\xi) | = \delta \tag{14}$$

并且

$$| y(x) - Y(x) | \leqslant \delta, \quad | z(x) - Z(x) | \leqslant \delta \quad (x \text{ 在 } I_1 \text{ 上}) \tag{14_1}$$

考虑当 $x = \xi$ 时，(13) 中第一个方程. 像我们以上所作的一样，根据(14_1)，可以得到这个积分的估计值

$$| y(\xi) - Y(\xi) | < 2M\delta(\xi - x_0)$$

由此，利用(14)，并注意 ξ 属于区间 I_1

$$\delta < 2MI_1\delta，就是 \delta < \theta\delta$$

然而最后这个不等式不可能成立，因为 $0 < \theta < 1$.

于是，我们假设解 y, z 与 Y, Z 在区间 I_1 上不相同引至不可能的结果. 把整个区间 I 分成几个长度为 l_1 的区间，我们可以证明所说的两组解在整个区间 I 上是相同的.

现在把最后的结果叙述如下：方程组(1) 具有初始条件(2) 时，若这方程组

的系数在区间 I 上是连续函数,则在区间 I 上存在有一个确定的解,这个解可以由逐步渐近法得到.

我们也能够讨论非齐次方程组,就是,在方程(1)的右边加上在区间 I 上连续的函数 $f_1(x)$ 与 $f_2(x)$. 这时以上的证明仍然保持有效.

二级线性方程

$$y''+p(x)y'+q(x)y=0 \tag{15}$$

可以写成方程组的形状,只要除 y 之外再引用一个未知函数 $z=y'$

$$\frac{\mathrm{d}y}{\mathrm{d}x}=z$$

$$\frac{\mathrm{d}z}{\mathrm{d}x}=-p(x)z-q(x)y$$

如此,当有下面的初始条件时

$$y\big|_{x=x_0}=y_0, y'\big|_{x=x_0}=y'_0 \tag{16}$$

如果在区间 I 上系数 $p(x)$ 与 $q(x)$ 连续的话,上述的结论对于方程(15)是正确的.

利用条件(16)可以把方程(15)写成下面的形状

$$y=y_0+y'_0x-\int_{x_0}^{x}\mathrm{d}x\int_{x_0}^{x}[p(x)y'+q(x)y]\mathrm{d}x \tag{17}$$

其中的二次积分可以依照[15]中公式(23)换成单积分. 等式(17)给出直接应用逐步渐近法于方程(15)的可能性,这时不必把这个方程化为方程组.

例 应用逐步渐近法于我们在[46]中考虑过的例

$$y''-xy=0$$

取初始条件 $y\big|_{x=0}=1$ 与 $y'\big|_{x=0}=0$. 在这种情形下方程(17)是

$$y=1+\int_0^x\mathrm{d}x\int_0^x xy\,\mathrm{d}x$$

在右边代入 $y=1$,得到第二近似函数

$$y_1(x)=1+\int_0^x\mathrm{d}x\int_0^x x\,\mathrm{d}x=1+\frac{x^2}{2\cdot 3}$$

第三近似函数是

$$y_2(x)=1+\int_0^x\mathrm{d}x\int_0^x x\left(1+\frac{x^3}{2\cdot 3}\right)\mathrm{d}x=1+\frac{x^3}{2\cdot 3}+\frac{x^3}{2\cdot 3\cdot 5\cdot 6}$$

取极限,显然得到幂级数

$$y=1+\frac{1}{3!}x^3+\frac{1\cdot 4}{6!}x^6+\frac{1\cdot 4\cdot 7}{9!}x^9+\cdots$$

在[46]中我们得到过这个结果.

51. 非线性方程的情形

在非线性方程的情形,也可以应用逐步渐近法来证明存在与唯一定理,不

过这时最后的结果有些不同.为简单起见,我们考虑一个一级方程

$$y'=f(x,y) \tag{18}$$

具有初始条件

$$y\mid_{x=x_0}=y_0 \tag{19}$$

假设给定的函数 $f(x,y)$ 在初始点 $x=x_0$ 的近旁连续,而且在这近旁有对 y 的有界微商.严格说来,就是在平面 XY 上存在一个这样的矩形 Q(图 27)

$$\begin{cases}x_0-a\leqslant x\leqslant x_0+a\\ y_0-b\leqslant y\leqslant y_0+b\end{cases} \tag{20}$$

在其中 $f(x,y)$ 是连续的而有对 y 的偏微商,并且

$$\left|\frac{\partial f(x,y)}{\partial y}\right|<k \tag{21}$$

其中,k 是一个确定的正数.像在线性方程的情形一样,可以证明,方程(18)具有初始条件(19)时相当于方程

$$y=y_0+\int_{x_0}^{x}f[t,y(t)]\mathrm{d}t \tag{22}$$

这里算作 x 的改变区间不超出区间(x_0-a,x_0+a),而且连续函数 $y(x)$ 的值不超出区间(y_0-b,y_0+b),就是算作具有横坐标 x 与纵坐标 $y(x)$ 的点属于矩形 Q.

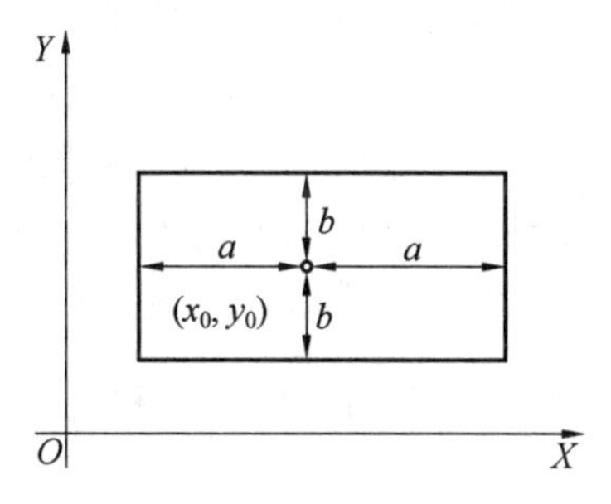

图 27

逐步渐近的计算法将引出类似于公式(4)与(5)的公式

$$y_1(x)=y_0+\int_{x_0}^{x}f(t,y_0)\mathrm{d}t$$

$$\vdots$$

$$y_n(x)=y_0+\int_{x_0}^{x}f[t,y_{n-1}(t)]\mathrm{d}t \tag{23}$$

注意条件(21).若由 Q 中取出横坐标相同的两个点(x_1,y_1)与(x_1,y_2),则依照有限改变量公式[Ⅰ,63],可以写成

$$|f(x_1,y_2)-f(x_1,y_1)|=|y_2-y_1|\left[\frac{\partial f(x_1,y)}{\partial y}\right]_{y=y_3}$$

其中 y_3 在 y_1 与 y_2 之间.这时,条件(21)给出

$$|f(x_1,y_2)-f(x_1,y_1)|<k|y_2-y_1| \tag{24}$$

这个不等式通常叫作李甫希兹不等式,可用以证明 $y_n(x)$ 的收敛性以及解的唯一性.设 M 是连续函数 $f(x,y)$ 在区间 Q 上的最大绝对值,就是说

$$|f(x,y)|\leqslant M \quad ((x,y)\text{ 在 } Q \text{ 上}) \tag{25}$$

当依照公式(23)实行计算时,需要首先认清具有横坐标 x 与纵坐标 $y_n(x)$ 的点不能在由条件(20)所确定的矩形 Q 之外.这里第一个条件给出关于 x 的不等式 $|x-x_0|\leqslant a$.第二个条件化为不等式

$$|y_n(x)-y_0|\leqslant b \tag{26}$$

为要使得对于任何的 n 这个不等式成立,需要使得 x 除适合所给的条件 $|x-x_0|<a$ 外,还要适合条件 $|x-x_0|\leqslant\dfrac{b}{M}$,于是结果关于 x 得到两个不等式

$$|x-x_0|\leqslant a,\ |x-x_0|\leqslant\frac{b}{M} \tag{27}$$

我们证明,这时所有的近似解满足不等式(26).由(23)中第一个方程给出

$$y_1(x)-y_0=\int_{x_0}^{x}f(t,y_0)\mathrm{d}t$$

于是,像以前一样,根据(25),得到这个积分的估计值

$$|y_1(x)-y_0|\leqslant M|x-x_0|$$

由此,根据(27)中第二个条件,$|y_1(x)-y_0|<b$,就是说当 $n=1$ 时,不等式(26)被满足.此外,当保持条件(27)时,上面的公式所确定的函数 $y_1(x)$ 显然是连续的.肯定了这些之后,可以由公式(23)当 $n=2$ 时计算 $y_2(x)$

$$y_2(x)-y_0=\int_{x_0}^{x}f[t,y_1(t)]\mathrm{d}t$$

由此,像以上一样

$$|y_2(x)-y_0|\leqslant M|x-x_0|\leqslant M\frac{b}{M}=b$$

就是说,当 $n=2$ 时不等式(26)被满足,显然,当保持条件(27)时 $y_2(x)$ 是连续函数,以下依此类推.如此我们可以逐步确定出在区间(x_0-c,x_0+c)上的近似解 $y_n(x)$,其中,根据(27),c 是 a 与$\dfrac{b}{M}$这两个数中之较小的.我们把这个区间记作 I.所有的 $y_n(x)$ 在 I 上是连续函数,并且在以下的讨论中我们总算作 x 属于 I.

现在我们来求差 $y_n(x)-y_{n-1}(x)$ 的估计值,这里为简单起见,像我们以前做过的一样,算作 $x-x_0>0$.根据(25),(23)中第一个方程给出

$$|y_1(x)-y_0|\leqslant M(x-x_0) \tag{28}$$

取 $n=2$ 时(23) 中的第二个方程,逐项减去第一个

$$y_2(x)-y_1(x)=\int_{x_0}^{x}\{f[t,y_1(t)]-f(t,y_0)\}\mathrm{d}t$$

由此[Ⅰ,95]

$$|y_2(x)-y_1(x)|\leqslant\int_{x_0}^{x}|f[t,y_1(t)]-f(t,y_0)|\mathrm{d}t$$

或者,根据(24)

$$|y_2(x)-y_1(x)|\leqslant\int_{x_0}^{x}k|y_1(t)-y_0|\mathrm{d}t$$

利用不等式(28),又得到

$$|y_2(x)-y_1(x)|\leqslant kM\int_{x_0}^{x}(t-x_0)\mathrm{d}t=kM\left[\frac{(t-x_0)^2}{2!}\right]_{t=x_0}^{t=x}$$

于是结果得到

$$|y_2(x)-y_1(x)|\leqslant kM\frac{(x-x_0)^2}{2!} \tag{29}$$

再写出 $n=2$ 与 $n=3$ 时(23) 中的两个公式,逐项相减,就得到

$$y_3(x)-y_2(x)=\int_{x_0}^{x}\{f[t,y_2(t)]-f[t,y_1(t)]\}\mathrm{d}t$$

利用不等式(24) 与(29),像以上一样,由此得到

$$|y_3(x)-y_2(x)|\leqslant k^2M\frac{(x-x_0)^3}{3!}$$

继续作下去,就求出一般的不等式

$$|y_n(x)-y_{n-1}(x)|\leqslant\frac{M}{k}\frac{[k(x-x_0)]^n}{n!} \tag{30}$$

若右边的差$(x-x_0)$换成它的绝对值,则对于I中所有的x这不等式是正确的.像以上一样,由这不等式推知,对 x 来讲,在区间 I 上 $y_n(x)$ 一致趋向极限函数 $y(x)$,这个函数连续而且满足不等式(26),就是说 $|y(x)-y_0|\leqslant b$. 由此推知,具有横坐标 x 与纵坐标 $y(x)$ 的点属于矩形 Q. 根据函数 $f(x,y)$ 的连续性,我们有

$$\lim_{n\to\infty}f[t,y_{n-1}(t)]=f[t,y(t)]\quad(t\text{ 在 }I\text{ 中})$$

不难看出,对 t 来讲,在区间 I 上,上式一致趋向极限. 实际上,当给定任何一个正数 ε 时,根据 $f(x,y)$ 在 Q 上的一致连续性,存在有这样一个 δ,使得当(x',y') 与(x'',y'') 是 Q 中任何的点,而且 $|x''-x'|<\delta$, $|y''-y'|<\delta$ 时

$$|f(x'',y'')-f(x',y')|<\varepsilon$$

再者,根据 $y_{n-1}(t)$ 一致趋向 $y(t)$,存在这样一个数 N,适用于 I 中所有的 t 的值,使得当 $n>N$ 而且 t 在 I 中时,$|y(t)-y_{n-1}(t)|<\delta$. 由此推出,对于 I 中所有的 t 的值:

当 $n > N$ 时

$$|f[t, y(t)] - f[t, y_{n-1}(x)]| < \varepsilon$$

于是证明了一致趋向极限. 回到(23)中第二个公式,当 n 无限增加时,取两边的极限. 根据 $f[t, y_{n-1}(t)]$ 一致收敛于 $f[t, y(t)]$,可以在积分号下取极限,于是对于极限函数得到方程(22).

剩下要证明唯一性. 设方程(22)在某一个不超出区间$(x_0 - a, x_0 + a)$的区间$(x_0 - d, x_0 + d)$上有两个解 $y(x)$ 与 $Y(x)$,这里我们可以算作 d 是如此的小,以至于 $y(x)$ 与 $Y(x)$ 不超出区间$(y_0 - b, y_0 + b)$. 把一个解代入到方程(22)中,然后再代入另一个解,逐项相减,就有

$$y(x) - Y(x) = \int_{x_0}^{x} \{f[x, y(x)] - f[x, Y(x)]\} \mathrm{d}x$$

由此

$$|y(x) - Y(x)| \leqslant \int_{x_0}^{x} \{f[x, y(x)] - f[x, Y(x)]\} \mathrm{d}x$$

于是根据(24)

$$|y(x) - Y(x)| \leqslant k \int_{x_0}^{x} |y(x) - Y(x)| \mathrm{d}x$$

取长度为 l_1 的区间,使得 $kl_1 = \theta$ 小于 1,像以前一样,可以证明 $y(x)$ 与 $Y(x)$ 相同. 于是,在对于 $f(x, y)$ 所作的假定下,方程(18)具有初始条件(19)时有确定的解,它存在于区间$(x_0 - e, x_0 + e)$上,其中 e 是 a 与 $\frac{b}{M}$ 两个数中较小的数,并且这个解可以由逐步渐近法求得. 注意,在非线性方程的讨论中,比起线性方程组的情形来,确定 x 的改变区间是比较复杂的,在线性方程组的情形,这个区间与系数保持连续的区间重合. 我们就下面的例题仔细阐明这个问题.

例 考虑方程

$$y' = x + y^2 \tag{31}$$

具有初始条件

$$y|_{x=0} = 0 \tag{32}$$

方程(22)是

$$y(x) = \int_0^x [t + y^2(t)] \mathrm{d}t \tag{33}$$

在右边用零来替代 $y(t)$ 以计算第二近似解

$$y_1(x) = \int_0^x t \mathrm{d}t = \frac{x^2}{2}$$

把它代入到(33)的右边以确定第三近似解

$$y_2(x) = \int_0^x \left[t + \frac{t^4}{4}\right] \mathrm{d}t = \frac{x^2}{2} + \frac{x^5}{20}$$

现在我们来确定 x 的改变区间，在这个区间上我们应用逐步渐近法. 在点(0,0) 附近作出的任何矩形上，方程(31) 的右边连续而有对 y 的有界微商，就是说，出现在条件(20) 中的数 a 与 b，我们可以任意取. 这时

$$M=\max|x+y^2|=a+b^2$$

于是确定要求的 x 的改变区间的不等式是

$$|x|\leqslant a,\ |x|\leqslant\frac{b}{a+b^2}$$

若 b 取得逼近于零或是很大，则第二个不等式给出很狭的 x 的改变区间. 若 a 取得很大也是如此. 不过当 a 很小时第一个不等式给出很狭的区间. 如此，纵然当 x 与 y 取有限值时方程(31) 的右边没有任何的奇异性，我们也不能很好地得到 x 的随意多大的区间.

52. 一级微分方程的奇异点

若方程

$$y'=f(x,y) \tag{34}$$

的右边在点 (x_0,y_0) 及其近旁是连续函数而有对 y 的有界微商，则依照存在与唯一定理，通过这个点 (x_0,y_0) 必有一条而且仅有一条积分曲线. 若函数 $f(x,y)$ 在某一点不满足所述的条件，则这样的点我们叫作方程(34) 的奇异点. 一般说来，在这样的点存在与唯一定理不成立.

把方程(34) 写成含有微分的形式

$$\frac{\mathrm{d}x}{P(x,y)}=\frac{\mathrm{d}y}{Q(x,y)} \tag{35}$$

为简单起见，设 $P(x,y)$ 与 $Q(x,y)$ 是 x 与 y 的多项式. 若 $P(x_0,y_0)\neq 0$，则方程(35) 可以写成

$$\frac{\mathrm{d}y}{\mathrm{d}x}=\frac{Q(x,y)}{P(x,y)}$$

只要适合所述的条件，这里所写的方程的右边在点 (x_0,y_0) 及其近旁就是连续函数，而且有对 y 的有界微商，它由普通的求商的微商的法则确定. 所以，若 $P(x_0,y_0)\neq 0$，则满足存在与唯一定理的条件，于是通过这个点必有一条而且仅有一条方程(35) 的积分曲线. 若 $P(x_0,y_0)=0$，但是 $Q(x_0,y_0)\neq 0$，则方程(35) 可以写成下面的形状

$$\frac{\mathrm{d}x}{\mathrm{d}y}=\frac{P(x,y)}{Q(x,y)}$$

取 x 作为 y 的函数. 右边的分母在点 (x_0,y_0) 不等于零，于是像以上一样，对于点 (x_0,y_0) 可以应用存在与唯一定理. 如此方程(35) 的奇异点是那样的点，在这些点 $P(x,y)$ 与 $Q(x,y)$ 一起等于零，就是说，这些点的坐标可以由方程组

$$P(x,y)=0, Q(x,y)=0 \tag{36}$$

的实数解得来.

以上所述也适用于 $P(x,y)$ 与 $Q(x,y)$ 是展开为 $(x-x_0)$ 与 $(y-y_0)$ 的正整幂级数的情形.若至少有一个级数的自由项不是零,则对于点 (x_0,y_0) 可以应用存在与唯一定理.在相反的情形下,这个点是方程的奇异点.

在流体稳定流动的例中我们提到过奇异点的概念[12].设 $P(x,y)$ 与 $Q(x,y)$ 是速度向量 $\boldsymbol{v}(x,y)$ 在坐标轴上的投影.表达切线与速度向量平行的条件的方程(35)就是流线的微分方程.若在某一点向量 $\boldsymbol{v}(x,y)$ 不是零,则在这一点向量 $\boldsymbol{v}(x,y)$ 的投影 $P(x,y)$ 与 $Q(x,y)$ 中至少有一个不等于零,于是依照存在与唯一定理,通过这个点必有一条且仅有一条流线.向量 $\boldsymbol{v}(x,y)$ 等于零的点,就是使得等式(36)成立的点,是方程(35)的奇异点,叫作所考虑的流动的临界点.在这样的点,情况仍是不同的:流线可能相交,可能渐近于这点,或者是围绕着它的封闭曲线.如此奇异点可能有各种的特征,为要研究运动(方程的积分曲线),确定奇异点的特征是很重要的.在下一段中,我们就特例来解答这个问题.

53. 流体的平面共线性运动的流线

我们考虑一种特殊情形,就是速度的投影 $P(x,y)$ 与 $Q(x,y)$ 是一次多项式的情形

$$P(x,y)=a_{11}x+a_{12}y+b_1, Q(x,y)=a_{21}x+a_{22}y+b_2$$

在这种情形下,流体的运动叫作共线性的.

先设直线

$$a_{11}x+a_{12}y+b_1=0 \text{ 与 } a_{21}x+a_{22}y+b_2=0 \tag{37}$$

不平行.把它们的交点移作坐标原点,于是自由项 b_1 与 b_2 化为零.方程就有下面的形状

$$\frac{\mathrm{d}x}{a_{11}x+a_{12}y}=\frac{\mathrm{d}y}{a_{21}x+a_{22}y} \tag{38}$$

对于这个方程来讲坐标原点显然是个奇异点.我们讲如何可以依照系数 a_{ik} 来判断这个奇异点的特征.

不难看出,方程(38)是个齐次方程,于是可以用[3]中所讲的方法来求积分.不过我们应用另一个方法,就是引用新的变量 ξ 与 η,先把方程(38)化为便于直接讨论的形状.

设

$$\xi=m_1x+n_1y, \eta=m_2x+n_2y \tag{39}$$

由此

$$d\xi = m_1 dx + n_1 dy, d\eta = m_2 dx + n_2 dy$$

由方程(38),按照比例法得到

$$\frac{d\xi}{m_1(a_{11}x + a_{12}y) + n_1(a_{21}x + a_{22}y)} = \frac{d\eta}{m_2(a_{11}x + a_{12}y) + n_2(a_{21}x + a_{22}y)} \tag{40}$$

现在来确定公式(39)中的系数,使得所写的分式的分母对应地与 ξ 及 η 成比例.对于第一个分母就有

$$m_1(a_{11}x + a_{12}y) + n_1(a_{21}x + a_{22}y) = \rho(m_1 x + n_1 y)$$

由此,比较 x 以及 y 的系数,就得到用以确定 m_1 与 n_1 的齐次方程组

$$\begin{cases}(a_{11} - \rho)m_1 + a_{21}n_1 = 0 \\ a_{12}m_1 + (a_{22} - \rho)n_1 = 0\end{cases} \tag{41_1}$$

同样,让第二个分母等于 $\rho\eta$,就得到确定 m_2 与 n_2 的方程组

$$\begin{cases}(a_{12} - \rho)m_2 + a_{21}n_2 = 0 \\ a_{12}m_2 + (a_{22} - \rho)n_2 = 0\end{cases} \tag{41_2}$$

其中比例系数 ρ 具有另一个值.

值 $m = n = 0$ 对于我们不适用,因为这时变量的变换(39)失去意义.于是我们需要使得方程组(41_1)与(41_2)有解,而不是所说的 $m = n = 0$.不过两个一次齐次方程

$$\alpha_1 x + \beta_1 y = 0, \alpha_2 x + \beta_2 y = 0$$

必须且仅须当对应于它们的直线重合时,就是它们的系数成比例时,才有异于 $x = y = 0$ 的解.在方程组(41_1)与(41_2)的情形,这就引出了下面的比例

$$\frac{a_{11} - \rho}{a_{12}} = \frac{a_{21}}{a_{22} - \rho}$$

它给出确定 ρ 的二次方程

$$\rho^2 - (a_{11} + a_{22})\rho + (a_{11}a_{22} - a_{12}a_{21}) = 0 \tag{42}$$

这时,方程组(41_1)以及(41_2)各化为一个方程,由这两个方程我们可以确定出异于 $m = n = 0$ 的解.

现在我们详细讨论各种可能的情形.

(A) 方程(42)有两个不同的根 ρ_1 与 ρ_2.

把 $\rho = \rho_1$ 代入到方程(41_1)中,$\rho = \rho_2$ 代入到方程(41_2)中,像以上所讲过的,确定出公式(39)中的系数后,方程(40)就化为可分离变量的方程

$$\frac{d\xi}{\rho_1\xi} = \frac{d\eta}{\rho_2\eta} \tag{43}$$

现在再把情形(A)分为几种特殊情形来讨论.

1) 方程(42)的根 ρ_1 与 ρ_2 是实根而且同号.求方程(43)的积分,就得到

$$\lg \xi^{\rho_2}=\lg \eta^{\rho_1}+\lg C_1$$

其中我们用 $\lg C_1$ 记任意常数.

于是推出

$$\xi^{\rho_2}=C_1\eta^{\rho_1},\xi=C\eta^{\frac{\rho_1}{\rho_2}}\quad (C=C_1^{\frac{1}{\rho_2}})$$

或

$$(m_1x+n_1y)=C(m_2x+n_2y)^{\frac{\rho_1}{\rho_2}} \tag{44}$$

在所考虑的情形下,商$\frac{\rho_1}{\rho_2}$是正数,于是推知,当 C 取任何值时,$x=y=0$ 满足方程(44),就是说,任何流线(积分曲线)穿过这奇异点(图 28). 这样的奇异点叫作节点.

2)ρ_1 与 ρ_2 是实根而异号. 在这种情形下,分数$\frac{\rho_1}{\rho_2}$是负的. 把它记作$(-\mu)$,其中 μ 是正数,可以把一般积分(44) 写成下面的形状

$$(m_1x+n_1y)(m_2x+n_2y)^{\mu}=C\quad (\mu>0) \tag{45}$$

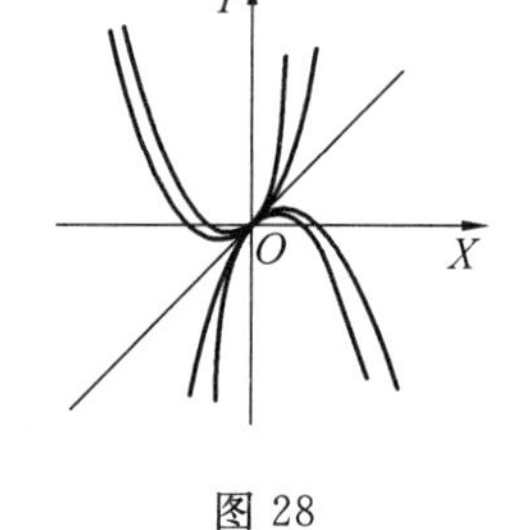

图 28

代入 $x=y=0$,得到 $C=0$,就是说通过坐标原点的流线具有方程

$$(m_1x+n_1y)(m_2x+n_2y)^{\mu}=0$$

这个方程对应于两条直线

$$\begin{aligned}m_1x+n_1y&=0\\m_2x+n_2y&=0\end{aligned} \tag{46}$$

如此在所考虑的情形下有两条而且只有两条流线(积分曲线) 通过这奇异点. 这样的奇异点叫作中性点或鞍点. 当 C 取异于零的值时,曲线(45) 有些像双曲线(当 $\mu=1$ 时,就是双曲线),直线(46) 是它们的渐近线(图 29).

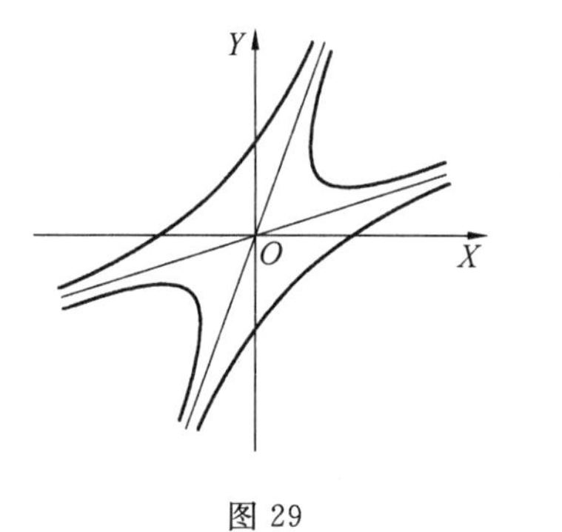

图 29

3)ρ_1 与 ρ_2 是共轭虚根而实部异于零

$$\rho_1=\alpha+\beta\mathrm{i},\rho_2=\alpha-\beta\mathrm{i}\quad (\alpha 与 \beta\neq 0)$$

在方程组(41_1) 与(41_2) 的系数中分别代入 ρ 的共轭值,得到的方程组的对应系数就是共轭数. 所以,随意取一个方程的解 m_1 与 n_1,用$(-\mathrm{i})$来替代其中的 i,就得到第二个方程组的解 m_2 与 n_2. 根据公式(39),由此推知,ξ 与 η 也可以算作是共轭的

$$\xi=\xi_1+\eta_1\mathrm{i},\eta=\xi_1-\eta_1\mathrm{i}$$

其中 ξ_1 与 η_1 是下面形状的 x 与 y 的实多项式

$$\xi_1=p_1x+q_1y,\eta_1=p_2x+q_2y \tag{47}$$

方程(43)就是

$$\frac{d\xi_1+id\eta_1}{(\alpha+\beta i)(\xi_1+\eta_1 i)}=\frac{d\xi_1-id\eta_1}{(\alpha-\beta i)(\xi_1-\eta_1 i)}$$

或

$$\frac{d\xi_1+id\eta_1}{(\alpha\xi_1-\beta\eta_1)+(\beta\xi_1+\alpha\eta_1)i}=\frac{d\xi_1-id\eta_1}{(\alpha\xi_1-\beta\eta_1)-(\beta\xi_1+\alpha\eta_1)i}$$

考虑前后项的和与差的比,依照比例的性质,可以求得

$$\frac{d\xi_1}{\alpha\xi_1-\beta\eta_1}=\frac{d\eta_1}{\beta\xi_1+\alpha\eta_1}$$

由此

$$\xi_1 d\xi_1+\eta_1 d\eta_1=\frac{\alpha}{\beta}(\xi_1 d\eta_1-\eta_1 d\xi_1)$$

或

$$\frac{\xi_1 d\xi_1+\eta_1 d\eta_1}{\xi_1^2+\eta_1^2}=\frac{\alpha}{\beta}\ \frac{1}{1+\frac{\eta_1^2}{\xi_1^2}}\ \frac{\xi_1 d\eta_1-\eta_1 d\xi_1}{\xi_1^2}$$

让

$$u=\xi_1^2+\eta_1^2,v=\frac{\eta_1}{\xi_1}$$

就有

$$\frac{du}{2u}=\frac{\alpha}{\beta}\ \frac{dv}{1+v^2},\frac{1}{2}\lg u=\frac{\alpha}{\beta}\arctan v+\lg C$$

于是推知,一般积分是

$$\lg\sqrt{\xi_1^2+\eta_1^2}=\frac{\alpha}{\beta}\arctan\frac{\eta_1}{\xi_1}+\lg C \tag{48}$$

或

$$\sqrt{\xi_1^2+\eta_1^2}=Ce^{\frac{\alpha}{\beta}\arctan\frac{\eta_1}{\xi_1}}$$

在平面(ξ_1,η_1)上引用极坐标 $\xi_1=r\cos\theta,\eta_1=r\sin\theta$,就得到

$$r=Ce^{\frac{\alpha}{\beta}\theta}$$

就是说,在坐标系(ξ_1,η_1)中,流线是对数螺线,在同一方向环绕着坐标原点[Ⅰ,83].由于(x,y)与(ξ_1,η_1)由变换(47)所联系,在原始坐标系(x,y)中,流线就是类似形状的螺线.如此,在所考虑的情形下,没有一条流线(积分曲线)通过这奇异点,而且任何流线都环绕着它而渐近于它(图30).这样的奇异点叫作焦点.

4)ρ_1与ρ_2是纯虚根$(\pm\beta i)$.在公式(48)中让$\alpha=0$,得到

$$\xi_1^2+\eta_1^2=C^2 \tag{49}$$

或在原始坐标系

$$(p_1x+q_1y)^2+(p_2x+q_2y)^2=C^2 \tag{50}$$

替代了圆周(49) 我们得到相似的椭圆. 如此,在这种情形下,没有一条流线(积分曲线)通过这奇异点,不过与前一种情形不同,在这种情形下奇异点被封闭的流线圈着(图 31),而不是被螺线卷着. 这样的奇异点叫作中心.

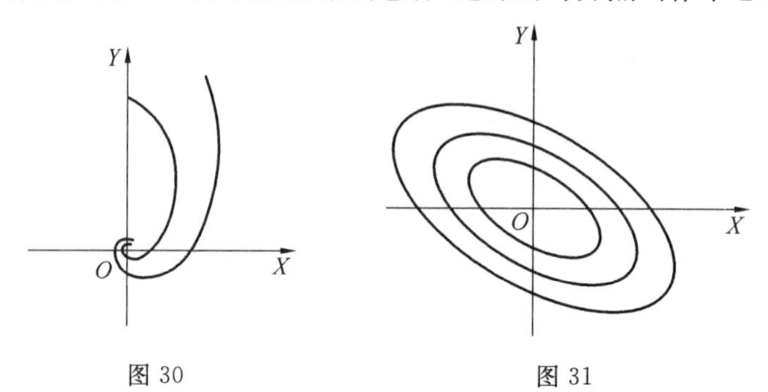

图 30　　图 31

(B) 方程(42) 有异于零的重根 $\rho_1=\rho_2$. 当把 $\rho=\rho_1$ 代入到方程组(41_1) 与(41_2) 时,可能遇到两种情形:或者所有的系数都成为零,或者系数中至少有一个不等于零. 先考虑第一种情形

$$a_{12}=a_{21}=0, a_{11}=a_{22}=\rho_1 \tag{51}$$

这时方程(38) 具有下面的形状

$$\frac{\mathrm{d}x}{\rho_1 x}=\frac{\mathrm{d}y}{\rho_1 y} \text{ 或 } \frac{\mathrm{d}x}{x}=\frac{\mathrm{d}y}{y}$$

于是它的一般积分 $y=Cx$ 是通过原点的直线族,就是说,坐标原点是节点.

5) 系数

$$a_{12}, a_{21}, a_{11}-\rho_1, a_{22}-\rho_1$$

中至少有一个不等于零. 不难看出,这时 a_{12} 与 a_{21} 不能都等于零. 实际上,若 $a_{12}=a_{21}=0$,注意 ρ_1 是方程(42) 的重根,就要得到 $a_{11}=a_{22}=\rho_1$. 在所作的假设下,方程(42) 成为方程 $\rho^2-(a_{11}+a_{22})\rho+a_{11}a_{22}=0$,由方程(42) 的根是重根这条件给出 $a_{11}=a_{22}$,于是 a_{11} 与 a_{22} 的共同值就是这方程的重根. 于是若假设 $a_{12}=a_{21}=0$,则满足条件(51),这与我们所作的假定相违,所以必须系数 a_{12} 与 a_{21} 中有一个不等于零. 例如,设 $a_{21}\neq 0$. 方程(42) 的重根显然就是

$$\rho_1=\frac{a_{11}+a_{22}}{2}$$

于是像我们以前讲过的,当代入以 $\rho=\rho_1$ 时,方程组(41_1) 应当化为一个方程

$$\frac{a_{11}-a_{22}}{2}m_1+a_{21}n_1=0$$

取 $m_1=a_{21}, n_1=-\frac{a_{11}-a_{22}}{2}$,就是

$$\xi=a_{21}x-\frac{a_{11}-a_{22}}{2}y \tag{52}$$

第二个变量 y 保留以前的不动.微分方程就可以写成下面的形状

$$\frac{\mathrm{d}\xi}{\rho_1\xi}=\frac{\mathrm{d}y}{a_{21}x+a_{22}y}$$

或者,用由公式(52)所确定的 x 的表达式来替代 x

$$\frac{\mathrm{d}\xi}{\rho_1\xi}=\frac{\mathrm{d}y}{\xi+\rho_1 y}$$

引用新的变量 t 以替代 y

$$y=t\xi$$

把方程化为

$$\frac{1}{\rho_1}\frac{\mathrm{d}\xi}{\xi}=\mathrm{d}t$$

求积分,得到一般积分

$$y=\frac{\xi}{\rho_1}\lg(C\xi)$$

ξ 与 C 的符号应当相同,而且当 $\xi\to 0$ 时显然 $y\to 0$,同时

$$y'=\frac{1}{\rho_1}[1+\lg(C\xi)]\to\infty$$

就是说,在坐标系(ξ,y)中,积分曲线穿过坐标原点而与 OY 轴相切(图 32),于是,坐标原点是节点.

当把方程(35)变换到(38)的形状时,重要的是假定了直线(37)不平行.若它们平行,则它们的左边不能同时等于零,就是说,速度向量在任何一点都不等于零,于是流线的微分方程

$$\frac{\mathrm{d}x}{a_{11}x+a_{21}y+b_1}=\frac{\mathrm{d}y}{a_{21}x+a_{22}y+b_2}$$

没有奇异点,所以通过平面上任何一点必有一条且仅有一条流线.

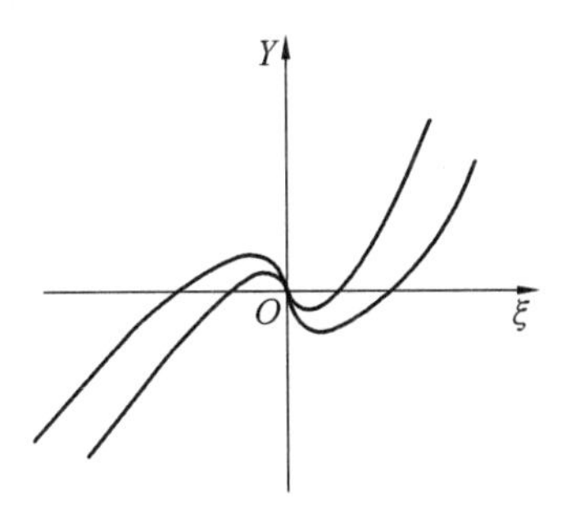

图 32

比较共线性运动更普遍的在坐标原点有奇异点的方程是

$$\frac{\mathrm{d}x}{a_{11}x+a_{12}y+b_1x^2+c_1xy+\cdots}=\frac{\mathrm{d}y}{a_{21}x+a_{22}y+b_2x^2+c_2xy+\cdots}\quad(53)$$

这里分母中含有关于 x 与 y 的高于一次的项.除去例外情形,求这样的方程的积分不能化为普通积分,不过在某些情形下,可以由方程(53)中分母中的一次项的系数来确定奇异点的特征,完全不必求这个方程的积分.大概地说,可以这样考虑:当 x 与 y 的绝对值很小时,就是说在坐标原点的近旁时,方程(53)的分母中的高次项与一次项比较起来是很小的,于是可以这样想,在坐标原点附近,积分曲线的分布,无论它是怎么样的,要近似于在分母中只保留一次项时

所应有的情形.若是这样,则对于方程(53),我们会遇到以上对于共线性运动所有的同样类型的奇异点.除去某些例外,事实上确是这样的.我们只把最后的结果叙述如下,不给证明:

1)若二次方程(42)的根是不同的实根而且同号,则方程(53)的奇异点是节点.这指明,任何一条足够逼近于奇异点的积分曲线通过这个点.

2)若方程(42)的根是实根而异号,则奇异点是鞍点,就是说有两条积分曲线通过这点.

3)若方程(42)的根是复根而实部不等于零,则奇异点是焦点.

4)若方程(42)的根是纯虚根,则奇异点是焦点或中心.

俄国大众数学传统——过去和现在

附录

本附录的作者为 A. B. Sossinsky，译者为吴雅萍. A. B. Sossinsky 现为莫斯科电子学与数学研究所高级研究员及莫斯科独立大学讲师.

对西方观察家来说，下述事实令他们深感奇怪：在赫鲁晓夫与勃列日涅夫的极权统治年代里，几乎处于完全孤立的情形下繁荣一时的俄国数学学派，在国家向民主和正规市场经济迈进的今天却面临消亡的威胁. 当然，至少对目前正发生的空前的数学人才外流现象，有其明显的经济原因. 然而如果人们想解释这一矛盾现象，还应了解这一问题的一些更深层的、不那么明显的方面，在西方这是鲜为人知的.

其中一个方面可称作"非正规的大众化数学的传统"——正是本附录的主题.

社会和文化范畴

苏联的大众数学传统的特定形式，只能在俄罗斯文化遗产的框架内以及苏联政体的政治范畴内才能理解. 前者包括俄国科学职业在长时期内的威望，它把东方人对"宗教领袖"的尊崇与德国人对"绅士教授"的尊敬融合起来；同时它还包括传统的对自谦的钦佩，以及优秀的公民、贵族或知识分子通过“走向人民”和与大众分享其文化遗产以增进社会的公正所做出的常常是天真的努力.

这一背景对所有的学科都是相同的，但由于起决定作用的政治性原因，其对数学的影响却是独特的：几十年来在苏联，数学是唯一的一门其自身发展不受意识形态权威人物的严密监督和左右的科学，这一事实是众所周知的. 有才能的年轻人很快就认识到学习生物学就意味着要遵从李森科的荒谬原理，研究历史则意味着要遵循马克思主义的一家之言. 而数学却保持其独立和纯洁：一条定理，一旦被证明了，则不管党魁们喜欢与否都是正确的. 事实上，直到 20 世纪 60 年代末，党魁们不仅对定理而且对证明它们的人都并不是特别介意.

因此苏联数学家有极好的机遇来吸引最有才能的学生从事他们的职业，并且他们抓住了这一机遇，并为此建立了新的非官方的机构.

奥林匹克竞赛与数学兴趣小组

首届数学奥林匹克竞赛是在 1936 年由 B. N. Delone 在列宁格勒组织的，他在第二年还发起了莫斯科数学奥林匹克竞赛. B. N. Delone 是一位多面手，他既是数论专家、几何学家，又是有成就的登山运动员、说书人及讲师. 他自己设计这些数学竞赛的形式 —— 现今在很多文明国家中已很流行，且使这些竞赛有了成功的开始. 他得到了权威数学家们的支持，特别是 A. N. Kolmogorov 和 I. G. Petrovsky. 就其特色而言，近 40 年来，数学奥林匹克竞赛一直是非官方的，在没有重大经济资助下发挥了作用，并且是靠年轻数学家的无私热情来完成的.

在因第二次世界大战而中断一段时间后，奥林匹克竞赛扩展到全国，并形成了金字塔式结构：首届全俄数学奥林匹克竞赛在 1961 年举行，首届全苏决赛则于 1967 年在第比利斯举行. 直到 20 世纪 70 年代中期，它基本上仍是一项非官方的活动，并从 Petrovsky 所在的莫斯科大学得到一些经济资助，还从当地一些数学家那里获得帮助. 奥林匹克数学竞赛是一种多阶段性竞赛，它从学校一级开始，一个有才能的高中生要在城市、地区以及共和国等各种级别的竞赛中取胜，才可以参加权威性的全苏决赛甚至于有资格参加国际竞赛.

从 20 世纪 40 年代后期起，大城市的奥林匹克竞赛与所谓的“数学兴趣小组”密切相关，数学兴趣小组是非常规的解题数学班，通常在周末由年轻的专业研究数学家来指导并向所有有兴趣的高中生开放. 俄国的这一非常规的学习小组的传统可追溯到 19 世纪，小组（在圣彼得堡的列宁的“马克思主义小组”）活动的内容从政治宣传到文学、科学或艺术，以及手工艺等. 实际上，对这种非常规的活动没有历史的记载,但为了了解我们这一代的每一个主要的苏联数学家是怎样产生的,那么了解他们参加的是哪个小组和说明谁是他们的论文导师可能同样重要.

从统计数据看,当时 50 多岁的苏联最好的数学家中,几乎所有的人都参加了数学小组及奥林匹克竞赛. Novikov,Arnold,Kirillov 及 Fuchs 都是 20 世纪 50 年代的奥林匹克竞赛获奖者.

数学学校及数学班

20 世纪 60 年代可能是苏联数学发展中最值得称道的时期. 尽管"赫鲁晓夫的春天"没有达到预期的效果,俄国知识分子从斯大林时期的由恐惧造成的麻木中觉醒过来,而且艺术及科学活动通常能在政治允许的范围内得以重新恢复. 数学家们利用这个有利形势创立新的机构以吸引有才能的年轻人投身数学事业.

第一个也最具雄心的是"物理和数学寄宿学校". 第一所学校是 1961 年在新西伯利亚附近,由有"科学城的沙皇"之称的 M. I. Lavrentiev 创建的;他是来自莫斯科的一流数学家,承担了在西伯利亚传播科学这一重要计划的实施. 第二年,A. N. Kolmogorov 及 I. K. Kikoin(氢弹物理学家)在莫斯科建立了类似的学校,随后有人在列宁格勒、基辅及埃里温也仿效了这一做法.

Lavrentiev 和 Kolmogorov 认为,未来的数学家未必来自社会及知识界的精英阶层,在全国各地,特别是在小城镇,有巨大的民间人才宝库. 大城市里有才能的年轻人已经得到了广为宣传的奥林匹克竞赛及数学小组的关怀,而小城镇里的年轻人既缺少称职的数学教师又完全没有与年轻的研究人员 —— 其任务是塑造成杰出的未来数学家 —— 接触的机会. 为挑选最有才能的高中生,来自莫斯科、列宁格勒、基辅及科学城的年轻数学家,游历全国的所有边远地区以帮助组织当地的奥林匹克竞赛,同时指导物理和数学寄宿学校的入学考试.

几乎同时,几个杰出的数学家(例如 A. Cronrod,E. Dynkin,I. M. Gelfand)决定为较大的城市居民组办数学学校(注意,确切地说是为那些上中学的最后二或三年的孩子举办的). 于是,莫斯科的第 2,7,9,444 中学成为具有强化数学课程的一流学校.

同时出现的另一个不那么雄心勃勃的机构,称为"普通"学校里的数学班,在那里,有兴趣的高中生可学到更多的(且更高等的)数学知识.

归功于 I. M. Gelfand 的另一个重要的创造,是在 1964 年创立的全苏数学函授学校. 这一著名的机构(只有几个领(低)报酬的长期合作者),借助于莫斯科大学数学专业的人才始终如一的帮助(几年以后,大部分帮助来自函授学校的毕业生),设法吸引成千上万的高中生学习课程以外的数学.当然,大部分学生来自那些不能提供上述常规及非常规的数学学习条件的地方.

随着函授学校的工作的推进,又演化出一种新形式的功能,称为“集体学生”,这与当地教师直接相关.即一组学生在本校一名教师的指导下做函授学校指定的作业,每月提交一份共同完成的作业论文.个人及集体这两类工作形式经证明都是卓有成效的.

在20世纪60年代中期,为愿意从事数学研究的有才能的年轻人提供了一个很广阔的供选择的天地.数学兴趣小组、奥林匹克竞赛,多种特殊的班以及学校,其中包括寄宿学校及函授学校,用以满足各种潜在的人才的需要.所有这些机构,在某种意义上,都是外围组织(不是由上面权力机关强加的,也不是由教育体系派生的).幸亏由于投入该事业的人(大多是青年数学家)的热情,使它有效地发挥了作用.这些机构还趋于自我再生:例如数学寄宿学校的校友常常在他们成为研究生后(有时在之前)回到数学寄宿学校当教师.

实际上所有在20世纪60年代上学的领头数学家都进过上面提到的人才学校之一.在他们的班里,他们受到很强的激励去取得成功.环绕在大城市数学奥林匹克竞赛优胜者周围的热烈气氛,可与美国高中篮球队队长周围的气氛相比.下面将简单列举一下Kolmogorov寄宿学校培养的一些校友的名字,他们是:Varchenko,Matiyasevich,Levin,Nikulin及Krichever.

大众数学书及*Kvant*杂志

苏联科学事业中最值得称颂的成就之一是大众科学出版业的成就.在20世纪50,60及70年代中,用买两杯柠檬水(或半个冰激凌)的钱,你便可买到诸如:Khinchin的《数论的3个宝石》或Kirillov的《极限》那样的数学科普书籍.甚至在20世纪80年代,Boltyansky Efremovich的绝妙的介绍拓扑的科普书或Arnold的《突变理论》一书,售价不及一个橘子或半个香蕉.

但对出版业在数学普及中所做的这些事,Kolmogorov感到还不够.他与Kikoin在1969年协力创办了*Kvant*(《量子》杂志),一个由科学院资助的、面向高中学生的物理和数学方面的科普月刊.结果它成为出版业的一次不寻常的成功:(尽管仅能通过按年的订阅来销售)到1972年(这期间可描述为数学事业的繁荣时期)销售量达到令人难以置信的370 000份,其后有所下降,在20世纪80年代保持在200 000份左右.

该杂志的经常性撰稿人是 A. N. Kolmogorov, A. D. Alexandrov,

L. S. Pontryagin, V. A. Rokhlin, S. Gindikin, D. B. Fuchs, M. Bashmakov, V. I. Arnold, A. Kushnirenko, A. A. Kirillov, N. Vaguten(= N. Vassiliev + V. Gutenmakher), Yu. P. Soloviev, V. M. Tikhomirov 等. 西方读者通过阅读由“自然科学教师协会”在华盛顿出版的基于 *Kvant* 过刊的美国版本的《量子》(*Quantum*) 杂志,便可了解 *Kvant* 杂志的主要内容.

数学事业中的停滞

20 世纪 60 年代的数学繁荣未能持续很久,在不祥的 1968 年(苏联坦克滞留布拉格)以后,勃列日涅夫及其密友严厉加强了对意识形态领域的控制,特别是对科学界,再一次强烈主张科学的党性原则. 这一时期是数学界发生最惹人注目的变化的时期,原因可能是在此之前数学是一片被偶然遗忘在沙漠中的绿洲.

在莫斯科,从 1968 年开始,伴随着“Esenin Volpin 案件”,即所谓的“99 人信件”以及随后的发展,发生了一系列事件:莫斯科大学力学数学系行政管理方面的变化,反对犹太人进入莫斯科大学的政策的重新执行(本来自 1955 年已中止执行),对数学家的铁幕又一次拉上了(除了那些对共产党或克格勃有特殊贡献的人). 这些事实众所周知,然而,人们并不总是清楚地认识到,当时执政的政策不仅是种族歧视的一种特殊的丑恶形式,而且更一般的是试图对人的自尊心及公正的遏制,以及对科学事业中的卓越人才及成就的摧残,随后,迟钝与驯服成为在学术事业中成功的主要因素.

可以预料,当时会对前文中提到的所有从事大众数学的外围机构采取些行动,实际也确实如此.

在莫斯科,莫斯科大学的力学数学系党组织控制了 Kolmogorov 寄宿学校,清除了“不合需要”的教师(包括本附录作者),解雇了思想自由化的导师,引入禁止犹太人入学的政策.

就全苏联而言,教育部控制了数学奥林匹克竞赛. 1976 年在第比利斯举行的第 13 届全苏数学奥林匹克决赛是评委会以重大的牺牲而换取的一次胜利,他们成功地保留了竞赛的传统(通过与那些想管理及毁掉竞赛的教育部官僚们进行的为外人所不知晓的斗争):第二年,忠实的官僚们几乎全部地用那些更容易驾驭的数学家来替换原全苏评委会.

很多数学学校被迫关闭或被重新组织. 著名的莫斯科 2 中和 7 中及很多(特别是那些最有创新精神的教师指导的) 数学班被迫中断.

并非对这些机构的所有打击都是成功的. Gelfand 的数学函授学校在意识

形态上好像是无懈可击的.然而,力学数学系新的领导班子组织了一个相应的与之竞争的学校,叫作“Malyǐ 力学数学学校”,并诱惑性地向其学生许诺:他们更易进入该系且劝阻该系大学生不要帮助 Gelfand 学校.但这些并未起很大作用,Gelfand 学校依然办得很成功.

由 Pontryagin 及 Vinogradov 负责执行的另一接管任务也失败了,他们要从太自由化的 Kolmogorov 和 Kikoin 手中争到 *Kvant* 杂志的控制权.

也许更典型的例子是过去在传统上由莫斯科大学的数学家们指导的莫斯科数学奥林匹克竞赛的命运.曾在 1978 年被选为奥林匹克委员会领导人的 Kirillov,根据力学数学系主任签署的一项行政命令而被调离此职位,该系主任指派 Mishchenko 担任这一职务且完全改变了管理此竞赛的队伍.这导致了竞赛氛围的根本变化:它变得非常刻板且开始模仿莫斯科大学的入学考试.

另一鲜为人知但具戏剧性的故事与 Bella Muchnik 的数学讲习班(被人挖苦地称作“人民大学”)有关.它开办于 1979 年,旨在为那些未能通过莫斯科大学的具种族歧视性入学考试的学生提供学习最高水平数学知识的机会.在它的 3 年开办期内,很多很好的数学家在那里执教而没有任何物质报酬.当克格勃逮捕了两名学生后该校才停办.Bella Muchnik 在被克格勃审讯后,一天深夜不幸死于一次车祸,肇事者逃离,很多人相信这不是一次偶然的事故.

但这只是一个极端情形.大多数半官方的大众数学机构未被破坏,相反它们变得更官方化了.靠机构的再生,在很多情形下它们保持了高度专业化水平,但同时失去了很多原有的非常规的特点.值得注意的例外是 *Kvant* 杂志和 Gelfand 函授学校,它们均设法保持其专业质量和办学精神.

新竞赛、新纪元

一般来说,20 世纪 70 年代及 80 年代初是令人沮丧的时期,当时大众对数学的兴趣逐渐下降,而且 20 世纪 50 年代及 60 年代创立的机构失去了很多吸引力.但至少有一个人没有陷入这种沮丧中,他就是 Konstantinov.尽管他从全苏奥林匹克评委会及莫斯科奥林匹克评委会被解职,而且他的数学学校被关闭,但他又重新行动起来:为中学生创立了一非正规的数学暑期讲习班,按惯例应在爱沙尼亚举办;把莫斯科 57 中学办成数学人才学校直至今日;又在莫斯科发起 Lomonosov 竞赛(一种受欢迎的中学多学科的群众性竞赛)且创立了非常成功的城市间竞赛(现为一种国际竞赛).

Konstantinov 是俄罗斯数学竞赛史上一位真正的传奇人物,然而在莫斯科、圣彼得堡、车里雅宾斯克等地还有很多不如他知名但同样致力于此事业的教师.例如B. Davidovich,A. Shen及A. Vaintrob,他们帮助把莫斯科57中学办成一个杰出的学校且保持其最高水平,尽管受到官方机构的行政方面的困扰.

这些以及其他的“手持火炬的人”,穿过勃列日涅夫时期的重重封锁把大众化数学的传统一直延续到“改革”的来临时.在西方观察家看来,符合逻辑的应是标榜自由化的政权会立即引发生机勃勃的对最好的民主传统的恢复,特别是在科学和教育方面,但这并未出现.主要原因是(不是西方人通常想的那样)政治机构最高层的急剧变化并未伴随着低层的行政人事的变化.那些在极权体制下曾竭力反对任何革新及自由化的官僚们,今天仍在这么做,而且又补充了新的能量:这么做,不单单是为维护旧体制,而且是为他们自己的生存而斗争.同时很多本可以在恢复最好传统中起积极作用的数学家,在条件允许时情愿移居国外,他们有理由把为他们的家人提供舒适的生活及良好的研究条件,看得比这里的不确定的前途及拯救濒临消亡的传统更重要.这主要是指那些当时处在30至40岁的数学家,这一代人最好的年华不幸正处在那令人沮丧的停滞时期(1968～1986年).

莫斯科独立大学的数学学院

然而,那些仍根植于莫斯科的领头数学家们又精力充沛地创立了一个雄心勃勃的新机构,称为莫斯科独立大学(IUM)的数学学院,一个培养未来数学研究工作者的小型人才学校.它的创建人感到,莫斯科国立大学的力学数学系由于受20年的错误管理的破坏,且从根本上讲,现在仍受那些招致该系衰退的强硬路线人的领导;它对造就新的数学人才已不再发挥作用.从观念及教学方面看,创建数学学院的带头人是Arnold,而在实际执行中,其机构由Konstantinov管理.在1991年7月进行了非常难的笔试(一种从0分到120分的评分制),在9月开学,首批注册的是45名学生.Konstantinov成功地在莫斯科大学附近的一个学校借到了办公室及教室,甚至从莫斯科的资助者那里得到一些钱,以给学院的教师一些酬劳,并为一些学生提供奖学金.

当时在俄罗斯还没有办私立(非公立)教育机构的立法.特别是,这意味着莫斯科独立大学不能使其学生免于兵役,使得大多数男生不得不同时也进入莫斯科国立大学.于是莫斯科独立大学只能在晚上上课,该校大部分学生有双份的学习负担.

尽管有这样或那样的困难,莫斯科独立大学的数学学院正在成功地发挥作用,它现有25个二年级学生及35个一年级新生.美国数学会已向该校教师提供了一些资助,教师中包括D. V. Alekseevsky,B. L. Feigin,A. L. Gorodentsev,

S. M. Gusein-Zade，A. A. Kirillov，Elena Korkina，S. K. Lando，Yu. A. Neretin，V. P. Palamodov，V. S. Retakh，A. N. Rudakov，V. M. Tikhomirov，V. A. Vassiliev，E. B. Vinberg 及本附录的作者. 教师们感到他们有能力把莫斯科数学学派最好的传统传给他们的学生(到现在为止，他们已被证明是有才能的及可培养的)，并希望莫斯科独立大学的数学学院能克服目前的困难(需要一所永久性教学场所及好的图书馆)，成为(不仅面向苏联学生的)一个具有一流水平研究生院的人才大学.

现在怎么样

现在让我们估计一下当今的形势. 圣彼得堡的数学学派无论从象征性意义上还是字面上已不复存在. 就莫斯科及圣彼得堡国立大学的数学系来说，修修补补已无济于事. 实际上所有 40 岁以下的领头数学家已经或正打算移居国外. 在莫斯科，大学教授的月工资不够维持一周的生活.

另一方面，我们这一代的很多领头数学家，尽管经常居住在国外，但还没有永久地移居国外：Novikov，Arnold，Maslov，Anosov，Faddeev，Vershik，Kirillov，Vinberg，Sinai 及 Zakharov 仍扎根于这里. 下一代的一些数学家也是如此：Ilyashenko，Helemsky，Feigin，Vassiliev，Khovansky，Rudakov，Soloviev，Fomenko，Drinfeld 及 Krichever. 文化的数学传统至今仍充满活力，但不是靠国立大学及公办奥林匹克竞赛，而是以其新的、非正规的机构来传授下去. 仍有很多数学班及数学兴趣小组，莫斯科数学奥林匹克竞赛正努力以重新获得其传统的价值，*Kvant* 杂志正为生存而顽强地奋斗着，Konstantinov 负责的城市间竞赛及 Lomonosov 竞赛仍在很好地进行. 莫斯科数学会也仍在发挥其质朴的凝聚作用，且出现了一些试验性新机构：在圣彼得堡的以 Faddeev 为首的欧拉研究所，在莫斯科的独立大学及以 Khovansky 为首的数学研究所.

这些足够了吗？从现在起 5 年或 10 年里，当我们这一代人太老了以致不能把从事数学研究的乐趣传给有才能的学生时，是否有人会接过这一火炬呢？显然逻辑推理告诉我们这两个问题的答案是“不”. 但在此宁愿无视所有的逻辑，而祝愿美好的数学文化传统，其中一些是这里已描述过的，将不会消亡.

编辑手记

本丛书在中国的第一次出版距今已有半个世纪.

时光留予人的,从来不仅是它决然的背影,更有负载其上的努力、挣扎,以及由此生发出的意义与希望.

如果读一下我国老一代数学家和工程技术专家的回忆录,就会发现许多人在谈到读书生涯时都会提到斯米尔诺夫的这套高等数学教程.

其实俄罗斯几乎同时代有两位数学家都叫斯米尔诺夫.一位是 V. I. 斯米尔诺夫(Vladimir Ivanovič Smirnov(Владимир Иванович Смирнов),1887—1974).1887 年生于彼得堡.1910 年毕业于彼得堡大学.1912 年至 1930 年任彼得堡交通道路工程学院教授.1936 年获博士学位.1943 年被选为苏联科学院院士.

斯米尔诺夫在数学上的主要贡献有:

1.他与索波列夫一道从事固体力学和数学物理方程的研究,得到了带平面边界条件的弹性介质中波传播理论某些问题的新解法,并引入了欧几里得空间中共轭函数的概念;在偏微分方程、变分学、应用数学方面也取得了重要成果;他还开创了地震学理论的新的研究方向.

2. 斯米尔诺夫长期领导物理数学史委员会工作，为出版奥斯特罗格拉德斯基、李雅普诺夫(1857—1918)、克雷洛夫等的著作，做出了巨大的努力.

3. 斯米尔诺夫是位数学教育家，非常重视高等数学教材建设. 他著的《高等数学教程》(共5卷)，重印了20多次. 还被翻译成几种国家的文字出版，中文版也重印过多次(高等教育出版社从1952年起出版各卷).

斯米尔诺夫曾获斯大林奖金；1967年获苏联社会主义劳动英雄称号；还曾获列宁勋章和其他许多勋章、奖章.

另一位是N.V. 斯米尔诺夫(Nikolai Vasil'evič Smirnov(Николай Васильевич Смирнов)，1900—1966). 1900年10月17日生于莫斯科. 第一次世界大战期间在前线做医疗救护工作. 十月革命后加入红军. 1921年复员后考入莫斯科大学，毕业后在莫斯科一些高校工作. 1938年获数学物理学博士学位. 同年开始在苏联科学院数学研究所从事研究. 1939年成为教授. 1960年成为苏联科学院通讯院士，同年开始主持该院数理统计研究室的工作. 1966年6月2日逝世.

斯米尔诺夫主要研究数理统计和概率论. 在非参数统计、变分级数的项的分布以及其他概率论、数理统计问题上取得了许多成果；对概率论的极限定理理论，提出了斯米尔诺夫判别法. 他所编著的涉及概率论及数理统计的应用的教材和教学参考书在苏联和许多其他国家被广泛采用. 他与鲍尔舍夫合作编制的多种数理统计表继承了斯卢茨基开创的这一重要工作，为现代计算数学做出了贡献. 1970年由鲍尔舍夫主持出版了他的著作选.

斯米尔诺夫是苏联国家奖金获得者，并曾被授予劳动红旗勋章和多种奖章. 本书作者是第一位斯米尔诺夫.

作为本书的策划编辑，理应在书后介绍一点重版的理由，其实就是要说明为什么我们要向俄罗斯学习，要对俄罗斯优秀的数学传统表示敬畏. 正在为此捻断数根须之际，在微信公众号"赛先生"2016年6月25日上的一篇由数学家张羿写的题为《顶级俄国数学家是怎样炼成的》的文章，正好回答了这一疑问. 经作者同意转录于后.

顶级俄国数学家是怎样炼成的?

在过去的半个世纪中，俄国的顶尖大学产生了全世界近25%的菲尔兹奖得主. 科研与教学相结合是俄式教育的一大亮点，也是其能培养出大批非常年轻的顶尖科学家的原因之一. 此外，俄国的科研院所气氛宽松自由，所谓领导的任务就是制造环境、创造气氛，使研究人员不受外部环境的干扰，全力投入到研究中去. 20 世纪 50 年代,中国基本照搬了苏联的科研教育体系,但我们只抄来了形式,并没有真正地将如何协调、配合、鼓励创新的俄国精髓学到手.

俄国的精英教育起源于彼得大帝时代. 我们熟知的莫斯科大学、圣彼得堡大学,包括今日的列宾美术学院等[①],从建成的第一天起,其目标就很明确,即培养西式精英人才. 这使得俄国在过去一段时间里,在科技、艺术、文化等几乎各个领域都产生了大量的明星,成为世界上唯一一个可以和美国拿奖数量相接近的超级大国. 其在昔日帝国时代提出的"我们要向欧洲学习,但我们一定要超越欧洲"的口号激励着一代又一代的俄国青年在各个领域努力成为精英.

俄国的精英教育基本上学自法国模式,只是它的规模更大、更系统,且目标更明确. 俄国人把这一系统用在人文、艺术、体育,乃至科学等各个方面,尽管因为专业的不同而略有调整,但基本思想是一致的.

下面笔者将以数学为例,简述这一教育系统. 对于数学精英,俄国人大致是这样定义的:

• 首先,他应该在约 22 岁时解决一个众多著名数学家都不能解决的大问题(即证明大定理),并将成果公开发表出来. 这个问题或定理有多大,也多少决定了他未来的成就有多大.

• 在 30 ~ 35 岁时,在前面解决各种实际问题的基础上建立自己的理论,并为同行接受.

• 在 40 ~ 45 岁,在国际学术界建立自己的学派,有相当数量的跟随者.

培养数学精英,从初中开始

俄国中学、大学的精英教育基本上是为学生能够达到第一步而设计的. 但同时,它有各类的文化教育、社会教育等为后两步打基础.

俄罗斯的精英教育始于初中阶段. 以数学为例,在学生小学即将毕业时,他

---

① 俄国在彼得大帝改革之时,早就有着自己的文化传统,然而彼得大帝的改革是要将俄国拉向西方,建立大学也是为了培养西式人才. 俄国大学(如莫斯科大学、圣彼得堡大学等)从一开始就与旧的俄国传统文化无关,而且从一开始,就定位在培养顶级精英人才. 在学生来源上也是这样,宁缺毋滥. 据笔者所知,圣彼得堡大学刚开始创办时,学生的人数少得可怜,只有 7 人. 但同时,为了培养真正的人才,学校的大门又是向全社会敞开的,即便是农奴,只要有才能,也可以进入大学学习,并得到各类资助而成为大师. 例如,18 ~ 19 世纪的 Andrey Veronikin 就是农奴出身,最终因其在建筑、艺术等多方面的成就而被选为俄罗斯科学院的院士,成为永垂史册的人物. 类似的例子很多,这是笔者知道的最典型的一例. 从大学创建之初直至今日,对传统俄国文化的学习仍在继续,但大学等当时的新生事物建立在圣彼得堡,所以新、旧两种教育体系基本相安无事,但切割得很清楚,没有利益上的冲突. 新的大学尽管起步艰难,但最后终于成为主流,成为俄国乃至世界科学文化明星的摇篮.

们可以从全国公开发行的一本数学物理科普杂志 *Quant*(KBAHT)[①] 中得到一份试题. 学生可以把自己做好的试题答案寄到其所在城市的指定部门,再由专家评阅试卷,成绩得出之后,城市的指定部门再组织对通过笔试的同学进行口试. 对学生进行口试的人员包括中学教师、大学教授及科学研究所的研究人员. 被选中的同学将进入所谓的"专业中学"(如果是数学,即数学中学)学习,三年以后初中升高中时,将有一次考试(淘汰),弱者将转入普通高中.

在莫斯科或圣彼得堡这样的城市中,一般都有四五所这种以数学为主的中学. 在这里,学生们将接受普通的中学教育(包括相当多的文化、艺术以及其他的基本科学知识课程)以完成其人生必备的基本知识,但一半左右的时间将花在数学学习上. 每周他们还有两个下午去城市少年宫,在那里,有俄国的顶级数学大师[②], 如柯尔莫戈洛夫(Andrey Kolmogorov,1903—1987)、盖尔范特(Iserale Gelfand,1913—2009)、马蒂雅谢维奇(Yuri Matiyasevich,1947—)等,为他们讲授数学课. 这些课程的讲稿经过整理后也大都会发表在 *Quant* 这一类科普性质的数学物理杂志上. 这一杂志影响极广,在欧美国家有着众多的读者,包括大学教授、中学老师、学生等. 这种少年宫课程一般都设计得深入浅出,与前沿数学研究中重大问题的提出、现在发展的阶段乃至其解决紧密相连. 为了让学生理解并掌握好内容,科学院联合大学一起为这一类课程配备了大量的助教,这些助教一般包括大学三年级以上的数学系学生和各级大学教师、科研人员等,并且他们以前也都是毕业于这种数学专业中学的学生,基本上每三位中学生配备一位助教,这特别类似于法国巴黎高师中的辅导员(tutor).

夏天时,数学中学的同学们还将在老师的带领下去黑海海滨等地的度假胜地参加夏令营. 在那里,他们一边学习提高,一边玩耍. 同时,他们会遇到国内其他城市地区乃至部分外国来的数学中学生,大家可以彼此增进了解,几年下来,慢慢会形成一个所谓的圈子[③]. 在夏令营中,还有众多来教课、辅导的科研人员、大学生、中学老师等. 笔者认识的许多俄国著名数学家(有的已在20世纪90年代移民西方了)都会在夏天时去这些夏令营辅导学生、认识学生,同时去发现那些有才华、有潜力的中学生,以吸引他们进入数学研究领域. 有些极有才华的中学生正是通过这种方式在高中时就和科学院或大学中的科研人员建立联系,并进入他们的讨论班开始做研究工作的.

因为这一制度,有许多知名的俄国数学家在18岁上大学一年级时(或在此之前)就取得了重要的成果,并且将论文发表在国际顶级数学杂志上. 该制度

---

① 这是一份创立于1970年,以数学和物理为主要专业的科普杂志,其对象是普通大众和学生. 该杂志在俄国、欧美都有众多读者.

② 俄国的顶级数学大师也是世界的顶级数学大师.

③ 这一圈子可以说对他们终身都有很大影响,尤其是在学术职业生涯上的互相帮助等方面.

激发了优秀"天才"少年的活力,使他们能有用武之地,这一点是极其重要的!俄式教育强调基础,无论是在科学,还是在体育、表演、艺术等诸多方面都非常出色,这一点也为中国人所熟知,但它还有我们不了解的另一面,就是更注重实践.在数学(乃至大多数科学领域)上就是鼓励研究、创新,去解决实际问题、大问题.另一点值得指出的是,数学中学与少年宫、数学夏令营的教育本身也是一个系统工程.它把中学数学知识、奥林匹克性质的数学竞赛技巧、大学各门数学课程的基本数学理念与思想、前沿问题等巧妙地结合在了一起.它使得一小部分学生从高中转入大学以后,立刻就能进入研究状态并开始实质性有意义的研究,即攻克著名数学难题.从高中进入大学以后,这些数学学生中只有少数人能剩下来,继续作为潜在的专业数学家被培养.在我们熟悉的莫斯科大学、圣彼得堡大学等部分高校里,每个学校会有一个由大约三十人组成的"精英"数学班来继续这部分人的数学学习与研究.笔者在此想指出,这些大学的数学系中当然还有众多别的数学学生,但他们的培养方向、要求等各方面都是不一样的[①],甚至他们将来的毕业文凭都是不一样的[②].

对于这些所谓的精英学生(乃至一般的普通学生),他们在选课学习上有相当大的自由度.例如,莫斯科大学、圣彼得堡大学的学生,可以去科学院的斯捷克洛夫(Steklov)数学研究所的专业讨论班中去学习,还可以去别的大学中修习一些本校没有开设的课程,甚至可以去别的学校(科研院所)选择自己喜欢的教师的课程等.同时,他们也可以在一入大学(甚至在入大学之前),就跟从科学院的研究所中的一些科研人员进行研究、写论文等.这种科研与教学相结合的模式是俄式教育的一大亮点,也是为什么俄国能够培养出大批非常年轻的科学家的原因之一.

等大学二年级结束时,这三十几位精英学生的大部分已在学习过程中被淘汰了,只有五六名能剩下来,此时他们基本都已证明了可以令他们终生为之骄傲的定理,并开始撰写论文,且都已将论文发表出来了.他们活跃在名师的讨论班里,向着新的目标前进.他们的前程在此时也已基本上根据这时的成就而多少确定下来,即成为研究型的数学工作者.

笔者想在此指出,在俄国研究型大学的数学系中,有相当数量的课程供学生自由选择,绝非像我们的学校那样强迫学生去学那些必修课、限制性选修课

① 他们的培养方式有些类似于我们20世纪50年代从苏联学到的那一套比较正规的、严格的数学教育.如今这套教育在中国已经大大缩了水,原因是我们大学的数学系不断扩招,且20世纪90年代以后又开始向美国学习其大众教育模式,所以目前我国高等学校的数学教育完全就不是为了打造精英而设置的.

② 俄国的大学文凭(Diploma)相当于美国或中国的硕士,有普通文凭和红色文凭两种,极少数优秀学生能拿到红色文凭.

乃至公共课[1]. 而许多做出过好的科研工作的数学学生甚至可以免掉大部分的课程,以保证他们在黄金创造期间不停地去深入研究学术. 许多俄国大数学家是在副博士毕业以后留校任教期间通过教书来学习普通大学生必须掌握的数学知识的[2].

攻克难题,成为精英的关键一步

在俄制大学中,被选入精英小组的学生在二年级下半学年(第二学期)将按要求在一个学期左右的时间内完成他们的第一篇学术论文. 对数学而言,这篇论文的结果必须是解决学科中的某个重要公开问题,而回顾、综述之类的论文是不允许的. 论文成绩的好坏也基本上决定了该学生的学术前途,即是否能进入科学院的顶级研究所成为研究人员,或进入俄国顶级大学成为教师,等等. 值得强调的是,在俄式数学精英教育体制中,要求学生(或未来的精英数学家)必须在22岁左右公开发表论文正是由这一在二年级下半学年结束时写出论文的措施决定的. 该措施能够得以施行,对老师、学生的质量都有相当高的要求[3].

这里例子有很多,比如柯尔莫戈洛夫将希尔伯特第13问题给了阿诺德(Arnold,1937—2010,曾获克拉福德奖、沃尔夫奖),马斯洛夫(Sergey Maslov)将希尔伯特第10问题给了马蒂雅谢维奇等. 解决这类数学问题本身是任何一

---

① 我们的学校应该学着尊重学生的选择,而不是强迫他们接受学校的安排. 笔者在美国的Rutgers大学哲学系念书时,在数学系、语言学系、心理学系、计算机系乃至艺术史系都修习过研究生课程,从来没觉得Rutgers大学强迫我学过任何一门课程. 我们国内的许多做法(如学校的课程安排、教学管理等)是为了便于外行进行管理,而不是为了培养人才而设立的.

② 其实,许多欧美顶级大学都有类似的情况. 例如笔者的博士导师Simon Thomas在伦敦大学博士毕业以后还没学过"泛函分析"课,那时他才23岁,已解决了简单群分类这一重要问题,并因此拿到了耶鲁大学的教职.

③ 这里所说的精英学生在第二学年下半年用一学期左右完成第一篇学术论文,在完成论文的时间长短方面是有一定弹性的,有时为了彻底解决一个大问题,会拖上一两年的时间. 这一时间尺度基本上由学生的导师和他(她)所在的研究室主任来把握,如果时间过长,导师与研究室主任将不得不承受巨大的压力. 例如,笔者曾经听到著名的逻辑学家沙宁(Shanin)讲起过马蒂雅谢维奇用了近两年的时间才解决了希尔伯特第10问题. 在接近问题最终解决的关键时刻,大学乃至研究所里的行政人员开始不停地找沙宁谈话,希望马蒂雅谢维奇拿出"应有"的成果. 对于沙宁来说,这种压力是巨大的,他不得不要求马蒂雅谢维奇找一些在解决希尔伯特第10问题之前所做的小结果以应付来自各方的压力. 但同时,沙宁觉得马蒂雅谢维奇绝对有希望拿下希尔伯特第10问题,因此尽全力保护马蒂雅谢维奇,使他能够不受干扰并最终将问题解决掉. 在精英教育中,对导师乃至导师的上级领导的素质都有着很高的要求,如何协调行政与科研教学的关系是我们的大学中亟待解决的问题,如果我们要发展精英教育,这一点则更为重要.

位数学家都想得到的荣誉,我们完全可以相信柯尔莫戈洛夫和马斯洛夫本人对如何解答希尔伯特第13、第10问题是根本不知道的,但他们对自己的学生的数学能力有着相当的了解,故此可以直截了当将问题告诉学生.对学生而言,拿到这类问题之后的前途基本上有两种:一是把前人有关该问题的部分结果做些修补,再添些新的部分结果;二是直截了当地将问题彻底解决掉.选择后者的学生很难从老师那里得到真正"具体"的帮助,因为老师也不可能知道答案,但作为老师,他知道前人失败的教训,知道问题难在哪里,为什么有些路走不通(或者可能走得通,但在什么地方必须克服什么样的困难).更重要的是,这些伟大的数学导师们作为国际数学家核心圈子的成员,他们对问题是否到了该被解决的时刻本身有着敏锐的洞察力与基本直觉,这一点对圈外的人而言是很难觉察到的.因此他们可以在对学生有相当了解的情况下将问题在合适的时机告诉某个学生,并期望他(她)能成功地解决问题①.

对于精英小组的学生们而言,二年级下半学年的论文选题是他们步入学术界最关键的几步之一.可以说,他们为此已经做了多年的准备.此时,他们要在自己诸多非常熟悉的老师们当中选择一位作为自己今后多年的导师.一般来说,每个学生会在听课、讨论班,以及私下接触的基础上先去和三位(有时甚至是四位)老师进行接触,慎重考虑他们给出的研究问题,并同时要考虑多种其他因素,如自己是否愿意和某位老师长期共事,大家性格是否合得来,等等.当然,学生此时首先考虑的是自己的兴趣,然后是从老师那里得到的题目的难度,以及自己有多少把握,等等.但老师的非学术因素,如人品、性格、爱好,在此时也对学生的选择起着重要作用.

在经过极其慎重的考虑之后,学生最终自己做出最后的决定.对于一位18～19岁的青年人来说,这一选择并不容易.其实,在俄国的知识分子家庭(或世家)中,在这样的关键时刻,许多时候学生父母的意见是很重要的.有的

---

① 笔者这样写,也许多少有些唯心论的味道,但在数学界,许多大问题在解决之前的确是有先兆的,而这种先兆可以多少被圈内的大数学家(们)觉察到(只不过这些大数学家本人在该问题上已是"江郎才尽",没有什么新主意、新思想去克服解决该问题所要面临的诸多困难).

我们可以举几个现成的例子.美国数学家马丁·戴维斯(Martin Davis)在20世纪60年代末即感觉到希尔伯特第10问题应该快被解决了,他甚至有直觉这一问题可能会被一位极年轻的俄国数学家解决,他唯一没猜到的是马蒂雅谢维奇的名字.群论中的Burnside问题被俄国数学家Peter Novikov和他的学生Sergey Adian及英国数学家共同猜到,而最终由Peter Novikov和Sergey Adian联合解决.在20世纪50年代初期,20世纪最伟大的逻辑学家哥德尔(K.Godel)就已模模糊糊地猜到了乔治·康托的连续统假设(即希尔伯特第1问题)的独立性,并为此写了一篇结合数学和哲学的颇具科普色彩的文章来阐释他的观点.最后这一问题在20世纪50年代末、60年代初由年轻的Paul Colien在发明了新的数学工具——力迫法的基础上将其解决.在我国吵得沸沸扬扬的庞加莱猜想(Poincaré Conjecture),丘成桐、汉密尔顿(Hamiton)等人都猜到了它有可能将被解决掉,最后由俄罗斯圣彼得堡的佩雷尔曼(G.Perelman)将其成功解决.

时候，学生也会听取他本人从中学时形成的那个精英学生圈子内的“学生长辈”或是他(她)曾经的辅导员们的意见.选择什么样的题目、进入什么样的领域或哪一个分支等，这些对学生来说，有时候是很难把握的.尤其对于某个学科将来的走向，或者某些新兴学科的前途，学生不仅要经过慎重思考，许多时候也不得不多方咨询之后，才能做出决定.另一方面，有的学生不仅志向高远，而且有极其超常的能力和解决问题的欲望，他们会选择最艰难的著名问题，如我们前面提到的阿诺德、马蒂雅谢维奇等人.但我们必须指出，这种选择是有其冒险性的，我们知道的只是成功者的姓名.笔者遇到过一些失败者，他们早已被普通人忘记了，只有他们过去的同学或曾经的学生们还记得甚至欣赏他们的才华和勇气.尽管对某些人来说，俄国精英教育机制是残酷的，但无可否认，这一制度产生了大量的年轻精英人才，成就了20世纪苏联科学界一个群星灿烂的时代.

在拿到副博士学位以后，俄国的科学家们开始进入大学或研究所“正式”工作.与法国一样，如果他们要拿到相当于大学教授的高级职位，必须要再继续努力，写出所谓的“科学博士”论文.需要指出的是，俄国的科学博士论文水平极高，如果不是解决行业中的顶尖大问题(从数学上讲，应是拿到菲尔兹奖级别的工作)，则必须是建立理论体系的大工程.以数学为例，美国数学学会专门组织专家将所有俄国数学方面的科学博士论文翻译成英文，可见对它的重视程度，同时，也是对俄国数学的尊敬[①].

俄国的大学与科研院所是一个大型的系统工程，为俄国精英在毕业以后的发展，也为年轻精英的培养提供了舞台、条件及各种职业上的保障.中国在20世纪50年代时从苏联基本照搬了俄国模式，但是，我们只抄来了形式，并没有真正地将如何协调、配合、鼓励创新的精髓学到.

在俄国的主要高等教育发达城市(如莫斯科、圣彼得堡、新西伯利亚、喀山等)中，都有大学(包括综合性大学、师范类院校、理工大学，以及各类更专业的工科、文科、艺术院校)以及一些科学院的研究所.大学担负着教学任务，而各种研究所是科研潮流与时尚的引领者.俄国大学中的许多老师一般都在研究所中担任一定的正式职位(有半职的，有四分之一职的)，在完成教学任务以后，他们都主动去研究所参加各种科研活动，并辅导在所里学习、研究的年轻学生们.这一办法使得研究所里的老师和大学里的学生都有了更多的选择，比如圣彼得堡大学的数学老师可以通过斯捷克洛夫研究所来正式辅导圣彼得堡师范大学的数学系学生写作论文，指导其进行研究；斯捷克洛夫研究所的研究人员可以

① 其实，美国数学学会、伦敦数学学会联合起来，将俄国几乎所有的知名综合数学杂志，以及众多的专业数学杂志一字不漏地全部翻译成英文，这本身就说明问题.同时，大量的俄国教科书被翻译成英文等多种文字在全世界发行并应用，也说明了人们对这一教育、科研体系的认可.

指导俄国各大学的数学系学生进行论文写作、研究，这样可以使有限的教师资源得到更合理的配置与利用.

从另一方面讲，科学院的研究所里的科研人员大都会在当地的大学中兼职授课，有的资深学术大师同时还是大学里的教研室主任，通过教学(包括对大学教师的直接影响、接触等)来传授他们的学术见解与理念. 通过在大学中教课，他们也可以及时发现有潜力的学生，将他们及早地吸收到科研队伍中来. 与此同时，研究所本身还举办各种讨论班、演讲、系列课程等，这些活动大都安排在下午5点以后，使得周边的大学、中学的专业教师和有兴趣的学生能够找到时间来参加这些活动，为他们提高自己的科研水平创造机会. 研究所与大学既竞争又合作的互动关系是我们当年没能从苏联学到的东西①.

中国在20世纪50年代向苏联学习，照搬照抄了苏联的高等教育模式，将苏联的教材、课程设置等一律搬过来. 然而，我们好像没有学到俄式教育的灵魂②. 其实，俄国大学尽管设置了这些课程，用的教材我们也曾用过，但如何教、怎么教才是最关键的. 比如在圣彼得堡大学，学生的基础课都是由一流的有过辉煌科研成果的资深教授来讲授的(比如逻辑入门课常常由马蒂雅谢维奇讲授，几何介绍由布莱格(Yuri Burago)讲授，传统分析由Sergey Kisliyakov讲授等). 他们在讲授这些大学入门课时，也绝不是照本宣科，而是结合着当代的研究潮流与最新成果一起来讲授. 同时，他们在讲课时对所讲的内容不时做出判断、评价，并指出新的研究问题，这才是课程真正的精彩之处，这些也是课程的核心和灵魂. 对于书上的内容，学生自己要花时间去读去想，每门课程还配有习题课，习题课的老师一般是中年或青年教师，他们在专业研究领域极其活跃，具有过硬的专业技术，同时也愿意花大量的时间与学生去想一些艰难的技术问题. 在学习正常基础课的同时，学生可以自由地去修习各种讨论班. 在莫斯科大学、圣彼得堡大学这些顶级学校的数学系中，各种专业的数学讨论班每年有不下一百个，为学生提供了丰富的选择③. 正是这种自由的学术氛围激发着年轻学生的热情，同时，也为教师的科研提供着动力.

无论是在科学院还是大学，教课或领导研究的老师要对学生(尤其是精英学生)有足够的了解，即对他们的科研潜力、兴趣等都要有正确的估计. 如前所

---

① 如何发展大学与科学院下属研究院所的功能，使之更有效地联合起来为培养中国高端人才做出实质贡献是我们今天所面临的一个严肃而且紧迫的课题.

② 笔者想指出，在过去的半个世纪中，俄国的顶尖大学(如莫斯科大学、圣彼得堡大学、新西伯利亚大学等)产生了全世界近25%的菲尔兹奖得主，每个大学都有多名诺贝尔奖得主(不包括文学奖、和平奖).

③ 当然，我们不得不看到，能够组织如此众多的讨论班需要学校本身拥有众多的人才，这些人才可以全身心地投入到他们的科研事业(外加部分组织工作)中.

述,俄国学生如果要进入职业数学家的圈子,就必须在 22 岁左右拿下大问题(这个问题一定是行业内的著名难题,且被别的名家试过而没被做出来的). 学生固然要战胜挑战,但老师在这里的作用(包括选题等)是必不可少的,如何指导学生达到这一步,对老师的智慧也是极大的挑战.

而在另一方面,大学与科研院所也要在制度上提供各种保障. 尽管我们看每位成功的俄国数学家(科学家)好像各有各的故事,有些人甚至还常常与领导发生各类冲突,但总的来说,俄国的科研院所是相当宽松自由的,而科研院所的所谓领导们的任务就是制造环境、创造气氛,使研究人员不受外部环境的干扰,全力投入到研究中去. 以著名的斯捷克洛夫研究所为例,该所五年才考核一次,常有人五年什么成果也没有,甚至十年过去了还没有,如果一个研究人员十年没有一篇论文,他(她)也只不过到所长那里去解释一下,他(她)在这段时间里到底在做什么,思考什么问题,遇到了什么困难,等等. 据说斯捷克洛夫研究所还没有出过一个一事无成的研究人员,如果有什么人写的文章不多,他必定是做出了可以载入史册的工作(如马蒂雅谢维奇、佩雷尔曼),或者他培养出了一群星光燦烂的学生(如布莱格).

不难看出,源于苏联的俄式精英教育系统要远远比法国的复杂,并且它是一个牵涉到中学、大学、科学院乃至许多政府职能部门的一个庞大的系统工程,它的投入以及对各种人力资源的调用是相当巨大的. 如果我们要学习这一系统,不可能是某个大学、某个地方(大概除北京以外)可以去仿效的. 尽管我们在建国初期模仿了苏联的教育系统、科研院所模式,但直到现在,我们也没能积聚起如此大量的高级人力资源. 所以,我们能做的也只能是像美国或其他欧洲国家,如英、法、德乃至日本那样,以各种方式引进其高端人力资源为我们的科研和教学服务.

有一个胖子的自嘲是这样的:书,买过等于读过;化妆品,摸过等于化过;健身卡,办过等于练过;唯有吃的,买了肯定吃完.

不过对于这套书一定要知道,买过、读过才能算自己的.

刘培杰

2017. 2. 4

于哈工大

刘培杰数学工作室

已出版(即将出版)图书目录——高等数学 

书　　名	出版时间	定　价	编号
距离几何分析导引	2015－02	68.00	446
大学几何学	2017－01	78.00	688
关于曲面的一般研究	2016－11	48.00	690
近世纯粹几何学初论	2017－01	58.00	711
拓扑学与几何学基础讲义	2017－04	58.00	756
物理学中的几何方法	2017－06	88.00	767
几何学简史	2017－08	28.00	833
微分几何学历史概要	2020－07	58.00	1194
解析几何学史	2022－03	58.00	1490
复变函数引论	2013－10	68.00	269
伸缩变换与抛物旋转	2015－01	38.00	449
无穷分析引论(上)	2013－04	88.00	247
无穷分析引论(下)	2013－04	98.00	245
数学分析	2014－04	28.00	338
数学分析中的一个新方法及其应用	2013－01	38.00	231
数学分析例选:通过范例学技巧	2013－01	88.00	243
高等代数例选:通过范例学技巧	2015－06	88.00	475
基础数论例选:通过范例学技巧	2018－09	58.00	978
三角级数论(上册)(陈建功)	2013－01	38.00	232
三角级数论(下册)(陈建功)	2013－01	48.00	233
三角级数论(哈代)	2013－06	48.00	254
三角级数	2015－07	28.00	263
超越数	2011－03	18.00	109
三角和方法	2011－03	18.00	112
随机过程(Ⅰ)	2014－01	78.00	224
随机过程(Ⅱ)	2014－01	68.00	235
算术探索	2011－12	158.00	148
组合数学	2012－04	28.00	178
组合数学浅谈	2012－03	28.00	159
分析组合学	2021－09	88.00	1389
丢番图方程引论	2012－03	48.00	172
拉普拉斯变换及其应用	2015－02	38.00	447
高等代数.上	2016－01	38.00	548
高等代数.下	2016－01	38.00	549
高等代数教程	2016－01	58.00	579
高等代数引论	2020－07	48.00	1174
数学解析教程.上卷.1	2016－01	58.00	546
数学解析教程.上卷.2	2016－01	38.00	553
数学解析教程.下卷.1	2017－04	48.00	781
数学解析教程.下卷.2	2017－06	48.00	782
数学分析.第1册	2021－03	48.00	1281
数学分析.第2册	2021－03	48.00	1282
数学分析.第3册	2021－03	28.00	1283
数学分析精选习题全解.上册	2021－03	38.00	1284
数学分析精选习题全解.下册	2021－03	38.00	1285
函数构造论.上	2016－01	38.00	554
函数构造论.中	2017－06	48.00	555
函数构造论.下	2016－09	48.00	680
函数逼近论(上)	2019－02	98.00	1014
概周期函数	2016－01	48.00	572
变叙的项的极限分布律	2016－01	18.00	573
整函数	2012－08	18.00	161
近代拓扑学研究	2013－04	38.00	239
多项式和无理数	2008－01	68.00	22
密码学与数论基础	2021－01	28.00	1254

刘培杰数学工作室
已出版(即将出版)图书目录——高等数学

书名	出版时间	定价	编号
模糊数据统计学	2008－03	48.00	31
模糊分析学与特殊泛函空间	2013－01	68.00	241
常微分方程	2016－01	58.00	586
平稳随机函数导论	2016－03	48.00	587
量子力学原理.上	2016－01	38.00	588
图与矩阵	2014－08	40.00	644
钢丝绳原理:第二版	2017－01	78.00	745
代数拓扑和微分拓扑简史	2017－06	68.00	791
半序空间泛函分析.上	2018－06	48.00	924
半序空间泛函分析.下	2018－06	68.00	925
概率分布的部分识别	2018－07	68.00	929
Cartan 型单模李超代数的上同调及极大子代数	2018－07	38.00	932
纯数学与应用数学若干问题研究	2019－03	98.00	1017
数理金融学与数理经济学若干问题研究	2020－07	98.00	1180
清华大学"工农兵学员"微积分课本	2020－09	48.00	1228
力学若干基本问题的发展概论	2020－11	48.00	1262
受控理论与解析不等式	2012－05	78.00	165
不等式的分拆降维降幂方法与可读证明(第2版)	2020－07	78.00	1184
石焕南文集:受控理论与不等式研究	2020－09	198.00	1198
实变函数论	2012－06	78.00	181
复变函数论	2015－08	38.00	504
非光滑优化及其变分分析	2014－01	48.00	230
疏散的马尔科夫链	2014－01	58.00	266
马尔科夫过程论基础	2015－01	28.00	433
初等微分拓扑学	2012－07	18.00	182
方程式论	2011－03	38.00	105
Galois 理论	2011－03	18.00	107
古典数学难题与伽罗瓦理论	2012－11	58.00	223
伽罗华与群论	2014－01	28.00	290
代数方程的根式解及伽罗瓦理论	2011－03	28.00	108
代数方程的根式解及伽罗瓦理论(第二版)	2015－01	28.00	423
线性偏微分方程讲义	2011－03	18.00	110
几类微分方程数值方法的研究	2015－05	38.00	485
分数阶微分方程理论与应用	2020－05	95.00	1182
N 体问题的周期解	2011－03	28.00	111
代数方程式论	2011－05	18.00	121
线性代数与几何:英文	2016－06	58.00	578
动力系统的不变量与函数方程	2011－07	48.00	137
基于短语评价的翻译知识获取	2012－02	48.00	168
应用随机过程	2012－04	48.00	187
概率论导引	2012－04	18.00	179
矩阵论(上)	2013－06	58.00	250
矩阵论(下)	2013－06	48.00	251
对称锥互补问题的内点法:理论分析与算法实现	2014－08	68.00	368
抽象代数:方法导引	2013－06	38.00	257
集论	2016－01	48.00	576
多项式理论研究综述	2016－01	38.00	577
函数论	2014－11	78.00	395
反问题的计算方法及应用	2011－11	28.00	147
数阵及其应用	2012－02	28.00	164
绝对值方程—折边与组合图形的解析研究	2012－07	48.00	186
代数函数论(上)	2015－07	38.00	494
代数函数论(下)	2015－07	38.00	495

刘培杰数学工作室
已出版(即将出版)图书目录——高等数学

书　　名	出版时间	定　价	编号
偏微分方程论:法文	2015－10	48.00	533
时标动力学方程的指数型二分性与周期解	2016－04	48.00	606
重刚体绕不动点运动方程的积分法	2016－05	68.00	608
水轮机水力稳定性	2016－05	48.00	620
Lévy 噪音驱动的传染病模型的动力学行为	2016－05	48.00	667
铣加工动力学系统稳定性研究的数学方法	2016－11	28.00	710
时滞系统:Lyapunov 泛函和矩阵	2017－05	68.00	784
粒子图像测速仪实用指南:第二版	2017－08	78.00	790
数域的上同调	2017－08	98.00	799
图的正交因子分解(英文)	2018－01	38.00	881
图的度因子和分支因子:英文	2019－09	88.00	1108
点云模型的优化配准方法研究	2018－07	58.00	927
锥形波入射粗糙表面反散射问题理论与算法	2018－03	68.00	936
广义逆的理论与计算	2018－07	58.00	973
不定方程及其应用	2018－12	58.00	998
几类椭圆型偏微分方程高效数值算法研究	2018－08	48.00	1025
现代密码算法概论	2019－05	98.00	1061
模形式的 p－进性质	2019－06	78.00	1088
混沌动力学:分形、平铺、代换	2019－09	48.00	1109
微分方程,动力系统与混沌引论:第 3 版	2020－05	65.00	1144
分数阶微分方程理论与应用	2020－05	95.00	1187
应用非线性动力系统与混沌导论:第 2 版	2021－05	58.00	1368
非线性振动,动力系统与向量场的分支	2021－06	55.00	1369
遍历理论引论	2021－11	46.00	1441
动力系统与混沌	2022－05	48.00	1485
Galois 上同调	2020－04	138.00	1131
毕达哥拉斯定理:英文	2020－03	38.00	1133
模糊可拓多属性决策理论与方法	2021－06	98.00	1357
统计方法和科学推断	2021－10	48.00	1428
有关几类种群生态学模型的研究	2022－04	98.00	1486
加性数论:典型基	2022－05	48.00	1491
乘性数论:第三版	2022－07	38.00	1528
交替方向乘子法及其应用	2022－08	98.00	1553
吴振奎高等数学解题真经(概率统计卷)	2012－01	38.00	149
吴振奎高等数学解题真经(微积分卷)	2012－01	68.00	150
吴振奎高等数学解题真经(线性代数卷)	2012－01	58.00	151
高等数学解题全攻略(上卷)	2013－06	58.00	252
高等数学解题全攻略(下卷)	2013－06	58.00	253
高等数学复习纲要	2014－01	18.00	384
数学分析历年考研真题解析.第一卷	2021－04	28.00	1288
数学分析历年考研真题解析.第二卷	2021－04	28.00	1289
数学分析历年考研真题解析.第三卷	2021－04	28.00	1290
超越吉米多维奇.数列的极限	2009－11	48.00	58
超越普里瓦洛夫.留数卷	2015－01	28.00	437
超越普里瓦洛夫.无穷乘积与它对解析函数的应用卷	2015－05	28.00	477
超越普里瓦洛夫.积分卷	2015－06	18.00	481
超越普里瓦洛夫.基础知识卷	2015－06	28.00	482
超越普里瓦洛夫.数项级数卷	2015－07	38.00	489
超越普里瓦洛夫.微分、解析函数、导数卷	2018－01	48.00	852
统计学专业英语(第二版)	2012－07	48.00	176
统计学专业英语(第三版)	2015－04	68.00	465
代换分析:英文	2015－07	38.00	499

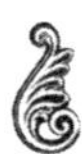

刘培杰数学工作室
已出版(即将出版)图书目录——高等数学

书　　名	出版时间	定　价	编号
历届美国大学生数学竞赛试题集.第一卷(1938—1949)	2015－01	28.00	397
历届美国大学生数学竞赛试题集.第二卷(1950—1959)	2015－01	28.00	398
历届美国大学生数学竞赛试题集.第三卷(1960—1969)	2015－01	28.00	399
历届美国大学生数学竞赛试题集.第四卷(1970—1979)	2015－01	18.00	400
历届美国大学生数学竞赛试题集.第五卷(1980—1989)	2015－01	28.00	401
历届美国大学生数学竞赛试题集.第六卷(1990—1999)	2015－01	28.00	402
历届美国大学生数学竞赛试题集.第七卷(2000—2009)	2015－08	18.00	403
历届美国大学生数学竞赛试题集.第八卷(2010—2012)	2015－01	18.00	404

书　　名	出版时间	定　价	编号
超越普特南试题:大学数学竞赛中的方法与技巧	2017－04	98.00	758
历届国际大学生数学竞赛试题集(1994－2020)	2021－01	58.00	1252
历届美国大学生数学竞赛试题集:1938—2017	2020－11	98.00	1256
全国大学生数学夏令营数学竞赛试题及解答	2007－03	28.00	15
全国大学生数学竞赛辅导教程	2012－07	28.00	189
全国大学生数学竞赛复习全书(第2版)	2017－05	58.00	787
历届美国大学生数学竞赛试题集	2009－03	88.00	43
前苏联大学生数学奥林匹克竞赛题解(上编)	2012－04	28.00	169
前苏联大学生数学奥林匹克竞赛题解(下编)	2012－04	38.00	170
大学生数学竞赛讲义	2014－09	28.00	371
大学生数学竞赛教程——高等数学(基础篇、提高篇)	2018－09	128.00	968
普林斯顿大学数学竞赛	2016－06	38.00	669
考研高等数学高分之路	2020－10	45.00	1203
考研高等数学基础必刷	2021－01	45.00	1251
考研概率论与数理统计	2022－06	58.00	1522
越过211,刷到985:考研数学二	2019－10	68.00	1115

书　　名	出版时间	定　价	编号
初等数论难题集(第一卷)	2009－05	68.00	44
初等数论难题集(第二卷)(上、下)	2011－02	128.00	82,83
数论概貌	2011－03	18.00	93
代数数论(第二版)	2013－08	58.00	94
代数多项式	2014－06	38.00	289
初等数论的知识与问题	2011－02	28.00	95
超越数论基础	2011－03	28.00	96
数论初等教程	2011－03	28.00	97
数论基础	2011－03	18.00	98
数论基础与维诺格拉多夫	2014－03	18.00	292
解析数论基础	2012－08	28.00	216
解析数论基础(第二版)	2014－01	48.00	287
解析数论问题集(第二版)(原版引进)	2014－05	88.00	343
解析数论问题集(第二版)(中译本)	2016－04	88.00	607
解析数论基础(潘承洞,潘承彪著)	2016－07	98.00	673
解析数论导引	2016－07	58.00	674
数论入门	2011－03	38.00	99
代数数论入门	2015－03	38.00	448
数论开篇	2012－07	28.00	194
解析数论引论	2011－03	48.00	100
Barban Davenport Halberstam 均值和	2009－01	40.00	33
基础数论	2011－03	28.00	101
初等数论100例	2011－05	18.00	122
初等数论经典例题	2012－07	18.00	204
最新世界各国数学奥林匹克中的初等数论试题(上、下)	2012－01	138.00	144,145
初等数论(Ⅰ)	2012－01	18.00	156
初等数论(Ⅱ)	2012－01	18.00	157
初等数论(Ⅲ)	2012－01	28.00	158

刘培杰数学工作室

已出版(即将出版)图书目录——高等数学

书　　名	出版时间	定　价	编号
Gauss,Euler,Lagrange 和 Legendre 的遗产:把整数表示成平方和	2022－06	78.00	1540
平面几何与数论中未解决的新老问题	2013－01	68.00	229
代数数论简史	2014－11	28.00	408
代数数论	2015－09	88.00	532
代数、数论及分析习题集	2016－11	98.00	695
数论导引提要及习题解答	2016－01	48.00	559
素数定理的初等证明.第 2 版	2016－09	48.00	686
数论中的模函数与狄利克雷级数(第二版)	2017－11	78.00	837
数论:数学导引	2018－01	68.00	849
域论	2018－04	68.00	884
代数数论(冯克勤　编著)	2018－04	68.00	885
范氏大代数	2019－02	98.00	1016
新编 640 个世界著名数学智力趣题	2014－01	88.00	242
500 个最新世界著名数学智力趣题	2008－06	48.00	3
400 个最新世界著名数学最值问题	2008－09	48.00	36
500 个世界著名数学征解问题	2009－06	48.00	52
400 个中国最佳初等数学征解老问题	2010－01	48.00	60
500 个俄罗斯数学经典老题	2011－01	28.00	81
1000 个国外中学物理好题	2012－04	48.00	174
300 个日本高考数学题	2012－05	38.00	142
700 个早期日本高考数学试题	2017－02	88.00	752
500 个前苏联早期高考数学试题及解答	2012－05	28.00	185
546 个早期俄罗斯大学生数学竞赛题	2014－03	38.00	285
548 个来自美苏的数学好问题	2014－11	28.00	396
20 所苏联著名大学早期入学试题	2015－02	18.00	452
161 道德国工科大学生必做的微分方程习题	2015－05	28.00	469
500 个德国工科大学生必做的高数习题	2015－06	28.00	478
360 个数学竞赛问题	2016－08	58.00	677
德国讲义日本考题.微积分卷	2015－04	48.00	456
德国讲义日本考题.微分方程卷	2015－04	38.00	457
二十世纪中叶中、英、美、日、法、俄高考数学试题精选	2017－06	38.00	783
博弈论精粹	2008－03	58.00	30
博弈论精粹.第二版(精装)	2015－01	88.00	461
数学　我爱你	2008－01	28.00	20
精神的圣徒　别样的人生——60 位中国数学家成长的历程	2008－09	48.00	39
数学史概论	2009－06	78.00	50
数学史概论(精装)	2013－03	158.00	272
数学史选讲	2016－01	48.00	544
斐波那契数列	2010－02	28.00	65
数学拼盘和斐波那契魔方	2010－07	38.00	72
斐波那契数列欣赏	2011－01	28.00	160
数学的创造	2011－02	48.00	85
数学美与创造力	2016－01	48.00	595
数海拾贝	2016－01	48.00	590
数学中的美	2011－02	38.00	84
数论中的美学	2014－12	38.00	351
数学王者　科学巨人——高斯	2015－01	28.00	428
振兴祖国数学的圆梦之旅:中国初等数学研究史话	2015－06	98.00	490
二十世纪中国数学史料研究	2015－10	48.00	536
数字谜、数阵图与棋盘覆盖	2016－01	58.00	298
时间的形状	2016－01	38.00	556
数学发现的艺术:数学探索中的合情推理	2016－07	58.00	671
活跃在数学中的参数	2016－07	48.00	675

刘培杰数学工作室
已出版(即将出版)图书目录——高等数学

书　　名	出版时间	定　价	编号
格点和面积	2012—07	18.00	191
射影几何趣谈	2012—04	28.00	175
斯潘纳尔引理——从一道加拿大数学奥林匹克试题谈起	2014—01	28.00	228
李普希兹条件——从几道近年高考数学试题谈起	2012—10	18.00	221
拉格朗日中值定理——从一道北京高考试题的解法谈起	2015—10	18.00	197
闵科夫斯基定理——从一道清华大学自主招生试题谈起	2014—01	28.00	198
哈尔测度——从一道冬令营试题的背景谈起	2012—08	28.00	202
切比雪夫逼近问题——从一道中国台北数学奥林匹克试题谈起	2013—04	38.00	238
伯恩斯坦多项式与贝齐尔曲面——从一道全国高中数学联赛试题谈起	2013—03	38.00	236
卡塔兰猜想——从一道普特南竞赛试题谈起	2013—06	18.00	256
麦卡锡函数和阿克曼函数——从一道前南斯拉夫数学奥林匹克试题谈起	2012—08	18.00	201
贝蒂定理与拉姆贝克莫斯尔定理——从一个拣石子游戏谈起	2012—08	18.00	217
皮亚诺曲线和豪斯道夫分球定理——从无限集谈起	2012—08	18.00	211
平面凸图形与凸多面体	2012—10	28.00	218
斯坦因豪斯问题——从一道二十五省市自治区中学数学竞赛试题谈起	2012—07	18.00	196
纽结理论中的亚历山大多项式与琼斯多项式——从一道北京市高一数学竞赛试题谈起	2012—07	28.00	195
原则与策略——从波利亚“解题表”谈起	2013—04	38.00	244
转化与化归——从三大尺规作图不能问题谈起	2012—08	28.00	214
代数几何中的贝祖定理(第一版)——从一道 IMO 试题的解法谈起	2013—08	18.00	193
成功连贯理论与约当块理论——从一道比利时数学竞赛试题谈起	2012—04	18.00	180
素数判定与大数分解	2014—08	18.00	199
置换多项式及其应用	2012—10	18.00	220
椭圆函数与模函数——从一道美国加州大学洛杉矶分校(UCLA)博士资格考题谈起	2012—10	28.00	219
差分方程的拉格朗日方法——从一道 2011 年全国高考理科试题的解法谈起	2012—08	28.00	200
力学在几何中的一些应用	2013—01	38.00	240
高斯散度定理、斯托克斯定理和平面格林定理——从一道国际大学生数学竞赛试题谈起	即将出版		
康托洛维奇不等式——从一道全国高中联赛试题谈起	2013—03	28.00	337
西格尔引理——从一道第 18 届 IMO 试题的解法谈起	即将出版		
罗斯定理——从一道前苏联数学竞赛试题谈起	即将出版		
拉克斯定理和阿廷定理——从一道 IMO 试题的解法谈起	2014—01	58.00	246
毕卡大定理——从一道美国大学数学竞赛试题谈起	2014—07	18.00	350
贝齐尔曲线——从一道全国高中联赛试题谈起	即将出版		
拉格朗日乘子定理——从一道 2005 年全国高中联赛试题的高等数学解法谈起	2015—05	28.00	480
雅可比定理——从一道日本数学奥林匹克试题谈起	2013—04	48.00	249
李天岩一约克定理——从一道波兰数学竞赛试题谈起	2014—06	28.00	349
整系数多项式因式分解的一般方法——从克朗耐克算法谈起	即将出版		

刘培杰数学工作室
已出版(即将出版)图书目录——高等数学 

书　　名	出版时间	定　价	编号
布劳维不动点定理——从一道前苏联数学奥林匹克试题谈起	2014－01	38.00	273
伯恩赛德定理——从一道英国数学奥林匹克试题谈起	即将出版		
布查特－莫斯特定理——从一道上海市初中竞赛试题谈起	即将出版		
数论中的同余数问题——从一道普特南竞赛试题谈起	即将出版		
范・德蒙行列式——从一道美国数学奥林匹克试题谈起	即将出版		
中国剩余定理:总数法构建中国历史年表	2015－01	28.00	430
牛顿程序与方程求根——从一道全国高考试题解法谈起	即将出版		
库默尔定理——从一道 IMO 预选试题谈起	即将出版		
卢丁定理——从一道冬令营试题的解法谈起	即将出版		
沃斯滕霍姆定理——从一道 IMO 预选试题谈起	即将出版		
卡尔松不等式——从一道莫斯科数学奥林匹克试题谈起	即将出版		
信息论中的香农熵——从一道近年高考压轴题谈起	即将出版		
约当不等式——从一道希望杯竞赛试题谈起	即将出版		
拉比诺维奇定理	即将出版		
刘维尔定理——从一道《美国数学月刊》征解问题的解法谈起	即将出版		
卡塔兰恒等式与级数求和——从一道 IMO 试题的解法谈起	即将出版		
勒让德猜想与素数分布——从一道爱尔兰竞赛试题谈起	即将出版		
天平称重与信息论——从一道基辅市数学奥林匹克试题谈起	即将出版		
哈密尔顿－凯莱定理:从一道高中数学联赛试题的解法谈起	2014－09	18.00	376
艾思特曼定理——从一道 CMO 试题的解法谈起	即将出版		
一个爱尔特希问题——从一道西德数学奥林匹克试题谈起	即将出版		
有限群中的爱丁格尔问题——从一道北京市初中二年级数学竞赛试题谈起	即将出版		
糖水中的不等式——从初等数学到高等数学	2019－07	48.00	1093
帕斯卡三角形	2014－03	18.00	294
蒲丰投针问题——从 2009 年清华大学的一道自主招生试题谈起	2014－01	38.00	295
斯图姆定理——从一道“华约”自主招生试题的解法谈起	2014－01	18.00	296
许瓦兹引理——从一道加利福尼亚大学伯克利分校数学系博士生试题谈起	2014－08	18.00	297
拉姆塞定理——从王诗宬院士的一个问题谈起	2016－04	48.00	299
坐标法	2013－12	28.00	332
数论三角形	2014－04	38.00	341
毕克定理	2014－07	18.00	352
数林掠影	2014－09	48.00	389
我们周围的概率	2014－10	38.00	390
凸函数最值定理:从一道华约自主招生题的解法谈起	2014－10	28.00	391
易学与数学奥林匹克	2014－10	38.00	392
生物数学趣谈	2015－01	18.00	409
反演	2015－01	28.00	420
因式分解与圆锥曲线	2015－01	18.00	426
轨迹	2015－01	28.00	427
面积原理:从常庚哲命的一道 CMO 试题的积分解法谈起	2015－01	48.00	431
形形色色的不动点定理:从一道 28 届 IMO 试题谈起	2015－01	38.00	439
柯西函数方程:从一道上海交大自主招生的试题谈起	2015－02	28.00	440

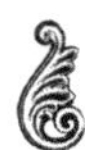

刘培杰数学工作室
已出版(即将出版)图书目录——高等数学

书名	出版时间	定价	编号
三角恒等式	2015－02	28.00	442
无理性判定:从一道2014年"北约"自主招生试题谈起	2015－01	38.00	443
数学归纳法	2015－03	18.00	451
极端原理与解题	2015－04	28.00	464
法雷级数	2014－08	18.00	367
摆线族	2015－01	38.00	438
函数方程及其解法	2015－05	38.00	470
含参数的方程和不等式	2012－09	28.00	213
希尔伯特第十问题	2016－01	38.00	543
无穷小量的求和	2016－01	28.00	545
切比雪夫多项式:从一道清华大学金秋营试题谈起	2016－01	38.00	583
泽肯多夫定理	2016－03	38.00	599
代数等式证题法	2016－01	28.00	600
三角等式证题法	2016－01	28.00	601
吴大任教授藏书中的一个因式分解公式:从一道美国数学邀请赛试题的解法谈起	2016－06	28.00	656
易卦——类万物的数学模型	2017－08	68.00	838
"不可思议"的数与数系可持续发展	2018－01	38.00	878
最短线	2018－01	38.00	879
从毕达哥拉斯到怀尔斯	2007－10	48.00	9
从迪利克雷到维斯卡尔迪	2008－01	48.00	21
从哥德巴赫到陈景润	2008－05	98.00	35
从庞加莱到佩雷尔曼	2011－08	138.00	136
从费马到怀尔斯——费马大定理的历史	2013－10	198.00	Ⅰ
从庞加莱到佩雷尔曼——庞加莱猜想的历史	2013－10	298.00	Ⅱ
从切比雪夫到爱尔特希(上)——素数定理的初等证明	2013－07	48.00	Ⅲ
从切比雪夫到爱尔特希(下)——素数定理100年	2012－12	98.00	Ⅲ
从高斯到盖尔方特——二次域的高斯猜想	2013－10	198.00	Ⅳ
从库默尔到朗兰兹——朗兰兹猜想的历史	2014－01	98.00	Ⅴ
从比勃巴赫到德布朗斯——比勃巴赫猜想的历史	2014－02	298.00	Ⅵ
从麦比乌斯到陈省身——麦比乌斯变换与麦比乌斯带	2014－02	298.00	Ⅶ
从布尔到豪斯道夫——布尔方程与格论漫谈	2013－10	198.00	Ⅷ
从开普勒到阿诺德——三体问题的历史	2014－05	298.00	Ⅸ
从华林到华罗庚——华林问题的历史	2013－10	298.00	Ⅹ
数学物理大百科全书.第1卷	2016－01	418.00	508
数学物理大百科全书.第2卷	2016－01	408.00	509
数学物理大百科全书.第3卷	2016－01	396.00	510
数学物理大百科全书.第4卷	2016－01	408.00	511
数学物理大百科全书.第5卷	2016－01	368.00	512
朱德祥代数与几何讲义.第1卷	2017－01	38.00	697
朱德祥代数与几何讲义.第2卷	2017－01	28.00	698
朱德祥代数与几何讲义.第3卷	2017－01	28.00	699

刘培杰数学工作室
已出版(即将出版)图书目录——高等数学

书　　名	出版时间	定　价	编号
闵嗣鹤文集	2011-03	98.00	102
吴从炘数学活动三十年(1951～1980)	2010-07	99.00	32
吴从炘数学活动又三十年(1981～2010)	2015-07	98.00	491
斯米尔诺夫高等数学.第一卷	2018-03	88.00	770
斯米尔诺夫高等数学.第二卷.第一分册	2018-03	68.00	771
斯米尔诺夫高等数学.第二卷.第二分册	2018-03	68.00	772
斯米尔诺夫高等数学.第二卷.第三分册	2018-03	48.00	773
斯米尔诺夫高等数学.第三卷.第一分册	2018-03	58.00	774
斯米尔诺夫高等数学.第三卷.第二分册	2018-03	58.00	775
斯米尔诺夫高等数学.第三卷.第三分册	2018-03	68.00	776
斯米尔诺夫高等数学.第四卷.第一分册	2018-03	48.00	777
斯米尔诺夫高等数学.第四卷.第二分册	2018-03	88.00	778
斯米尔诺夫高等数学.第五卷.第一分册	2018-03	58.00	779
斯米尔诺夫高等数学.第五卷.第二分册	2018-03	68.00	780
zeta 函数,q-zeta 函数,相伴级数与积分(英文)	2015-08	88.00	513
微分形式:理论与练习(英文)	2015-08	58.00	514
离散与微分包含的逼近和优化(英文)	2015-08	58.00	515
艾伦·图灵:他的工作与影响(英文)	2016-01	98.00	560
测度理论概率导论,第2版(英文)	2016-01	88.00	561
带有潜在故障恢复系统的半马尔柯夫模型控制(英文)	2016-01	98.00	562
数学分析原理(英文)	2016-01	88.00	563
随机偏微分方程的有效动力学(英文)	2016-01	88.00	564
图的谱半径(英文)	2016-01	58.00	565
量子机器学习中数据挖掘的量子计算方法(英文)	2016-01	98.00	566
量子物理的非常规方法(英文)	2016-01	118.00	567
运输过程的统一非局部理论:广义波尔兹曼物理动力学,第2版(英文)	2016-01	198.00	568
量子力学与经典力学之间的联系在原子、分子及电动力学系统建模中的应用(英文)	2016-01	58.00	569
算术域(英文)	2018-01	158.00	821
高等数学竞赛:1962—1991年的米洛克斯·史怀哲竞赛(英文)	2018-01	128.00	822
用数学奥林匹克精神解决数论问题(英文)	2018-01	108.00	823
代数几何(德文)	2018-04	68.00	824
丢番图逼近论(英文)	2018-01	78.00	825
代数几何学基础教程(英文)	2018-01	98.00	826
解析数论入门课程(英文)	2018-01	78.00	827
数论中的丢番图问题(英文)	2018-01	78.00	829
数论(梦幻之旅):第五届中日数论研讨会演讲集(英文)	2018-01	68.00	830
数论新应用(英文)	2018-01	68.00	831
数论(英文)	2018-01	78.00	832
测度与积分(英文)	2019-04	68.00	1059
卡塔兰数入门(英文)	2019-05	68.00	1060
多变量数学入门(英文)	2021-05	68.00	1317
偏微分方程入门(英文)	2021-05	88.00	1318
若尔当典范性:理论与实践(英文)	2021-07	68.00	1366

刘培杰数学工作室
已出版(即将出版)图书目录——高等数学

书　　名	出版时间	定　价	编号
湍流十讲(英文)	2018－04	108.00	886
无穷维李代数:第3版(英文)	2018－04	98.00	887
等值、不变量和对称性(英文)	2018－04	78.00	888
解析数论(英文)	2018－09	78.00	889
《数学原理》的演化:伯特兰·罗素撰写第二版时的手稿与笔记(英文)	2018－04	108.00	890
哈密尔顿数学论文集(第4卷):几何学、分析学、天文学、概率和有限差分等(英文)	2019－05	108.00	891
数学王子——高斯	2018－01	48.00	858
坎坷奇星——阿贝尔	2018－01	48.00	859
闪烁奇星——伽罗瓦	2018－01	58.00	860
无穷统帅——康托尔	2018－01	48.00	861
科学公主——柯瓦列夫斯卡娅	2018－01	48.00	862
抽象代数之母——埃米·诺特	2018－01	48.00	863
电脑先驱——图灵	2018－01	58.00	864
昔日神童——维纳	2018－01	48.00	865
数坛怪侠——爱尔特希	2018－01	68.00	866
当代世界中的数学.数学思想与数学基础	2019－01	38.00	892
当代世界中的数学.数学问题	2019－01	38.00	893
当代世界中的数学.应用数学与数学应用	2019－01	38.00	894
当代世界中的数学.数学王国的新疆域(一)	2019－01	38.00	895
当代世界中的数学.数学王国的新疆域(二)	2019－01	38.00	896
当代世界中的数学.数林撷英(一)	2019－01	38.00	897
当代世界中的数学.数林撷英(二)	2019－01	48.00	898
当代世界中的数学.数学之路	2019－01	38.00	899
偏微分方程全局吸引子的特性(英文)	2018－09	108.00	979
整函数与下调和函数(英文)	2018－09	118.00	980
幂等分析(英文)	2018－09	118.00	981
李群,离散子群与不变量理论(英文)	2018－09	108.00	982
动力系统与统计力学(英文)	2018－09	118.00	983
表示论与动力系统(英文)	2018－09	118.00	984
分析学练习.第1部分(英文)	2021－01	88.00	1247
分析学练习.第2部分.非线性分析(英文)	2021－01	88.00	1248
初级统计学:循序渐进的方法:第10版(英文)	2019－05	68.00	1067
工程师与科学家微分方程用书:第4版(英文)	2019－07	58.00	1068
大学代数与三角学(英文)	2019－06	78.00	1069
培养数学能力的途径(英文)	2019－07	38.00	1070
工程师与科学家统计学:第4版(英文)	2019－06	58.00	1071
贸易与经济中的应用统计学:第6版(英文)	2019－06	58.00	1072
傅立叶级数和边值问题:第8版(英文)	2019－05	48.00	1073
通往天文学的途径:第5版(英文)	2019－05	58.00	1074

刘培杰数学工作室
已出版(即将出版)图书目录——高等数学

书　名	出版时间	定　价	编号
拉马努金笔记.第1卷(英文)	2019－06	165.00	1078
拉马努金笔记.第2卷(英文)	2019－06	165.00	1079
拉马努金笔记.第3卷(英文)	2019－06	165.00	1080
拉马努金笔记.第4卷(英文)	2019－06	165.00	1081
拉马努金笔记.第5卷(英文)	2019－06	165.00	1082
拉马努金遗失笔记.第1卷(英文)	2019－06	109.00	1083
拉马努金遗失笔记.第2卷(英文)	2019－06	109.00	1084
拉马努金遗失笔记.第3卷(英文)	2019－06	109.00	1085
拉马努金遗失笔记.第4卷(英文)	2019－06	109.00	1086
数论:1976年纽约洛克菲勒大学数论会议记录(英文)	2020－06	68.00	1145
数论:卡本代尔1979:1979年在南伊利诺伊卡本代尔大学举行的数论会议记录(英文)	2020－06	78.00	1146
数论:诺德韦克豪特1983:1983年在诺德韦克豪特举行的Journees Arithmetiques数论大会会议记录(英文)	2020－06	68.00	1147
数论:1985－1988年在纽约城市大学研究生院和大学中心举办的研讨会(英文)	2020－06	68.00	1148
数论:1987年在乌尔姆举行的Journees Arithmetiques数论大会会议记录(英文)	2020－06	68.00	1149
数论:马德拉斯1987:1987年在马德拉斯安娜大学举行的国际拉马努金百年纪念大会会议记录(英文)	2020－06	68.00	1150
解析数论:1988年在东京举行的日法研讨会会议记录(英文)	2020－06	68.00	1151
解析数论:2002年在意大利切特拉罗举行的C.I.M.E.暑期班演讲集(英文)	2020－06	68.00	1152
量子世界中的蝴蝶:最迷人的量子分形故事(英文)	2020－06	118.00	1157
走进量子力学(英文)	2020－06	118.00	1158
计算物理学概论(英文)	2020－06	48.00	1159
物质,空间和时间的理论:量子理论(英文)	即将出版		1160
物质,空间和时间的理论:经典理论(英文)	即将出版		1161
量子场理论:解释世界的神秘背景(英文)	2020－07	38.00	1162
计算物理学概论(英文)	即将出版		1163
行星状星云(英文)	即将出版		1164
基本宇宙学:从亚里士多德的宇宙到大爆炸(英文)	2020－08	58.00	1165
数学磁流体力学(英文)	2020－07	58.00	1166
计算科学:第1卷,计算的科学(日文)	2020－07	88.00	1167
计算科学:第2卷,计算与宇宙(日文)	2020－07	88.00	1168
计算科学:第3卷,计算与物质(日文)	2020－07	88.00	1169
计算科学:第4卷,计算与生命(日文)	2020－07	88.00	1170
计算科学:第5卷,计算与地球环境(日文)	2020－07	88.00	1171
计算科学:第6卷,计算与社会(日文)	2020－07	88.00	1172
计算科学.别卷,超级计算机(日文)	2020－07	88.00	1173
多复变函数论(日文)	2022－06	78.00	1518
复变函数入门(日文)	2022－06	78.00	1523

刘培杰数学工作室

已出版(即将出版)图书目录——高等数学

书　　名	出版时间	定　价	编号
代数与数论:综合方法(英文)	2020-10	78.00	1185
复分析:现代函数理论第一课(英文)	2020-07	58.00	1186
斐波那契数列和卡特兰数:导论(英文)	2020-10	68.00	1187
组合推理:计数艺术介绍(英文)	2020-07	88.00	1188
二次互反律的傅里叶分析证明(英文)	2020-07	48.00	1189
旋瓦兹分布的希尔伯特变换与应用(英文)	2020-07	58.00	1190
泛函分析:巴拿赫空间理论入门(英文)	2020-07	48.00	1191
典型群,错排与素数(英文)	2020-11	58.00	1204
李代数的表示:通过 gln 进行介绍(英文)	2020-10	38.00	1205
实分析演讲集(英文)	2020-10	38.00	1206
现代分析及其应用的课程(英文)	2020-10	58.00	1207
运动中的抛射物数学(英文)	2020-10	38.00	1208
2-扭结与它们的群(英文)	2020-10	38.00	1209
概率,策略和选择:博弈与选举中的数学(英文)	2020-11	58.00	1210
分析学引论(英文)	2020-11	58.00	1211
量子群:通往流代数的路径(英文)	2020-11	38.00	1212
集合论入门(英文)	2020-10	48.00	1213
酉反射群(英文)	2020-11	58.00	1214
探索数学:吸引人的证明方式(英文)	2020-11	58.00	1215
微分拓扑短期课程(英文)	2020-10	48.00	1216
抽象凸分析(英文)	2020-11	68.00	1222
费马大定理笔记(英文)	2021-03	48.00	1223
高斯与雅可比和(英文)	2021-03	78.00	1224
π 与算术几何平均:关于解析数论和计算复杂性的研究(英文)	2021-01	58.00	1225
复分析入门(英文)	2021-03	48.00	1226
爱德华·卢卡斯与素性测定(英文)	2021-03	78.00	1227
通往凸分析及其应用的简单路径(英文)	2021-01	68.00	1229
微分几何的各个方面.第一卷(英文)	2021-01	58.00	1230
微分几何的各个方面.第二卷(英文)	2020-12	58.00	1231
微分几何的各个方面.第三卷(英文)	2020-12	58.00	1232
沃克流形几何学(英文)	2020-11	58.00	1233
仿射和韦尔几何应用(英文)	2020-12	58.00	1234
双曲几何学的旋转向量空间方法(英文)	2021-02	58.00	1235
积分:分析学的关键(英文)	2020-12	48.00	1236
为有天分的新生准备的分析学基础教材(英文)	2020-11	48.00	1237

刘培杰数学工作室
已出版(即将出版)图书目录——高等数学

书　　名	出版时间	定　价	编号
数学不等式.第一卷.对称多项式不等式(英文)	2021—03	108.00	1273
数学不等式.第二卷.对称有理不等式与对称无理不等式(英文)	2021—03	108.00	1274
数学不等式.第三卷.循环不等式与非循环不等式(英文)	2021—03	108.00	1275
数学不等式.第四卷.Jensen 不等式的扩展与加细(英文)	2021—03	108.00	1276
数学不等式.第五卷.创建不等式与解不等式的其他方法(英文)	2021—04	108.00	1277

书　　名	出版时间	定　价	编号
冯·诺依曼代数中的谱位移函数:半有限冯·诺依曼代数中的谱位移函数与谱流(英文)	2021—06	98.00	1308
链接结构:关于嵌入完全图的直线中链接单形的组合结构(英文)	2021—05	58.00	1309
代数几何方法.第1卷(英文)	2021—06	68.00	1310
代数几何方法.第2卷(英文)	2021—06	68.00	1311
代数几何方法.第3卷(英文)	2021—06	58.00	1312

书　　名	出版时间	定　价	编号
代数、生物信息和机器人技术的算法问题.第四卷,独立恒等式系统(俄文)	2020—08	118.00	1119
代数、生物信息和机器人技术的算法问题.第五卷,相对覆盖性和独立可拆分恒等式系统(俄文)	2020—08	118.00	1200
代数、生物信息和机器人技术的算法问题.第六卷,恒等式和准恒等式的相等 问题、可推导性和可实现性(俄文)	2020—08	128.00	1201
分数阶微积分的应用:非局部动态过程,分数阶导热系数(俄文)	2021—01	68.00	1241
泛函分析问题与练习:第2版(俄文)	2021—01	98.00	1242
集合论、数学逻辑和算法论问题:第5版(俄文)	2021—01	98.00	1243
微分几何和拓扑短期课程(俄文)	2021—01	98.00	1244
素数规律(俄文)	2021—01	88.00	1245
无穷边值问题解的递减:无界域中的拟线性椭圆和抛物方程(俄文)	2021—01	48.00	1246
微分几何讲义(俄文)	2020—12	98.00	1253
二次型和矩阵(俄文)	2021—01	98.00	1255
积分和级数.第2卷,特殊函数(俄文)	2021—01	168.00	1258
积分和级数.第3卷,特殊函数补充:第2版(俄文)	2021—01	178.00	1264
几何图上的微分方程(俄文)	2021—01	138.00	1259
数论教程:第2版(俄文)	2021—01	98.00	1260
非阿基米德分析及其应用(俄文)	2021—03	98.00	1261

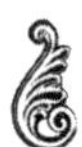

刘培杰数学工作室
已出版(即将出版)图书目录——高等数学

书　　名	出版时间	定　价	编号
古典群和量子群的压缩(俄文)	2021-03	98.00	1263
数学分析习题集.第3卷,多元函数:第3版(俄文)	2021-03	98.00	1266
数学习题:乌拉尔国立大学数学力学系大学生奥林匹克(俄文)	2021-03	98.00	1267
柯西定理和微分方程的特解(俄文)	2021-03	98.00	1268
组合极值问题及其应用:第3版(俄文)	2021-03	98.00	1269
数学词典(俄文)	2021-01	98.00	1271
确定性混沌分析模型(俄文)	2021-06	168.00	1307
精选初等数学习题和定理.立体几何.第3版(俄文)	2021-03	68.00	1316
微分几何习题:第3版(俄文)	2021-05	98.00	1336
精选初等数学习题和定理.平面几何.第4版(俄文)	2021-05	68.00	1335
曲面理论在欧氏空间 *En* 中的直接表示	2022-01	68.00	1444
维纳一霍普夫离散算子和托普利兹算子:某些可数赋范空间中的诺特性和可逆性(俄文)	2022-03	108.00	1496
Maple 中的数论:数论中的计算机计算(俄文)	2022-03	88.00	1497
贝尔曼和克努特问题及其概括:加法运算的复杂性(俄文)	2022-03	138.00	1498
复分析:共形映射(俄文)	2022-07	48.00	1542
微积分代数样条和多项式及其在数值方法中的应用(俄文)	2022-08	128.00	1543
蒙特卡罗方法中的随机过程和场模型:算法和应用(俄文)	2022-08	88.00	1544

书　　名	出版时间	定　价	编号
狭义相对论与广义相对论:时空与引力导论(英文)	2021-07	88.00	1319
束流物理学和粒子加速器的实践介绍:第2版(英文)	2021-07	88.00	1320
凝聚态物理中的拓扑和微分几何简介(英文)	2021-05	88.00	1321
混沌映射:动力学、分形学和快速涨落(英文)	2021-05	128.00	1322
广义相对论:黑洞、引力波和宇宙学介绍(英文)	2021-06	68.00	1323
现代分析电磁均质化(英文)	2021-06	68.00	1324
为科学家提供的基本流体动力学(英文)	2021-06	88.00	1325
视觉天文学:理解夜空的指南(英文)	2021-06	68.00	1326
物理学中的计算方法(英文)	2021-06	68.00	1327
单星的结构与演化:导论(英文)	2021-06	108.00	1328
超越居里:1903年至1963年物理界四位女性及其著名发现(英文)	2021-06	68.00	1329
范德瓦尔斯流体热力学的进展(英文)	2021-06	68.00	1330
先进的托卡马克稳定性理论(英文)	2021-06	88.00	1331
经典场论导论:基本相互作用的过程(英文)	2021-07	88.00	1332
光致电离量子动力学方法原理(英文)	2021-07	108.00	1333
经典域论和应力:能量张量(英文)	2021-05	88.00	1334
非线性太赫兹光谱的概念与应用(英文)	2021-06	68.00	1337
电磁学中的无穷空间并矢格林函数(英文)	2021-06	88.00	1338
物理科学基础数学.第1卷,齐次边值问题、傅里叶方法和特殊函数(英文)	2021-07	108.00	1339
离散量子力学(英文)	2021-07	68.00	1340
核磁共振的物理学和数学(英文)	2021-07	108.00	1341
分子水平的静电学(英文)	2021-08	68.00	1342
非线性波:理论、计算机模拟、实验(英文)	2021-06	108.00	1343
石墨烯光学:经典问题的电解解决方案(英文)	2021-06	68.00	1344
超材料多元宇宙(英文)	2021-07	68.00	1345
银河系外的天体物理学(英文)	2021-07	68.00	1346
原子物理学(英文)	2021-07	68.00	1347

刘培杰数学工作室
已出版(即将出版)图书目录——高等数学

书　　名	出版时间	定　价	编号
将光打结:将拓扑学应用于光学(英文)	2021—07	68.00	1348
电磁学:问题与解法(英文)	2021—07	88.00	1364
海浪的原理:介绍量子力学的技巧与应用(英文)	2021—07	108.00	1365
多孔介质中的流体:输运与相变(英文)	2021—07	68.00	1372
洛伦兹群的物理学(英文)	2021—08	68.00	1373
物理导论的数学方法和解决方法手册(英文)	2021—08	68.00	1374
非线性波数学物理学入门(英文)	2021—08	88.00	1376
波:基本原理和动力学(英文)	2021—07	68.00	1377
光电子量子计量学.第1卷,基础(英文)	2021—07	88.00	1383
光电子量子计量学.第2卷,应用与进展(英文)	2021—07	68.00	1384
复杂流的格子玻尔兹曼建模的工程应用(英文)	2021—08	68.00	1393
电偶极矩挑战(英文)	2021—08	108.00	1394
电动力学:问题与解法(英文)	2021—09	68.00	1395
自由电子激光的经典理论(英文)	2021—08	68.00	1397
曼哈顿计划——核武器物理学简介(英文)	2021—09	68.00	1401
粒子物理学(英文)	2021—09	68.00	1402
引力场中的量子信息(英文)	2021—09	128.00	1403
器件物理学的基本经典力学(英文)	2021—09	68.00	1404
等离子体物理及其空间应用导论.第1卷,基本原理和初步过程(英文)	2021—09	68.00	1405
伽利略理论力学:连续力学基础(英文)	2021—10	48.00	1416

书　　名	出版时间	定　价	编号
拓扑与超弦理论焦点问题(英文)	2021—07	58.00	1349
应用数学:理论、方法与实践(英文)	2021—07	78.00	1350
非线性特征值问题:牛顿型方法与非线性瑞利函数(英文)	2021—07	58.00	1351
广义膨胀和齐性:利用齐性构造齐次系统的李雅普诺夫函数和控制律(英文)	2021—06	48.00	1352
解析数论焦点问题(英文)	2021—07	58.00	1353
随机微分方程:动态系统方法(英文)	2021—07	58.00	1354
经典力学与微分几何(英文)	2021—07	58.00	1355
负定相交形式流形上的瞬子模空间几何(英文)	2021—07	68.00	1356

书　　名	出版时间	定　价	编号
广义卡塔兰轨道分析:广义卡塔兰轨道计算数字的方法(英文)	2021—07	48.00	1367
洛伦兹方法的变分:二维与三维洛伦兹方法(英文)	2021—08	38.00	1378
几何、分析和数论精编(英文)	2021—08	68.00	1380
从一个新角度看数论:通过遗传方法引入现实的概念(英文)	2021—07	58.00	1387

刘培杰数学工作室

已出版(即将出版)图书目录——高等数学

书　　名	出版时间	定　价	编号
动力系统:短期课程(英文)	2021-08	68.00	1382
几何路径:理论与实践(英文)	2021-08	48.00	1385
广义斐波那契数列及其性质(英文)	2021-08	38.00	1386
论天体力学中某些问题的不可积性(英文)	2021-07	88.00	1396
对称函数和麦克唐纳多项式:余代数结构与 Kawanaka 恒等式	2021-09	38.00	1400

书　　名	出版时间	定　价	编号
杰弗里·英格拉姆·泰勒科学论文集:第1卷.固体力学(英文)	2021-05	78.00	1360
杰弗里·英格拉姆·泰勒科学论文集:第2卷.气象学、海洋学和湍流(英文)	2021-05	68.00	1361
杰弗里·英格拉姆·泰勒科学论文集:第3卷.空气动力学以及落弹数和爆炸的力学(英文)	2021-05	68.00	1362
杰弗里·英格拉姆·泰勒科学论文集:第4卷.有关流体力学(英文)	2021-05	58.00	1363

书　　名	出版时间	定　价	编号
非局域泛函演化方程:积分与分数阶(英文)	2021-08	48.00	1390
理论工作者的高等微分几何:纤维丛、射流流形和拉格朗日理论(英文)	2021-08	68.00	1391
半线性退化椭圆微分方程:局部定理与整体定理(英文)	2021-07	48.00	1392
非交换几何、规范理论和重整化:一般简介与非交换量子场论的重整化(英文)	2021-09	78.00	1406
数论论文集:拉普拉斯变换和带有数论系数的幂级数(俄文)	2021-09	48.00	1407
挠理论专题:相对极大值,单射与扩充模(英文)	2021-09	88.00	1410
强正则图与欧几里得若尔当代数:非通常关系中的启示(英文)	2021-10	48.00	1411
拉格朗日几何和哈密顿几何:力学的应用(英文)	2021-10	48.00	1412

书　　名	出版时间	定　价	编号
时滞微分方程与差分方程的振动理论:二阶与三阶(英文)	2021-10	98.00	1417
卷积结构与几何函数理论:用以研究特定几何函数理论方向的分数阶微积分算子与卷积结构(英文)	2021-10	48.00	1418
经典数学物理的历史发展(英文)	2021-10	78.00	1419
扩展线性丢番图问题(英文)	2021-10	38.00	1420
一类混沌动力系统的分歧分析与控制:分歧分析与控制(英文)	2021-11	38.00	1421
伽利略空间和伪伽利略空间中一些特殊曲线的几何性质(英文)	2022-01	48.00	1422

刘培杰数学工作室

已出版(即将出版)图书目录——高等数学

书 名	出版时间	定 价	编号
一阶偏微分方程:哈密尔顿—雅可比理论(英文)	2021—11	48.00	1424
各向异性黎曼多面体的反问题:分段光滑的各向异性黎曼多面体反边界谱问题:唯一性(英文)	2021—11	38.00	1425
项目反应理论手册.第一卷,模型(英文)	2021—11	138.00	1431
项目反应理论手册.第二卷,统计工具(英文)	2021—11	118.00	1432
项目反应理论手册.第三卷,应用(英文)	2021—11	138.00	1433
二次无理数:经典数论入门(英文)	2022—05	138.00	1434
数,形与对称性:数论,几何和群论导论(英文)	2022—05	128.00	1435
有限域手册(英文)	2021—11	178.00	1436
计算数论(英文)	2021—11	148.00	1437
拟群与其表示简介(英文)	2021—11	88.00	1438
数论与密码学导论:第二版(英文)	2022—01	148.00	1423
几何分析中的柯西变换与黎兹变换:解析调和容量和李普希兹调和容量、变化和振荡以及一致可求长性(英文)	2021—12	38.00	1465
近似不动点定理及其应用(英文)	2022—05	28.00	1466
局部域的相关内容解析:对局部域的扩展及其伽罗瓦群的研究(英文)	2022—01	38.00	1467
反问题的二进制恢复方法(英文)	2022—03	28.00	1468
对几何函数中某些类的各个方面的研究:复变量理论(英文)	2022—01	38.00	1469
覆盖、对应和非交换几何(英文)	2022—01	28.00	1470
最优控制理论中的随机线性调节器问题:随机最优线性调节器问题(英文)	2022—01	38.00	1473
正交分解法:涡流流体动力学应用的正交分解法(英文)	2022—01	38.00	1475
芬斯勒几何的某些问题(英文)	2022—03	38.00	1476
受限三体问题(英文)	2022—05	38.00	1477
利用马利亚万微积分进行 Greeks 的计算:连续过程、跳跃过程中的马利亚万微积分和金融领域中的 Greeks(英文)	2022—05	48.00	1478
经典分析和泛函分析的应用:分析学的应用(英文)	2022—05	38.00	1479
特殊芬斯勒空间的探究(英文)	2022—03	48.00	1480
某些图形的施泰纳距离的细谷多项式:细谷多项式与图的维纳指数(英文)	2022—05	38.00	1481
图论问题的遗传算法:在新鲜与模糊的环境中(英文)	2022—05	48.00	1482
多项式映射的渐近簇(英文)	2022—05	38.00	1483

刘培杰数学工作室

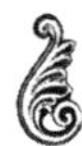

已出版(即将出版)图书目录——高等数学

书　　名	出版时间	定　价	编号
一维系统中的混沌:符号动力学,映射序列,一致收敛和沙可夫斯基定理(英文)	2022—05	38.00	1509
多维边界层流动与传热分析:粘性流体流动的数学建模与分析(英文)	2022—05	38.00	1510
演绎理论物理学的原理:一种基于量子力学波函数的逐次置信估计的一般理论的提议(英文)	2022—05	38.00	1511
R^2 和 R^3 中的仿射弹性曲线:概念和方法(英文)	2022—08	38.00	1512
算术数列中除数函数的分布:基本内容、调查、方法、第二矩、新结果(英文)	2022—05	28.00	1513
抛物型狄拉克算子和薛定谔方程:不定常薛定谔方程的抛物型狄拉克算子及其应用(英文)	2022—07	28.00	1514
黎曼-希尔伯特问题与量子场论:可积重正化、戴森-施温格方程(英文)	2022—08	38.00	1515
代数结构和几何结构的形变理论(英文)	2022—08	48.00	1516
概率结构和模糊结构上的不动点:概率结构和直觉模糊度量空间的不动点定理(英文)	2022—08	38.00	1517
反若尔当对:简单反若尔当对的自同构	2022—07	28.00	1533
对某些黎曼一芬斯勒空间变换的研究:芬斯勒几何中的某些变换	2022—07	38.00	1534
内诣零流形映射的尼尔森数的阿诺索夫关系	即将出版		1535
与广义积分变换有关的分数次演算:对分数次演算的研究	即将出版		1536
强子的芬斯勒几何和吕拉几何(宇宙学方面):强子结构的芬斯勒几何和吕拉几何(拓扑缺陷)	即将出版		1537
一种基于混沌的非线性最优化问题:作业调度问题	即将出版		1538
广义概率论发展前景:关于趣味数学与置信函数实际应用的一些原创观点	即将出版		1539
纽结与物理学:第二版(英文)	2022—09	118.00	1547
正交多项式和 q—级数的前沿(英文)	即将出版		1548
算子理论问题集(英文)	即将出版		1549
抽象代数:群、环与域的应用导论:第二版(英文)	即将出版		1550
菲尔兹奖得主演讲集:第三版(英文)	即将出版		1551
多元实函数教程(英文)	即将出版		1552

联系地址:哈尔滨市南岗区复华四道街 10 号　哈尔滨工业大学出版社刘培杰数学工作室
网　　址:http://lpj.hit.edu.cn/
邮　　编:150006
联系电话:0451—86281378　　13904613167
E-mail:lpj1378@163.com